U0182641

高等职业教育“互联网 +”新形态一体化教材

CATIA航空产品设计与制造

主　编　孔　琳　张　超　张爱琴

副主编　石增祥　冯　雨　何健夫

参　编　杨　帆　王军利　雷　蕾

吕晓冬　谢贺年　何昕檬

本书依据航空行业CATIA产品设计规范与标准编写，以涡喷-6航空发动机为载体，构建了5个教学项目，主要内容包括进气装置的整体设计、航空发动机叶片曲面设计、燃烧室火焰筒整体设计、压气机装配与仿真、飞机背鳍数控仿真加工。项目间按照知识点难易程度迭代递进，各有侧重，互为补充。在每个项目中融入了航空相关的素质拓展元素。

本书可作为高等职业院校飞机机电设备维修专业、飞行器数字化制造技术专业及航空类相关专业的教学用书，也可作为相关专业企业人员的培训用书。

本书配套资源包括电子课件、习题解答、二维码资源、在线课程等，凡使用本书作为教材的教师可登录机械工业出版社教育服务网www.cmpedu.com，注册后免费下载。咨询电话：010-88379375。

图书在版编目（CIP）数据

CATIA 航空产品设计与制造 / 孔琳，张超，张爱琴主编 . — 北京：机械工业出版社，2024.5

高等职业教育“互联网 +”新形态一体化教材

ISBN 978-7-111-75517-3

Ⅰ . ① C…　Ⅱ . ①孔…②张…③张…　Ⅲ . ①航空工程 – 计算机辅助设计 – 应用软件②航空工程 – 机械制造工艺　Ⅳ . ① V221 ② V261

中国国家版本馆 CIP 数据核字（2024）第 066722 号

机械工业出版社（北京市百万庄大街 22 号　邮政编码 100037）

策划编辑：刘良超　　责任编辑：刘良超

责任校对：王小童　李　婷　　封面设计：王　旭

责任印制：任维东

河北鑫兆源印刷有限公司印刷

2024 年 6 月第 1 版第 1 次印刷

184mm×260mm · 12 印张 · 295 千字

标准书号：ISBN 978-7-111-75517-3

定价：39.80 元

电话服务　　网络服务

客服电话：010-88361066　机　工　官　网：www.cmpbook.com

010-88379833　机　工　官　博：weibo.com/cmp1952

010-68326294　金　书　网：www.golden-book.com

封底无防伪标均为盗版　机工教育服务网：www.cmpedu.com

前言

CATIA 是一款集 CAD/CAM/CAE 于一体的应用软件，有着强大的设计功能，广泛应用于航空航天、汽车、船舶、机械等领域，可以为企业产品的设计与制造提供集成解决方案。CATIA 提供了完善的设计模块，从产品的概念设计到形成最终产品，从单个零件的设计到最终数字样机的建立，CATIA 将机械设计、工程分析及仿真、数控加工和网络应用解决方案有机地结合在一起，为用户提供便捷、高效的设计环境。

本书依据航空行业 CATIA 产品设计规范与标准编写，以涡喷 -6 航空发动机为载体，按项目重构了知识体系，改变了传统教学以软件命令讲解为主导的方式，按照循纵序而求其通，循横序而求其博的知识技能获取规律，融入企业生产加工中的新工艺和新方法，依据进气装置、航空发动机叶片、燃烧室火焰筒、压气机和飞机背鳍等实际案例，构建了 5 个教学项目，项目间按照知识点难易程度迭代递进，各有侧重，互为补充，引导学生在学习过程中完成涡喷 -6 航空发动机数字模型的创建；在每个项目中融入了航空相关的素质拓展元素，潜移默化地培养学生航空报国的理想信念，培养学生精益求精、爱岗敬业的工匠精神，践行课程立德树人的使命。

党的二十大报告提出：“推进教育数字化，建设全民终身学习的学习型社会、学习型大国。”为贯彻落实党的二十大精神，本书制作了动画、视频等数字资源，以二维码形式放置于相应知识点处，学生使用手机扫码即可观看相应资源，丰富了教学手段，有利于信息化教学。此外，本书还配有在线课程，方便远程教学和线上交流，具体访问方式可查看本书配套资源中的在线课程说明。

本书由西安航空职业技术学院孔琳、张超、张爱琴担任主编，石增祥、冯雨、何健夫担任副主编，杨帆、王军利、雷蕾、吕晓冬、谢贺年、何昕檬参与了本书编写。

由于编者水平有限，书中错漏之处在所难免，恳请广大读者批评指正。

编　者

目 录

项目导学 0

初识 CATIA 航空零部件设计

图 0-0-1　涡喷 -6 发动机

歼 -6 型战斗机安装有两台涡轮喷气 -6 航空发动机（简称涡喷 -6 发动机），如图 0-0-1 所示。涡喷 -6 发动机是我国首型超音速航空发动机，属于轴流式单转子带加力燃烧室的涡轮喷气发动机，运用我国独创的沙丘驻涡火焰稳定器，主要用于歼 -6 及强 -5 系列国产战斗机上。

航空发动机工作原理

CATIA 航空零部件设计与制造

课程体系解析

知识目标

1）了解飞机及发动机的结构、原理和功能。

2）掌握 CATIA 软件的模块和用户基本功能。

3）熟悉 CATIA 软件的工作环境和用户界面定制。

技能目标

1）熟练掌握 CATIA 软件的基本操作。

2）掌握用户界面定制方法和工作环境参数设置。

3）掌握三键鼠标和罗盘的快捷操作方法。

素养目标

1）养成严谨细致的工作作风。

2）培养产品创新设计意识。

行业拓展园地

2017 年 5 月 5 日，C919 在上海浦东机场首飞成功，标志着我国国产大飞机技术已经走在了世界的前列。C919 是我国第一架实用化大型客机，也是我国第一型投入市场运营、参与市场竞争的大型客机。C919 将与空客（Airbus）、波音（Boeing）共逐蓝天，打破垄断，开启世界飞机市场，形成“ABC”竞争格局。C919 首飞的成功对提升我国综合国力、增强民族自信心和自豪感具有重要意义。

任务 1　认识飞机及航空发动机

课程导学

航空发动机发展概述

任务目标

1）通过视频了解飞机基本原理及结构。
2）了解飞机各部件的功能及特点。
3）熟悉我国飞机发展历程。
4）熟悉航空发动机结构特点和工作原理。

资源环境

1）CATIA V5R21。
2）云课堂。

1. 飞机结构概述

飞机结构简图如图 0-1-1 所示。

图 0-1-1　飞机结构简图

大部分飞机的机体由机身、机翼、尾翼、起落装置和动力装置五部分组成。

机身一般用于装载机组人员、乘客、燃油、武器、设备和货物等。机身作为整个机体的中枢部件，把机翼、尾翼、起落架及发动机连接在一起，形成一架完整的飞机。这些部件通过固定在机身上的接头，把作用在各部件上的载荷都传到机身上，和机身上的其他载荷一起达到全机受力平衡。因此，机身是整架飞机的受力基础。机身结构由蒙皮、纵向骨架和横向骨架组成。纵向骨架有桁条、桁梁和纵向局部加强件。横向骨架有普通框和加强框。机身的桁梁、桁条、隔框和蒙皮是主要的受力构件。

机翼一般安装在机身上，其最主要的作用是产生升力，同时也可以在机翼内布置弹药舱和油箱，在飞行中可以收藏起落架。另外，在机翼上还安装有改善起飞和着陆性能的襟翼和用于飞机横向操纵的副翼，有的飞机还在机翼前缘装有缝翼等增加升力的装置。机翼的基本结构包括纵向骨架、横向骨架、蒙皮和接头。其中接头的作用是将机翼上的载荷传递到机身上，而有些飞机本体就是一个大的飞翼（如美国的B - 2隐形轰炸机），则没有接头。

尾翼包括垂直尾翼和水平尾翼（简称垂尾和平尾）。垂尾由前面的垂直安定面和后部一个左右活动的舵面组成，垂直安定面主要用于飞机左右偏航的修正，舵面用于操纵飞机的左转和右转；平尾一般由一个水平安定面和一个可以升降的水平舵面组成，水平安定面来修正飞机的上下偏航，水平舵面则可以使飞机上升或下降。尾翼的构造与机翼相似，也是采用骨架与蒙皮结构，骨架有纵向和横向。轻型飞机的安定面较小，多采用梁式构造；大型飞机的安定面面积大，厚度小，常采用多纵墙的单块式构造。

起落架是用于飞机在地面停放、滑行，起降滑跑时用于支承飞机重量，并完成飞机在地面转弯的飞机部件。起落架能够消耗和吸收飞机在着陆时的撞击能量。

航空发动机是为飞机提供动力的装置，它与燃油系统、滑油系统、点火系统、起动系统和防火系统等组成航空推进系统。飞行器的动力装置一般由发动机（将燃料的化学能转变为热能再转化为机械能的热力机械）与推进器两部分组成。在直接产生推力的涡喷发动机、涡扇发动机中，发动机与推进器是合二为一的，而在涡轮螺旋桨、涡轮轴、活塞式发动机中，推进器是螺旋桨或旋翼。

2. 航空发动机结构概述

航空发动机是飞机的动力核心部件，通过图 0-1-2 可以了解航空发动机各部分的构造和工作原理。航空发动机由主要机件和工作系统两大部分组成。

航空发动机发展概述

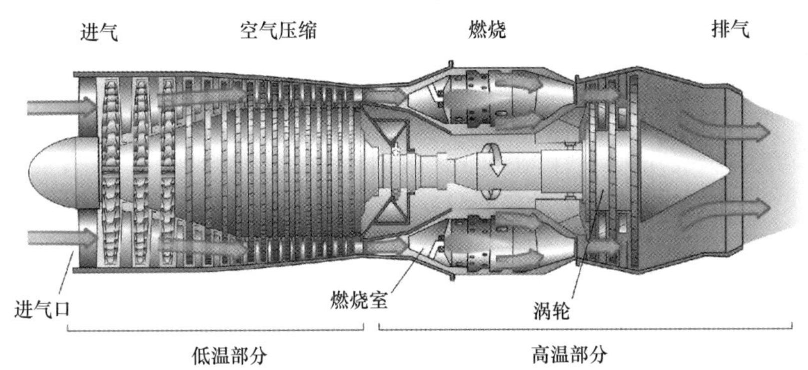

图 0-1-2　航空发动机结构简图

航空发动机的主要机件有压气机、燃烧室、涡轮、加力燃烧室和附件传动装置等。

（1）压气机　压气机为双转子、八级轴流式，由静子和高、低压压

2. 课程模块与项目案例分解

本书案例主要选自涡喷 -6 发动机的核心零部件，按照模块进行搭配，将飞机发动机拆分为几个主要部件，并进行课程设计，方便学生查找学习，课程案例导图如图 0-2-1 所示。

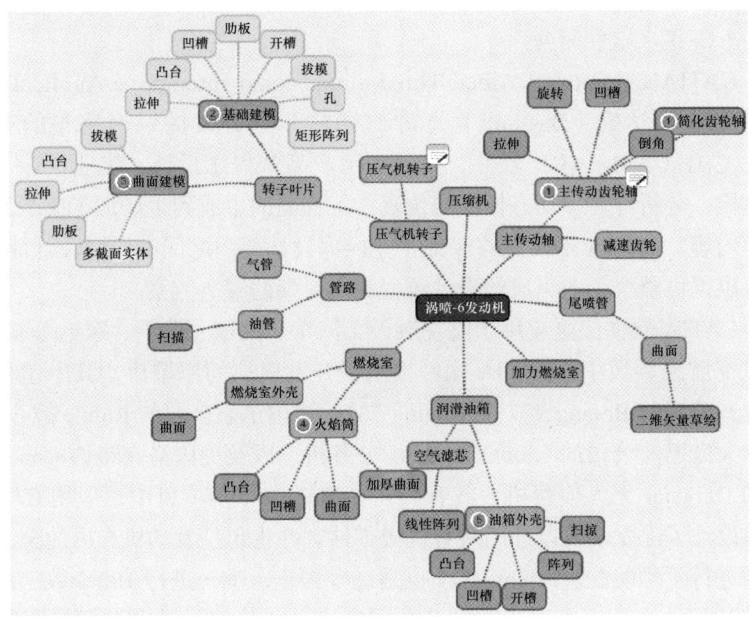

图 0-2-1　课程案例导图

机械美学园地

机械设计中的美学主要从机械构造学、形态美学、色彩学、人机工程学等方面出发，实现产品功能与美学的和谐、统一与协调，把机械设计与美学很好地融合到产品中，使产品具有功能美、形式美。

流线型原是空气动力学名词，描述表面圆滑、线条流畅的物体形状，能有效减少物体在高速运动时的风阻。1933 年，波音 247 首先将流线型设计应用于飞机设计中，这种设计既能提高加速度、改善稳定性，又能在高速行驶时降低油耗，实现了机械设计与美学设计的高度统一。

任务 3　认识 CATIA 软件

任务目标

1）了解 CATIA 软件的发展历程。

2）了解 CATIA 软件的航空背景。

3）掌握启动 CATIA 软件的操作方法。

软件安装

资源环境

1）CATIA V5R21。

2）云课堂。

1.CATIA 软件简介

CATIA（Computer Aided Three-dimensional Interactive Application）软件是法国达索（Dassault）公司于 1975 年起开发的一套完整的三维 CAD/CAE/CAM 一体化软件，其涵盖了产品从概念设计、工业设计、三维建模、分析计算、动态模拟与仿真、工程图的生成到生产加工成产品的全部内容。CATIA 不仅能够保证企业内部设计部门之间的协同设计能力，还可以提供整个企业集成的设计流程和端对端的解决方案。

CATIA 软件广泛应用于航空航天、汽车、机械、电子、家电等领域。在航空航天领域中，CATIA 软件被用于开发虚拟的原型机，其中包括美国波音公司的 Boeing 777 和 Boeing 737，法国达索公司的 Rafale 战斗机、加拿大庞巴迪公司的 Global Express 公务机，以及美国洛克希德 · 马丁公司的 Darkstar 无人侦察机。波音公司在 Boeing 777 项目中，应用 CATIA 软件设计了除发动机以外的所有机械零件，并将包括发动机在内的全部零部件进行了预装配。Boeing 777 也是迄今为止，唯一进行 100% 数字化设计和装配的大型喷气客机。波音公司宣布，与传统设计和装配流程相比较，Boeing 777 项目由于应用 CATIA 软件，节省了 50% 的重复工作和错误修改时间。尽管首架 777 的研发时间与应用传统设计流程的其他机型相比，节省的时间并不显著，但波音公司预计，777 后继机型的开发至少可节省 50% 的时间。为满足用户的特定需求，利用 CATIA 软件的参数化设计，波音公司不必重新设计和建立物理样机，只需进行参数更改，就可以得到满足用户需要的电子样机，用户可以在计算机上进行预览。

2. CATIA 用户界面

界面介绍

本书以 CATIA V5R21 版本进行教学。CATIA V5 版本具有以下典型特点：

1）重新构造的新一代体系结构。为确保 CATIA 产品系列的发展，CATIA V5新的体系结构突破传统的设计技术，采用了新一代技术和标准，可快速地适应企业的业务发展需求，使客户具有更大的竞争优势。

2）支持不同应用层次的可扩充性。CATIA V5 对开发过程、功能和硬件平台可以进行灵活的搭配组合，可为产品开发链中的每个成员配置合理的解决方案。

3）与 NT 和 UNIX 硬件平台的独立性。CATIA V5 是在 Windows NT 平台和 UNIX 平台上开发完成的，并在所有硬件平台上具有统一的数据、功能、版本发放日期、操作环境和应用支持。CATIA V5 在 Windows 平台的应用可使设计师更加简便地同办公应用系统共享数据；而 UNIX 平台上 NT 风格的用户界面，可使用户在 UNIX 平台上高效地处理复杂的工作。

4）专用知识的捕捉和重复使用。CATIA V5 结合了显式知识规则的优点，可在设计过程中交互式捕捉设计意图，定义产品的性能和变化。隐式的经验知识变成了显式的专用知识，提高了设计的自动化程度，降低了设计错误的风险。

5）给现存客户平稳升级。CATIA V4 和 V5 具有兼容性，两个版本可并行使用。

典型 CATIA V5 的用户界面如图 0-3-1 所示。

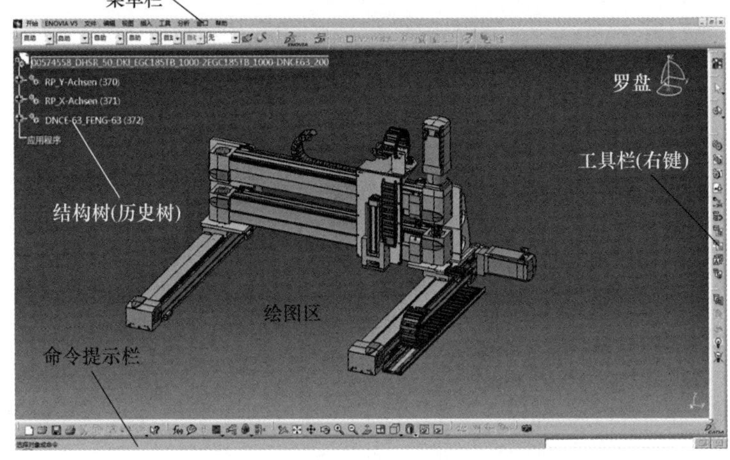

图 0-3-1　典型 CATIA V5 的用户界面

3.CATIA 模块介绍

单击【开始】菜单，系统弹出如图 0-3-2 所示的子菜单一级目录，本书重点讲授机械设计（零件设计、装配设计、草图编辑器、工程制图模块）、外形（创成式外形设计）、数字化仿真（DMU 运动机构）和加工（二轴半加工、曲面加工）。

Infrastructure	基础结构
Mechanical Design	机械设计
Shape	外形
Analysis & Simulation	分析和模拟
AEC Plant	AEC厂房
Machining	加工
Digital Mockup	数字化仿真
Equipment & Systems	设备与系统
Digital Process for Manufacturing	制造数字化处理
Machining Simulation	加工模拟
Ergonomics Design & Analysis	人机工程学设计与分析
Knowledgeware	知识工程
ENOVIA V5 VPM	协同技术

图 0-3-2　CATIA V5 的开始菜单

任务 4　CATIA 软件工作环境与界面定制

任务目标

基本操作

1）掌握 CATIA 软件的工作环境设置方法。
2）学会使用调节参数修改设计环境并熟悉操作步骤。
3）熟悉软件的文件操作方法及步骤。
4）了解 CATIA 软件的行业标准。

资源环境

1）CATIA V5R21。
2）云课堂。

1.CATIA 基本操作

（1）建立新文件　单击图标【 】或选择菜单“File”→“New...”，将弹出图 0-4-1 所示确定新文件类型的“新建”对话框，例如选择“Part”，单击【确定】按钮，即可建立一个新文件，并且进入三维零件建模模块。

（2）打开已有的文件　单击图标【 】或选择菜单“File”→“Open···”，将弹出“选择文件”对话框，如图 0-4-2 所示，选择一个已有的文件，例如选择“Part1.CATPart”，单击【打开(O)】按钮，即可打开该文件，并且进入相应模块。

图 0-4-1 “新建”对话框

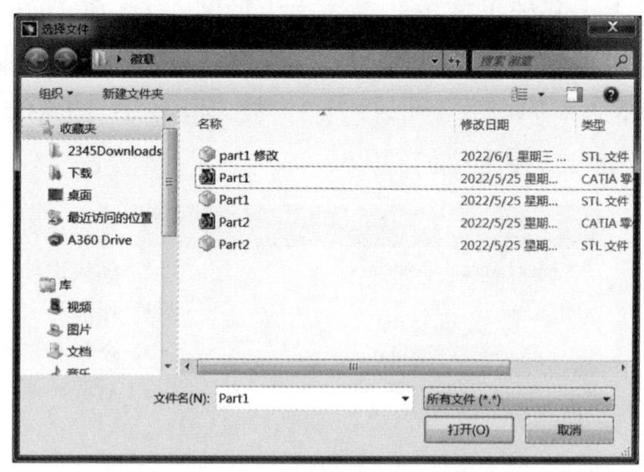

图 0-4-2 “选择文件”对话框

（3）保存文件

1）保存已命名的文件。单击图标【 】或选择菜单“File”→“Save”即可。

2）以另外的名字保存文件。选择菜单“File”→“Save As ...”，在随后弹出的“另存为”对话框内输入文件名即可。

3）保存未命名的新文件。单击图标【 】或选择菜单“File”→

"Save"，在随后弹出的"另存为"对话框内输入文件名即可。

> 注意：用 CATIA 软件高版本保存文件后，无法用其低版本打开，必须另存为 STP（或 IGS）格式后方可打开，但是结构树的内容会发生变化，即丢失零件特征。如果零件数量较多，可采取批处理方法。步骤如图 0-4-3~ 图 0-4-5 所示。

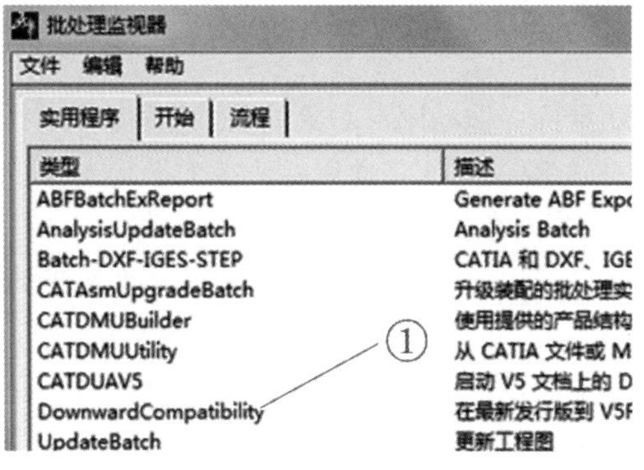

图 0-4-3　批处理监视器

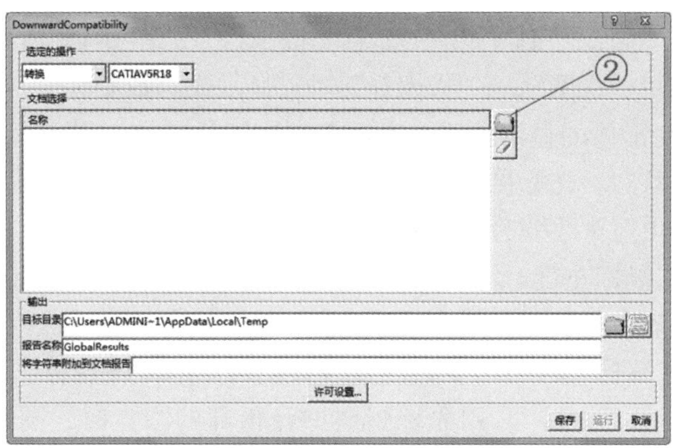

图 0-4-4　打开文件夹

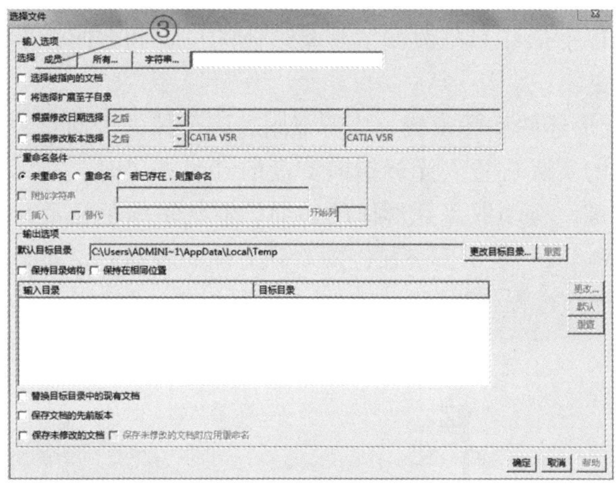

图 0-4-5　选择文件

2. 鼠标与罗盘操作

（1）鼠标操作　CATIA 软件推荐用三键或带滚轮的双键鼠标，各键的功能如下：

鼠标与罗盘

1）左键。确定位置、选取图形对象、菜单或图标。

2）右键。单击右键，弹出快捷菜单。

3）中键或滚轮。

① 按住中键或滚轮，移动鼠标，拖动图形对象的显示位置。

② 按住中键或滚轮，单击左键，向外移动鼠标，放大图形对象的显示比例，向内移动鼠标，缩小图形对象的显示比例。

③ 同时按住中键或滚轮和左键，移动鼠标，改变对图形对象的观察方向。

注意：以上操作可以改变图形对象的位置、大小并旋转一定角度，但只是改变了用户的观察位置和方向，图形对象的实际位置并没有改变。

（2）罗盘操作　罗盘是由与坐标轴平行的直线和三个圆弧组成的，其中 X 轴和 Y 轴方向各有两条直线，Z 轴方向只有一条直线。这些直线和圆弧组成平面，分别与相应的坐标平面平行，如图 0-4-6 所示。

通过菜单“视图”→“指南针”可以显示或隐藏罗盘。

1）改变形体的显示位置。当罗盘与形体分离时，利用罗盘可以改变形体的显示状态。光标接近罗盘的直线和圆弧段时，直线或圆弧段呈红色显示，光标由箭头改变为手的形状，如图 0-4-7 所示。

① 按住鼠标左键，沿罗盘的直线移动时，形体将沿着相应的方向做同样的“移动”。

② 按住鼠标左键，沿罗盘的弧线移动时，形体将绕相应的坐标轴同方向做同样的“旋转”。用光标指向罗盘顶部的圆点时，圆点呈红色显示。按住鼠标左键，拖动圆点绕另一端红色的方块旋转时，形体也会跟着“旋转”。

注意：以上操作只是改变了观察形体的位置和方向，形体的实际位置并没有改变。

2）改变形体的实际位置。当罗盘附着到形体的表面时，利用罗盘可以改变形体的实际位置。光标指向罗盘的红色方块时，光标改为【 】。按住鼠标左键，拖动罗盘到形体的表面，罗盘呈绿色显示，坐标轴名称改变为 U、V、W，表示罗盘已经附着到形体的表面上，如图 0-4-8 所示。操作方法和操作过程与改变形体的显示位置相同，但改变的是形体的实际位置。

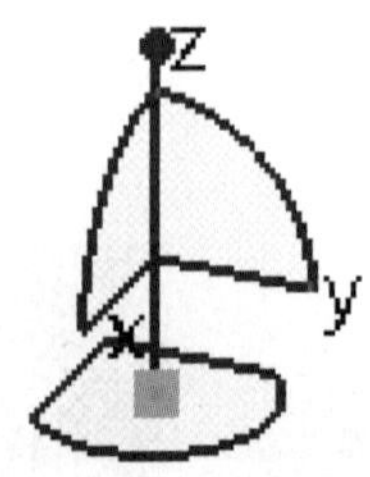

图 0-4-6　罗盘图标

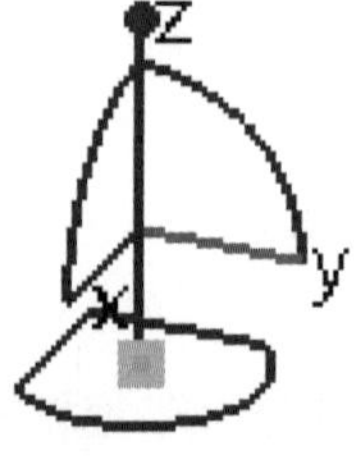

图 0-4-7　罗盘改变位置

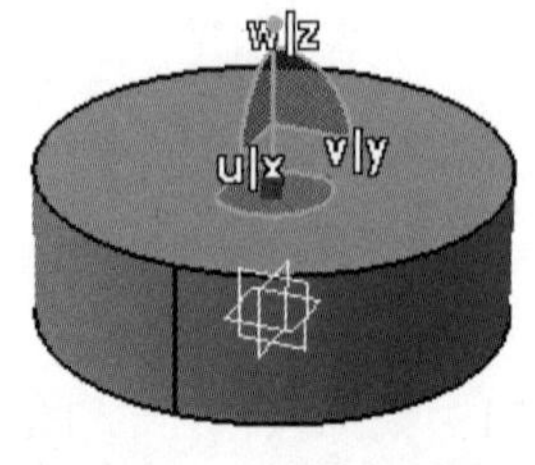

图 0-4-8　罗盘改变实际位置

用鼠标拖动罗盘底部的红色方块，或者选择菜单“视图”→“重置指南针”，罗盘即可脱离形体表面，返回到原来位置。

（3）特征树　特征树以树状层次结构显示了二维图形或三维形体的组织结构。根结点的种类和 CATIA 软件的模块相关，例如零件建模模块的根结点是 Part、绘制二维图形模块的根结点是 Drawing。带有符号“⊕”的结点还有下一层结点，单击结点前的“⊕”，显示该结点的下一层结点，单击结点的“⊖”，返回到该结点。结点后的文本是对该结点的说明。

如图 0-4-9 所示，特征树的根结点是 Part2，它以下有 xy、yz、zx 三个基准平面和零件几何体（PartBody）四个结点。结点是一个三维形体，它的下一层有多个凸台（Pad）和 1 个凹槽（pocket），共 18 个结点。

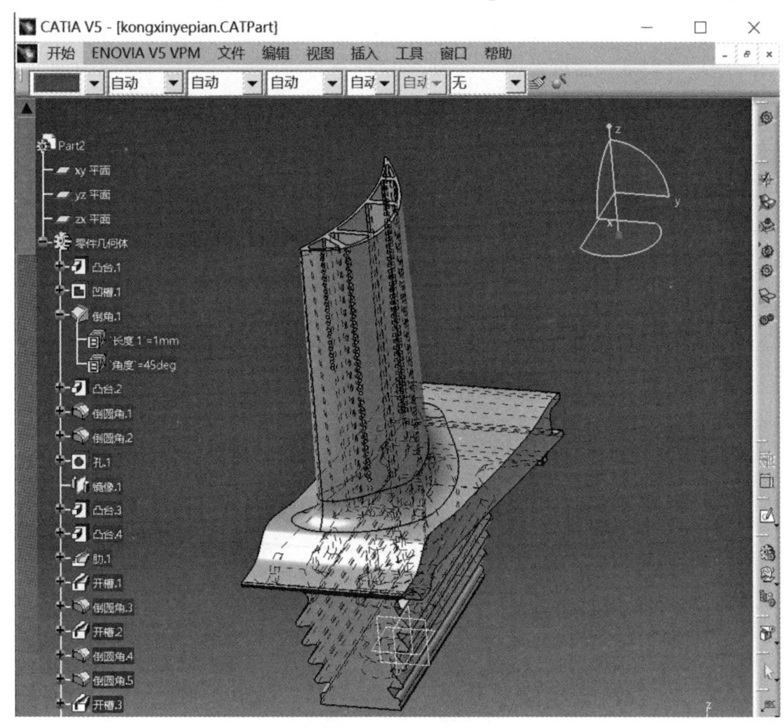

图 0-4-9　模型树

3. CATIA 软件工作界面定制与相关标准

（1）CATIA 软件工作环境设置与界面定制 CATIA V5 中的定制功能可以帮助学习者合理地设置工作环境。

界面定制操作

进入 CATIA V5 系统后，在建模环境下选择下拉菜单“工具”，如图 0-4-10 所示，单击“选项 ...”命令。在选项菜单中，单击【常规】进入设置界面，系统弹出如图 0-4-11 所示的界面，在用户界面样式中有 3 个选项，分别为 P1、P2、P3，通常状况下选择 P2。

建模环境下选择下拉菜单“工具”，单击“自定义 ...”命令，如图 0-4-12 所示。系统弹出如图 0-4-13 所示的“自定义”对话框，利用此对话框可对工作界面进行定制。

（2）CATIA 常用快捷键与鼠标操作　见表 0-4-1。

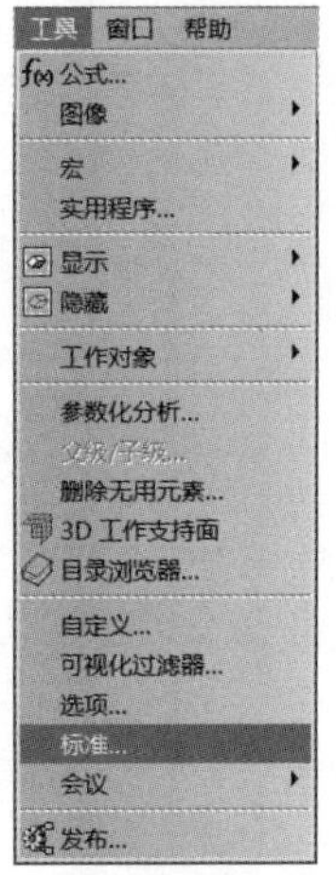

图 0-4-10 “工具”菜单

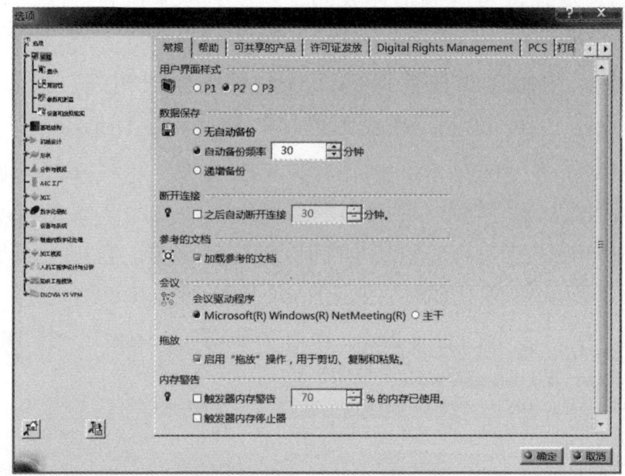

图 0-4-11 “常规”选项卡

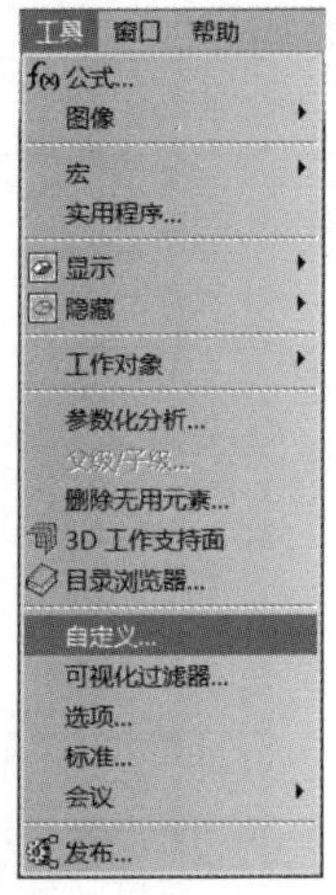

图 0-4-12 “工具”菜单

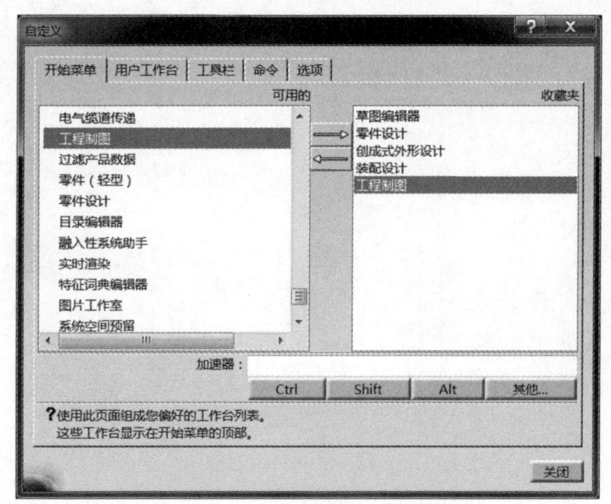

图 0-4-13 “自定义”对话框

表 0-4-1 常用快捷键与鼠标操作

快捷键		
放大：Ctrl + Page Up	缩小：Ctrl + Page Down	平移：Ctrl + ↑ / ↓ / ← / →
旋转（1）：Alt + Shift + ↑ / ↓ / ← / →	旋转（2）：Ctrl + Shift + ← / →	隐藏 / 显示目录树：F3
零件与结构树切换：Shift + F3	结构树查看：Shift + F2	属性：Alt + Enter
撤销：Ctrl + Z	重做：Ctrl + Y	保存：Ctrl + S
新建：Ctrl + N	打开：Ctrl + O	
鼠标操作		
平移：M	旋转：M + R	
缩放：Ctrl + M	文档切换：Ctrl + Tab	

（3）CATIA 标准　CATIA 软件拥有较为完善的行业标准，具体标准目录如下：

HB 7753—2005《CATIA 制图规则》

HB 7754—2005《CATIA 文字、尺寸与公差标注》

HB 7755—2005《CATIA 文件命名》

HB 7756.1—2005 《基于 CATIA 建模要求　第 1 部分：通用要求》

HB 7756.2—2005 《基于 CATIA 建模要求　第 2 部分：坐标系》

HB 7756.3—2005 《基于 CATIA 建模要求　第 3 部分：飞机外形》

HB 7756.4—2005 《基于 CATIA 建模要求　第 4 部分：机体结构件》

HB 7756.5—2005 《基于 CATIA 建模要求　第 5 部分：机加件》

HB 7756.6—2005 《基于 CATIA 建模要求　第 6 部分：锻铸件》

HB 7756.7—2005 《基于 CATIA 建模要求　第 7 部分：钣金件》

HB 7756.8—2005 《基于 CATIA 建模要求　第 8 部分：复合材料结构件》

HB 7756.9—2005 《基于 CATIA 建模要求　第 9 部分：夹层结构件》

HB 7756.10—2005 《基于 CATIA 建模要求　第 10 部分：地板件》

HB 7756.11—2005 《基于 CATIA 建模要求　第 11 部分：内装饰件》

HB 7756.12—2005 《基于 CATIA 建模要求　第 12 部分：绝缘件》

HB 7756.13—2005 《基于 CATIA 建模要求　第 13 部分：管路》

HB 7756.14—2005 《基于 CATIA 建模要求　第 14 部分：线束敷设》

HB 7776—2005 《基于 CATIA 标准件建模与模型装配要求》

HB 7795—2005 《CATIA 模型检查规定》

知识测试与能力训练

1. 单选题

（1）在 CATIA V5 的操作过程中，在某一处单击中键，意味着（　　）。

A. 指定该处为旋转中心　　B. 指定该处为缩放中心

C. 关闭旋转模式　　D. 锁定鼠标左键对改点的捕捉

（2）在设计过程中，为什么分析零件非常重要？（　　）

A. 帮助你确定要创建的特征类型和数目，以及创建它们的顺序

B. 帮助你创建更容易维护的零件和能实现设计意图的零件

C. 帮助你选择一个花费最少时间去创建零件的方法

D. 以上均是

（3）零件的基础特征是（　　）。

A. 零件的最后一个特征　　B. 零件的第一个有体积的特征

C. 零件上最大的特征　　D. 零件中唯一的非参数化特征

（4）为什么基础特征非常重要？（　　　　）。

A. 它代表零件设计的结束

B. 零件上所有的其他特征都通过约束和尺寸与这个特征相关联

C. 它需要的尺寸和约束最多

D. 是零件中唯一的非参数化特征

2. 多选题

（1）CATIA 的建模准则有（　　　　）。

A. 基于特征　　　　B. 全尺寸约束

C. 尺寸驱动　　　　D. 全数据相关

（2）以下对 CATIA 的保存命令描述正确的是（　　　　）。

A. 以同一个文件名存储文件

B. 新版的文件并不会覆盖旧版的文件

C. 自动保存新版次的文件

D. 文件可以存储成 IGES、STL 等格式

（3）以下对 CATIA 的保存副本命令描述正确的是（　　　　）。

A. 以新文件名用作文件的存储

B. 新版的文件并不会覆盖旧版的文件

C. 将文件存于目前的工作目录或者使用者指定的目录之下

D. 文件可以存储成 IGES、STL 等格式

3. 判断题

（1）在模型树上可以任意调整特征的生成次序。（　　）

（2）通过罗盘 Compass 不能改变图形对象的显示位置。（　　）

（3）有父子关系的特征不能随意调换次序。（　　）

（4）删除父特征，其所有子特征不会被删除。（　　）

项目 1 进气装置的整体设计

图 1-0-1　进气装置

航空发动机最前端的进气装置（图 1-0-1）在发动机中主要起引导空气顺利进入压气机，减少气流流动损失的作用。本项目主要带领同学们学习 CATIA 三维建模的基本操作，包括凸台、凹槽、旋转、旋转槽以及扫掠等特征的构成要素和实际操作步骤，体验实际案例的设计流程。

知识目标

1）掌握凸台、旋转体等常见特征建模的操作步骤。
2）使用装配模块完成整流罩的整体设计。
3）掌握工程图模块，完成零件以及装配体的图样创建。

整流罩

技能目标

1）熟练掌握特征建模的特点，学会分析模型特征。
2）掌握装配流程，学会使用装配模块完成组件整体设计。
3）培养创新设计的思维意识。

素养目标

培养精益求精、细致踏实的工作品质。

行业拓展园地

“鲲龙”AG600 作为我国“大飞机家族”成员之一的大型水陆两栖飞机，是为满足森林灭火和水上救援需要而研制的大型特种用途民用飞机，是国家应急救援体系建设急需的重大航空装备，是与运 -20 大型运输机、C919 大型客机并称的三型国产大飞机之一。我国自主研制的大型灭火 / 水上救援水陆两栖飞机“鲲龙”AG600，2022 年 5 月 31 日成功首飞，是大力弘扬“忠诚奉献、逐梦蓝天”航空报国精神，实施创新驱动发展战略，加快建设制造强国和科技强国取得的又一个标志性成果。

案例模型导图如图 1-0-2 所示。

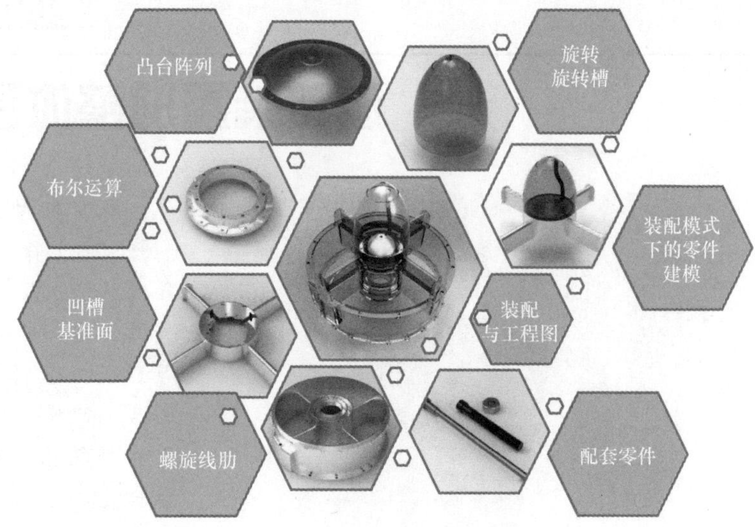

图 1-0-2　案例模型导图

项目导学

任务 1　整流罩模型创建

任务目标

1）熟练掌握模型二维草图的绘制方法。

2）学会使用旋转体、凸台等特征建模，掌握其操作步骤。

3）学会分析模型设计流程。

4）了解部件结构特点和工作原理。

锥体罩

资源环境

1）CATIA V5R21。

2）云课堂。

功能介绍

1）调整气流。

2）保护发动机元件。

整流罩案例导图如图 1-1-0 所示。

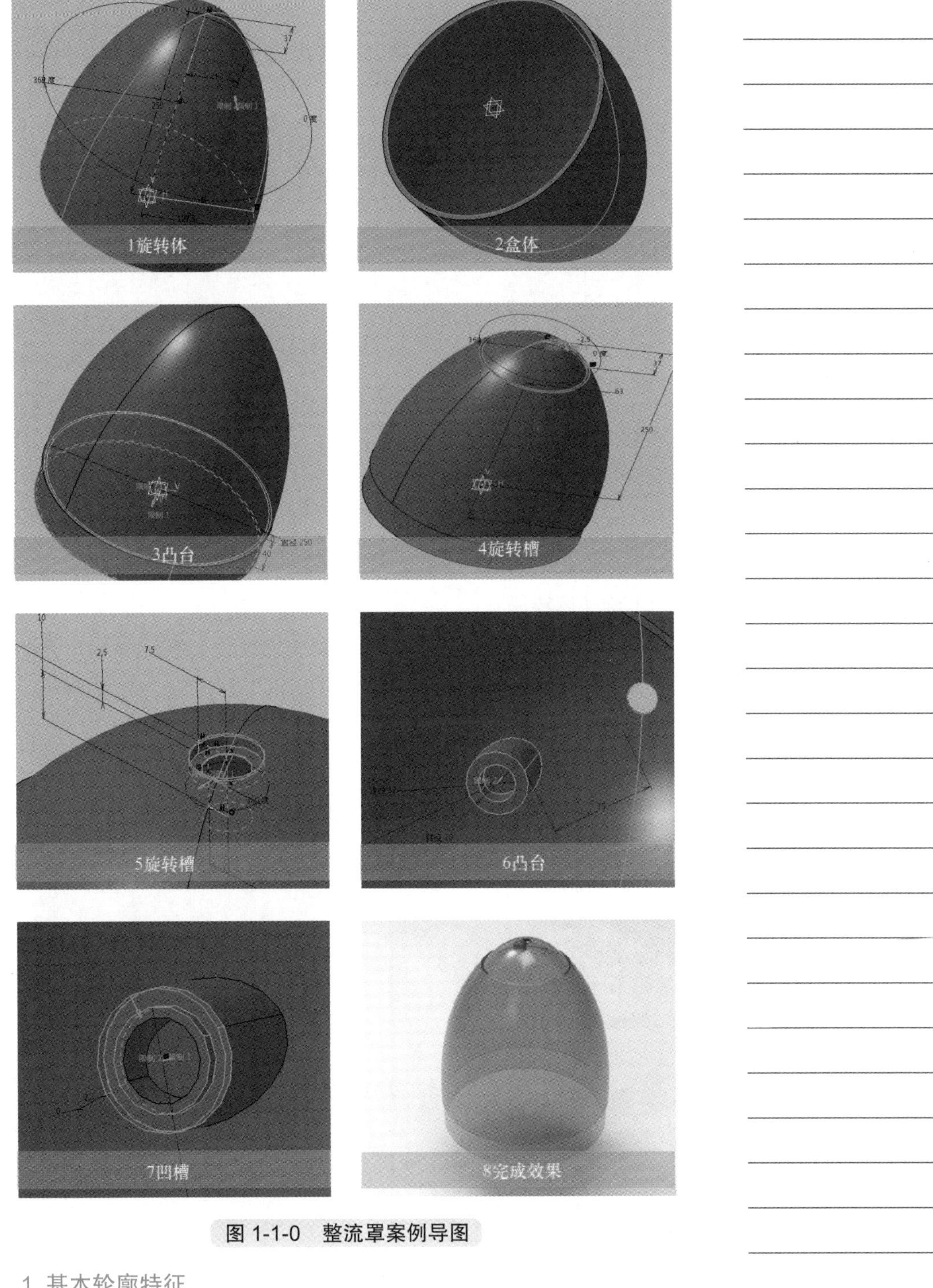

图 1-1-0　整流罩案例导图

1. 基本轮廓特征

（1）二维草图

1）单击 yz 平面后，单击“草图编辑器”工具条中的草绘【 】按钮，进入草绘器。

2）使用“轮廓”工具条中的按钮，按照图 1-1-1 所示进行草图图形的绘制。

3）单击“工作台”工具条中的退出工作台【 】按钮，退出草图绘制。

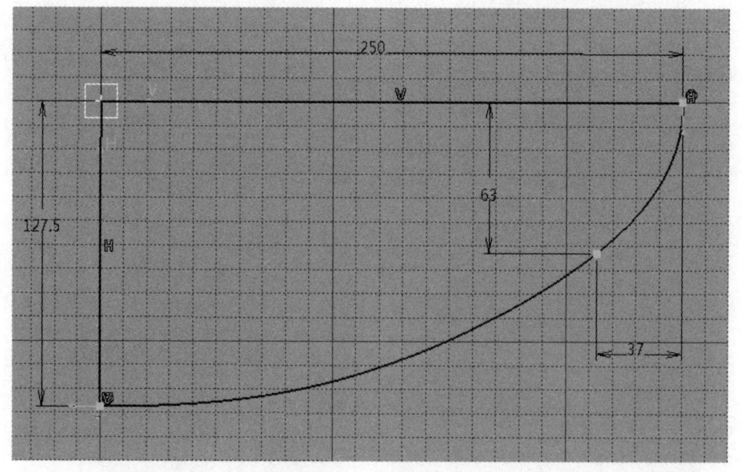

图 1-1-1　草绘图形

旋转体

（2）旋转体特征

1）单击“基于草图的特征”工具条中的旋转【 】按钮，弹出“定义旋转体”对话框，如图 1-1-2 所示。

2）“轴线”选择 Z 轴。

3）单击【确定】，完成旋转体的创建，如图 1-1-3 所示。

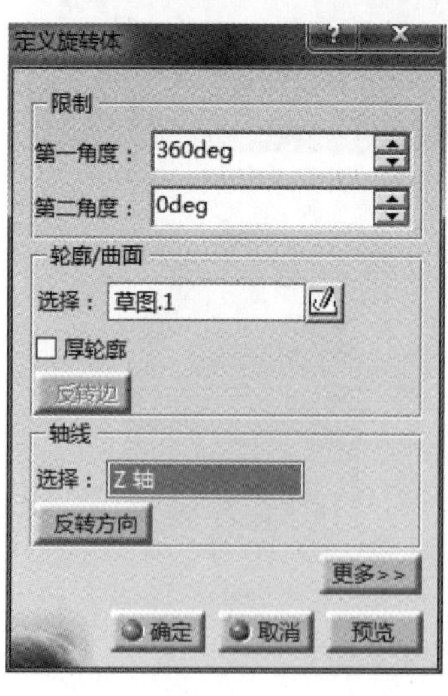

图 1-1-2　“定义旋转体”对话框

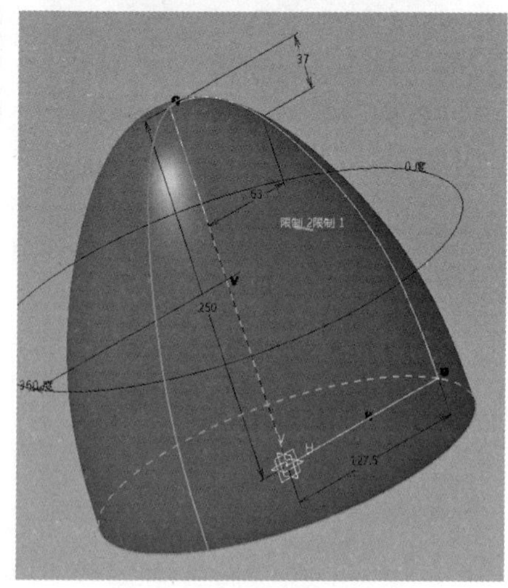

图 1-1-3　旋转体实体

（3）盒体特征

1）单击“修饰”工具条中的盒体【 】按钮，弹出“定义盒体”对话框。

2）将“默认内侧厚度”修改为5mm，“要移除的面”选最底下的面，如图1-1-4所示。

3）单击【确定】，完成盒体的创建，如图1-1-5所示。

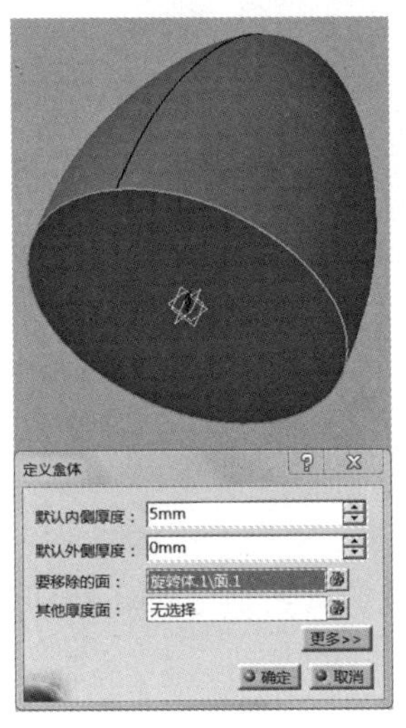

图1-1-4　“定义盒体”对话框

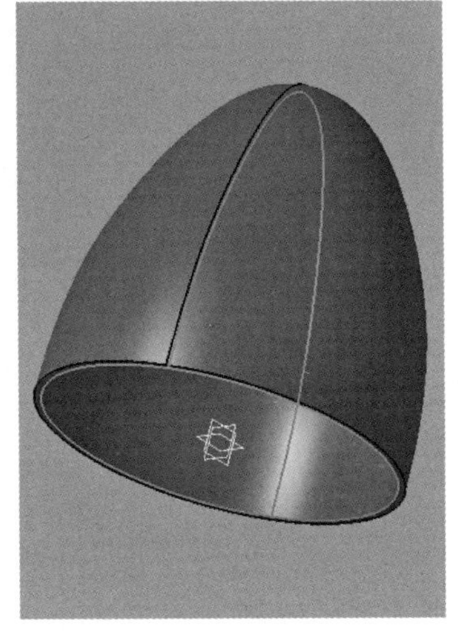

图1-1-5　盒体实体

（4）凸台特征

1）单击“基于草图的特征”工具条中的凸台【 】按钮，弹出“定义凸台”对话框，设置“第一限制长度”为40mm，如图1-1-6所示。

2）在【轮廓/曲面】选项卡中单击【 】按钮，绘制如图1-1-7所示的草图，其中内轮廓使用投影3D元素【 】按钮获得。

3）单击【确定】，完成凸台的创建，如图1-1-8所示。

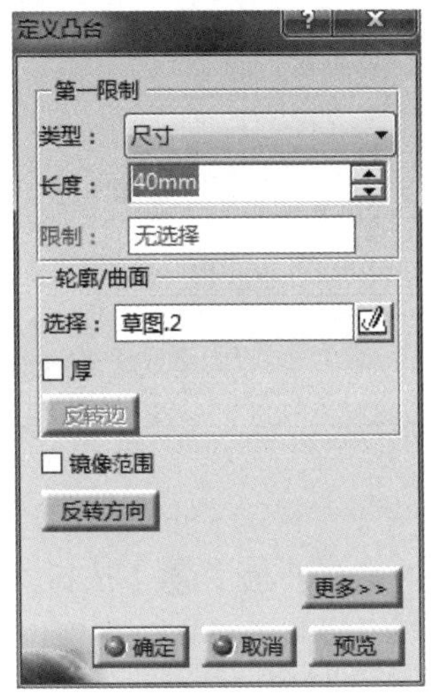

图1-1-6　“定义凸台”对话框

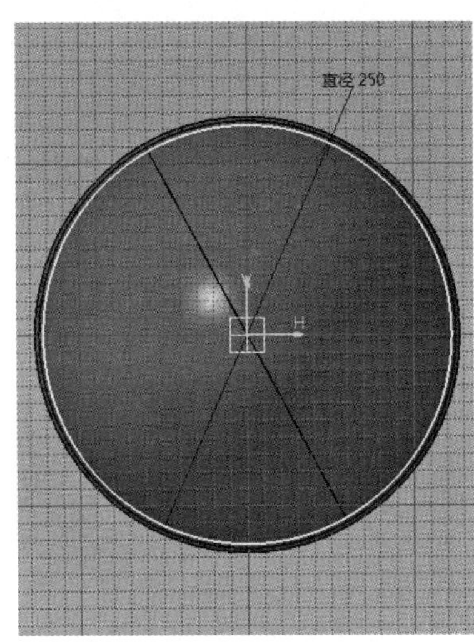

图1-1-7　凸台草图

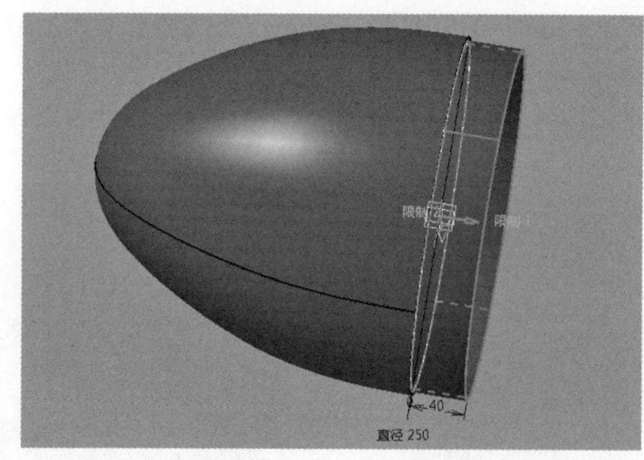

图 1-1-8　凸台实体

旋转槽

2. 外形实体上部特征

（1）旋转槽特征 1

1）单击“基于草图的特征”工具条中的旋转槽【 】按钮，弹出“定义旋转槽”对话框，设置“第一角度”为 360deg。

2）在【轮廓 / 曲面】选项卡中单击【 】按钮，绘制如图 1-1-9 所示的草图。

3）单击【确定】，完成旋转槽的创建，如图 1-1-10 所示。

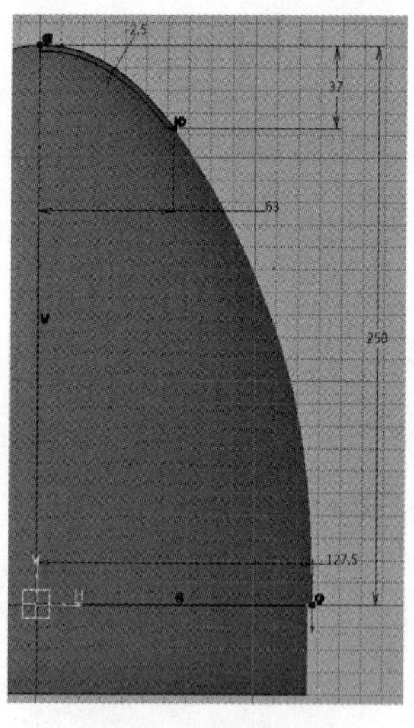

图 1-1-9　旋转槽草图

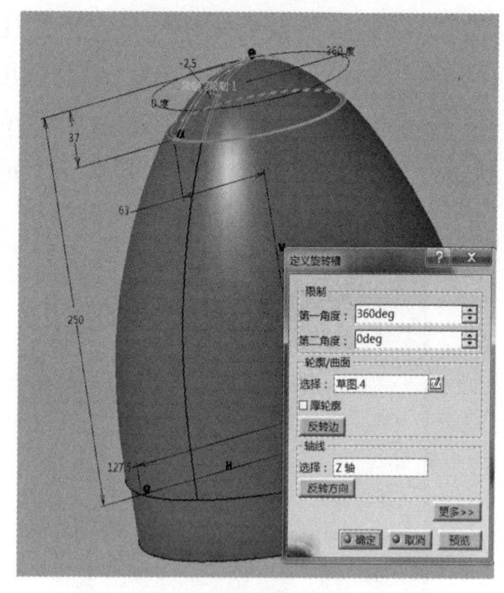

图 1-1-10　“定义旋转槽”对话框

（2）旋转槽特征 2

1）单击“基于草图的特征”工具条中的旋转槽【 】按钮，弹出“定义旋转槽”对话框，设置“第一角度”为 360deg。

2）在【轮廓 / 曲面】选项卡中单击【 】按钮，绘制如图 1-1-11 所示的草图。

3）单击【确定】，完成旋转槽的创建，如图 1-1-12 所示。

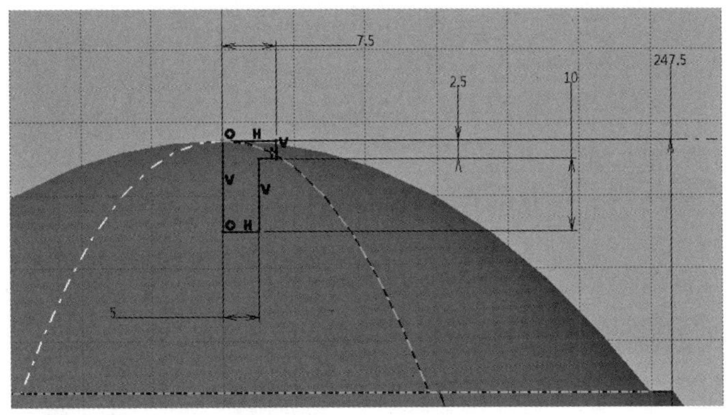

图 1-1-11 旋转槽草图

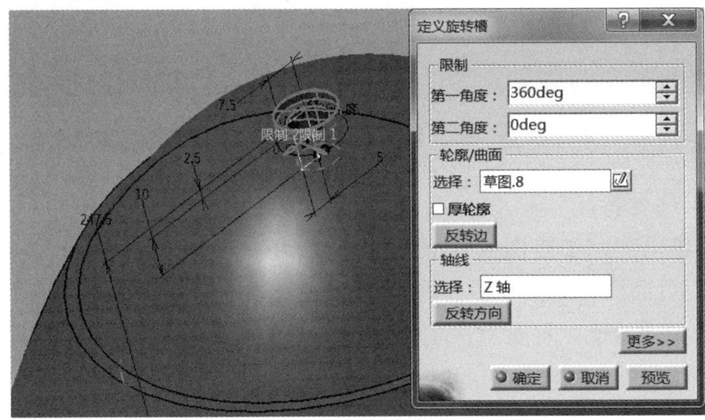

图 1-1-12 “定义旋转槽”对话框

圆角

（3）圆角特征

1）单击“修饰”工具条中的圆角【 】按钮，弹出“倒圆角定义”对话框。

2）设置“半径”为 1mm，在绘图区中以图 1-1-13 所示的边线作为圆角的对象。单击【确定】，完成圆角的创建，如图 1-1-14 所示。

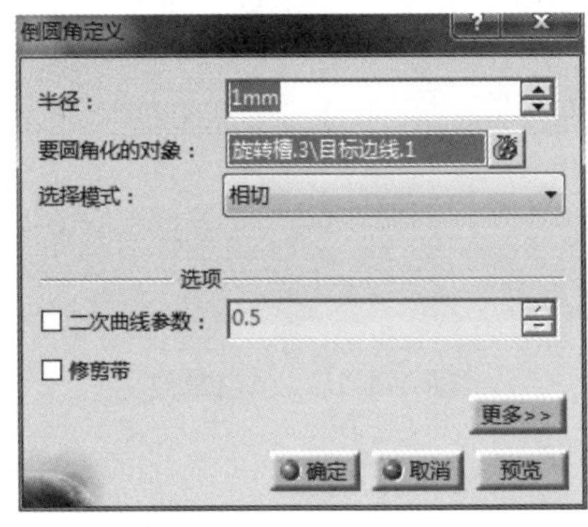

图 1-1-13 “倒圆角定义”对话框

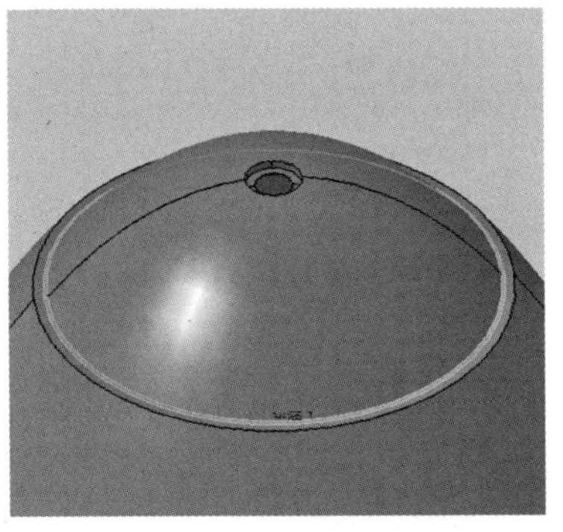

图 1-1-14 圆角实体

基准元素

3. 内部定位结构

（1）基准平面

1）单击“参考元素”工具条中的基准平面【】按钮，弹出“平面定义”对话框，如图 1-1-15 所示。

2）选择绘图区的台阶表面，如图 1-1-16 所示，完成创建。

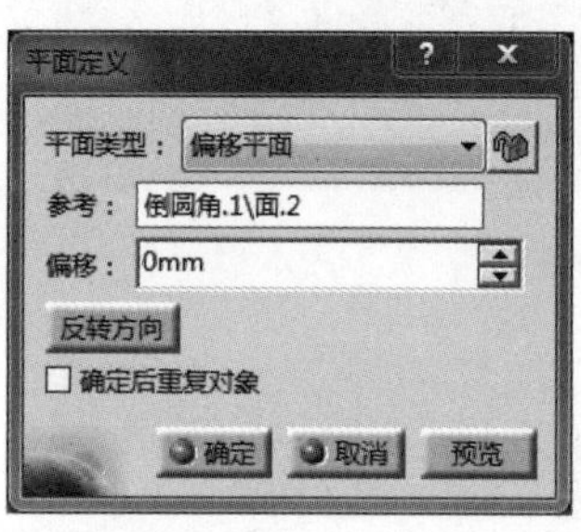

图 1-1-15 “平面定义”对话框

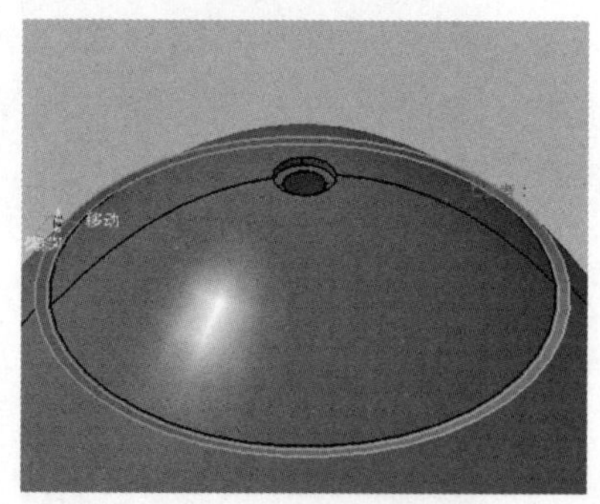

图 1-1-16 基准平面

（2）凸台特征

1）单击“基于草图的特征”工具条中的凸台【】按钮，弹出“定义凸台”对话框，如图 1-1-17 所示，设置“第一限制类型”为直到曲面。

2）在“轮廓 / 曲面”选项卡中单击【】，绘制如图 1-1-18 所示的草图。单击“工作台”工具条中的退出工作台【】按钮，退出草图绘制。

3）单击【确定】，完成凸台的创建。

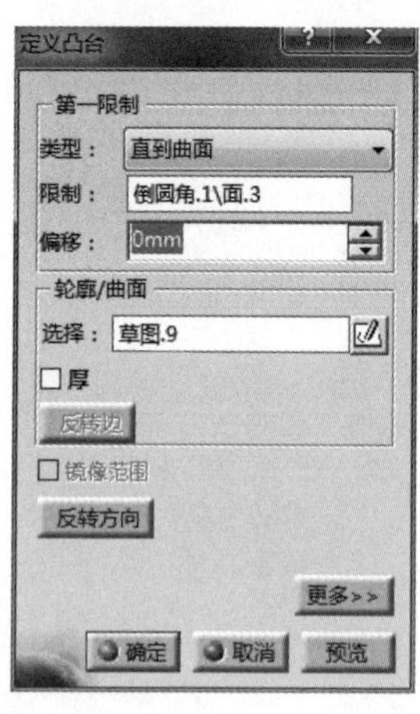

图 1-1-17 “定义凸台”对话框

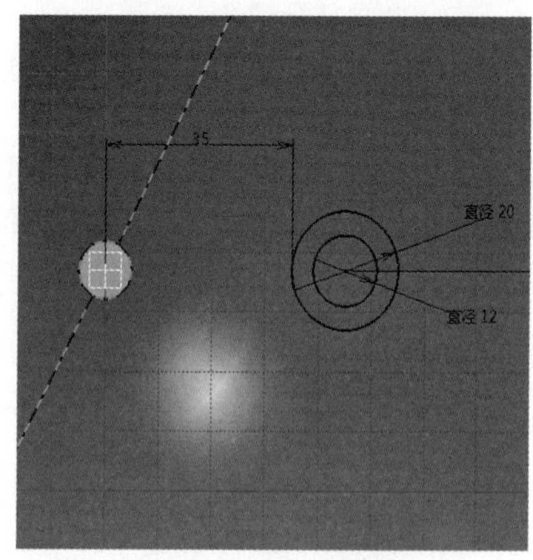

图 1-1-18 凸台草绘

凹槽

（3）凹槽特征

1）单击“基于草图的特征”工具条中的凹槽【】按钮，弹出“定义凹槽”对话框，设置“第一限制深度”为 2mm，如图 1-1-19 所示。

2）在【轮廓 / 曲面】选项卡中单击【 】，绘制如图 1-1-20 所示的草图，其中内轮廓使用投影 3D 元素【 】按钮获得。

3）单击【确定】，完成凹槽的创建，如图 1-1-21 所示。

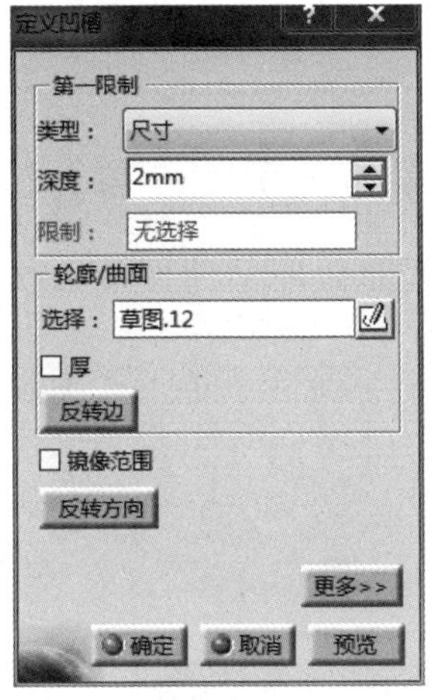

图 1-1-19　“定义凹槽”对话框

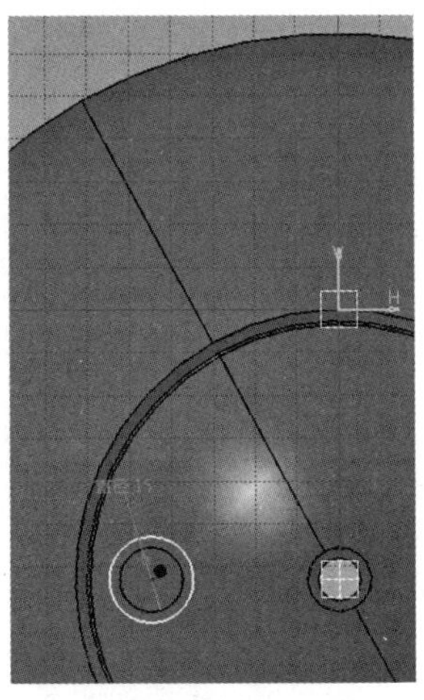

图 1-1-20　凹槽草图

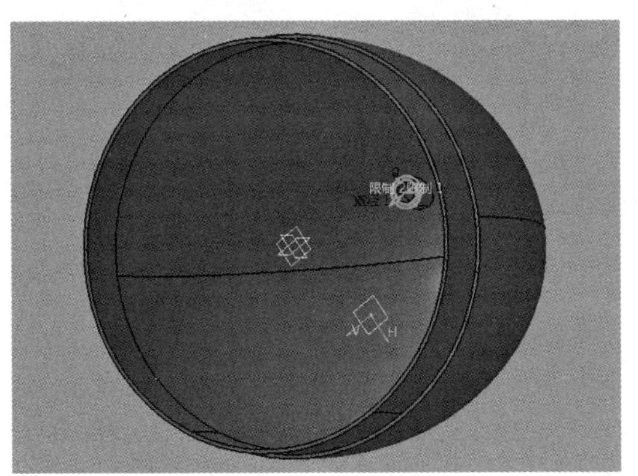

图 1-1-21　凹槽实体

叶片

任务 2　连接板模型创建

任务目标

1）熟练掌握模型二维草图的绘制方法。

2）学会使用旋转体、凸台、阵列等特征建模，掌握其操作步骤。

3）初步掌握布尔运算特征的操作步骤。

4）了解部件结构特点和工作原理。

连接板

资源环境

1）CATIA V5R21。

2）云课堂。

连接板案例导图如图 1-2-0 所示。

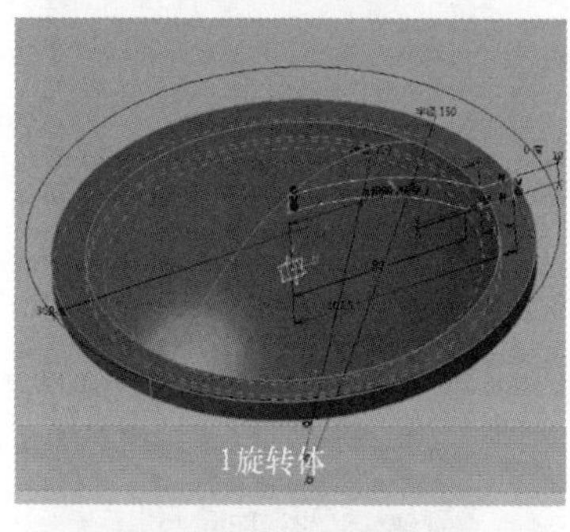
1旋转体

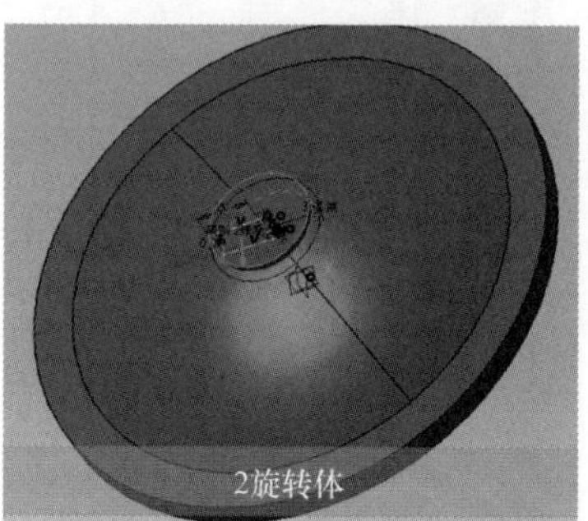
2旋转体

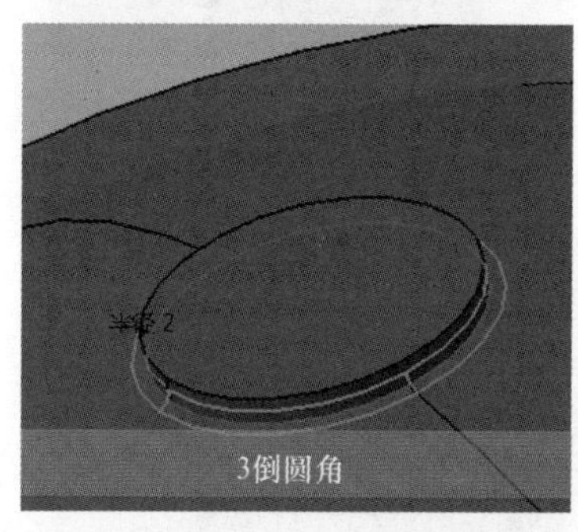
3倒圆角

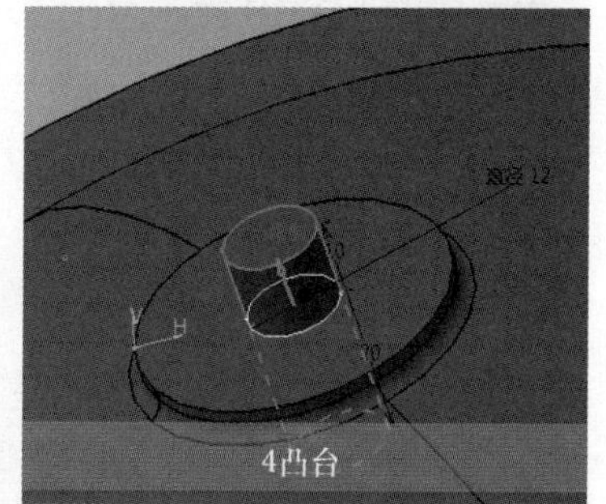
4凸台

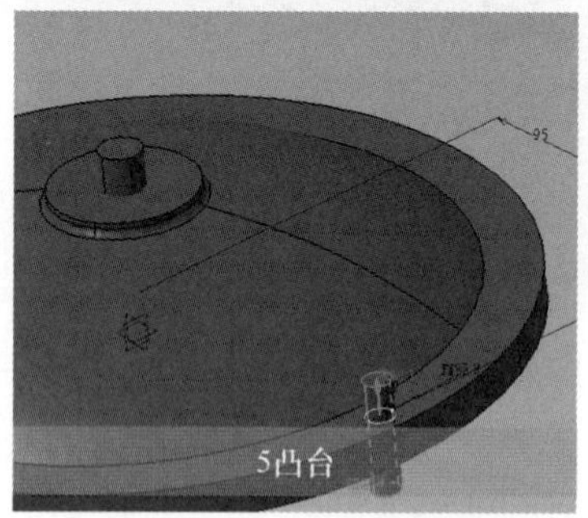
5凸台

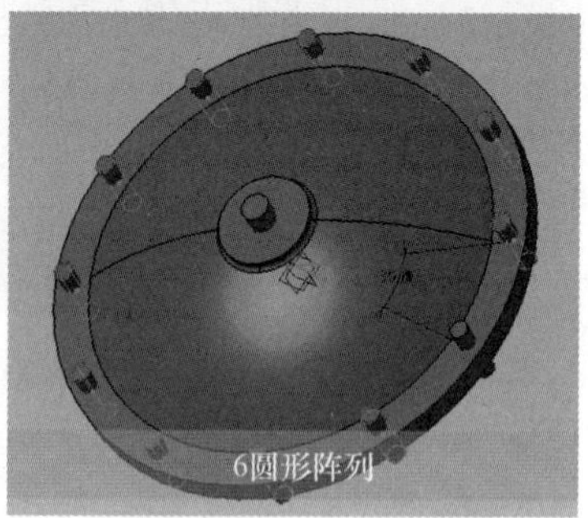
6圆形阵列

7完成效果

图 1-2-0　连接板案例导图

1. 基本轮廓特征

（1）二维草图

1）单击 yz 平面后，单击“草图编辑器”工具条中的草绘【 】按钮，进入草绘器。

2）使用“轮廓”工具条中的按钮，按照图 1-2-1 所示进行草图图形的绘制。

3）单击“工作台”工具条中的退出工作台【 】按钮，退出草图绘制。

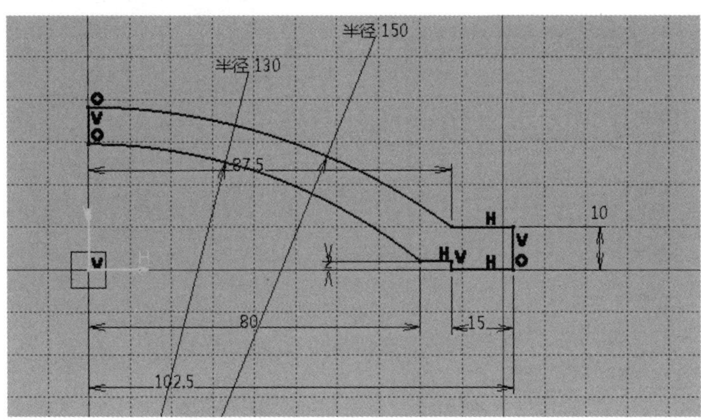

图 1-2-1　草绘图形

旋转体

（2）旋转体特征 1

1）单击“基于草图的特征”工具条中的旋转【 】按钮，弹出“定义旋转体”对话框，如图 1-2-2 所示。

2）“轴线”选择 Z 轴。

3）单击【确定】，完成旋转体的创建，如图 1-2-3 所示。

图 1-2-2　“定义旋转体”对话框

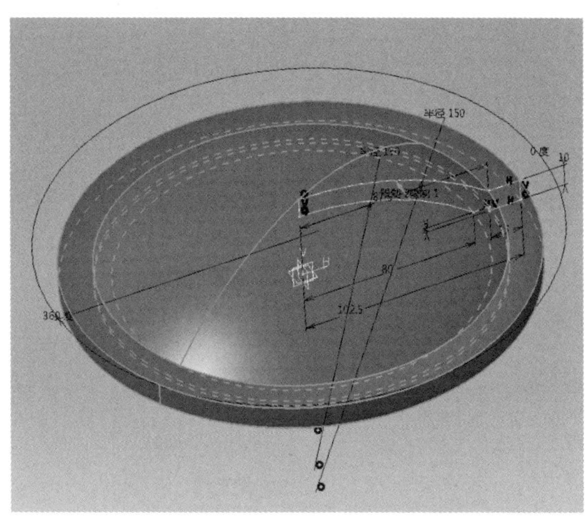

图 1-2-3　旋转实体

（3）旋转体特征 2

1）单击“基于草图的特征”工具条中的旋转【 】按钮，弹出“定义旋转体”对话框，如图 1-2-4 所示，设置“第一角度”为 360deg。

2）在【轮廓 / 曲面】选项卡中单击【 】，使用拾取投影 3D 轮廓边线【 】按钮，并将其转化为“构造线”，绘制如图 1-2-5 所示的草图。单击“工作台”工具条中的退出工作台【 】按钮，退出草图绘制。

3）单击【确定】，完成旋转体的创建。

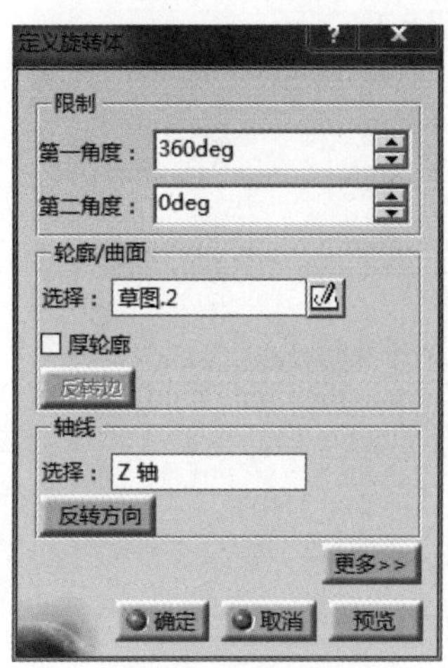

图 1-2-4 “定义旋转体”对话框

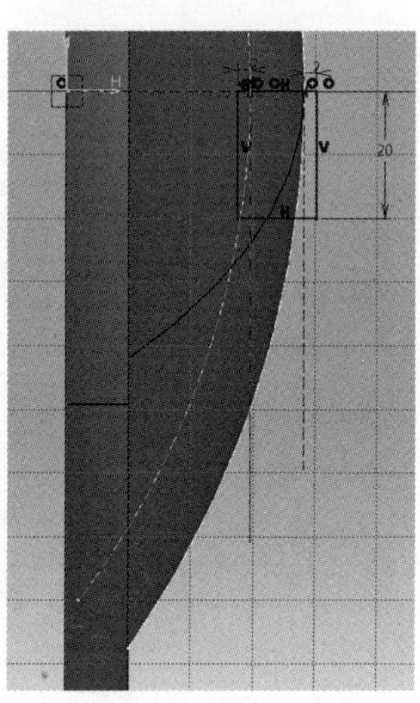

图 1-2-5 旋转草绘

圆角

（4）圆角特征

1）单击“修饰”工具条中的圆角【 】按钮，弹出“倒圆角定义”对话框，如图 1-2-6 所示。

2）在对话框中设置“半径”为 2mm，点选绘图区中的边线作为倒圆角对象。单击【确定】，完成圆角的创建，如图 1-2-7 所示。

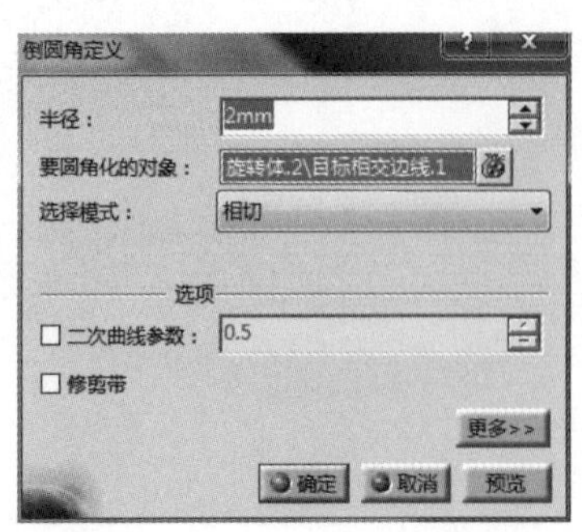

图 1-2-6 “倒圆角定义”对话框

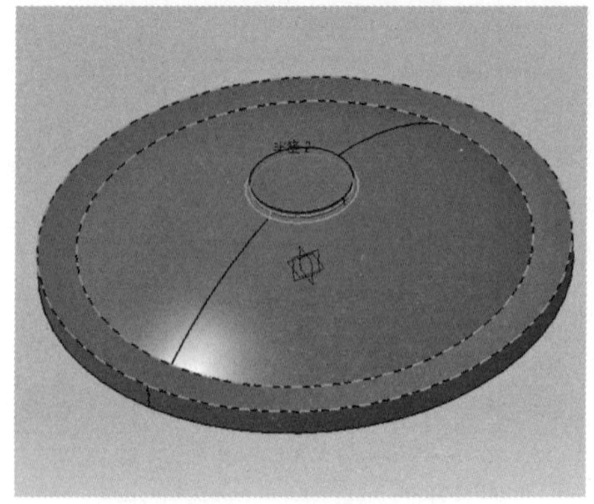

图 1-2-7 圆角实体

布尔运算

2. 布尔运算

（1）插入几何体

1）单击顶部工具栏中的【插入】，在下拉菜单中选择“布尔操作”，单击几何体【 】按钮。

2）右键单击几何体 2，在右键菜单中单击【定义工作对象】，激活几何体 2，如图 1-2-8 所示，再次右键单击几何体 2，在右键菜单中单击【属性】。

3）将“属性”对话框中的“特征名称”修改为孔，如图 1-2-9 所示。

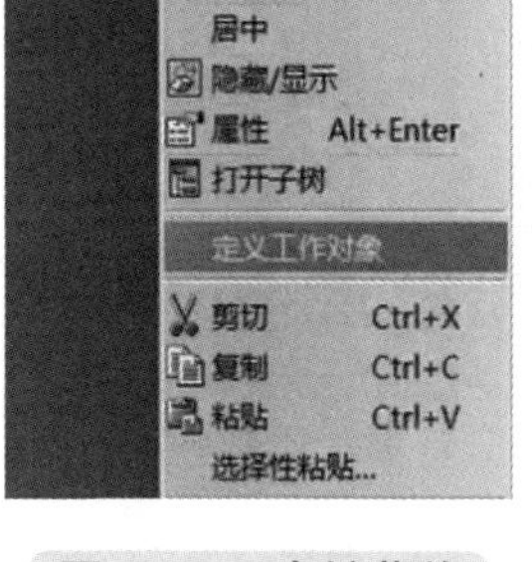

图 1-2-8 右键菜单

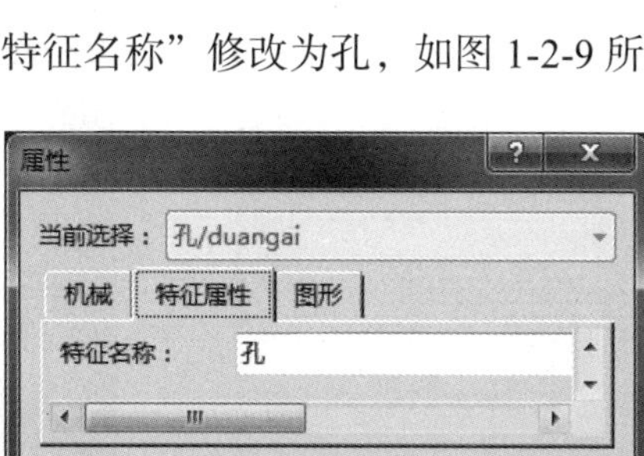
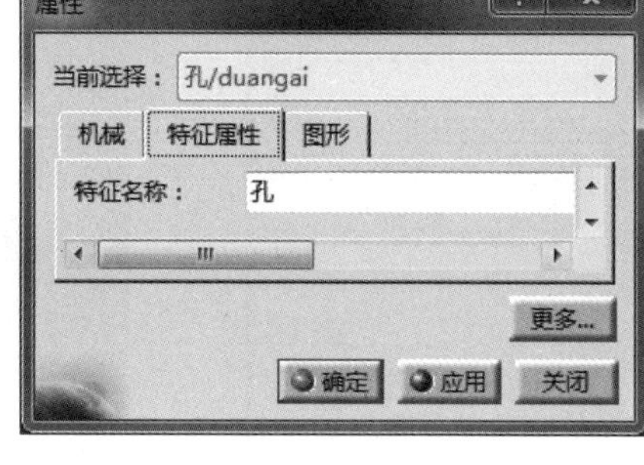

图 1-2-9 “属性”对话框

凸台

（2）凸台特征 1

1）单击“基于草图的特征”工具条中的凸台【 】按钮，弹出“定义凸台”对话框，如图 1-2-10 所示，设置“第一限制长度”为 10mm，“第二限制长度”为 20mm。

2）在【轮廓 / 曲面】选项卡中单击【 】，绘制如图 1-2-11 所示的草图。单击“工作台”工具条中的退出工作台【 】按钮，退出草图绘制。

3）单击【确定】，完成凸台的创建。

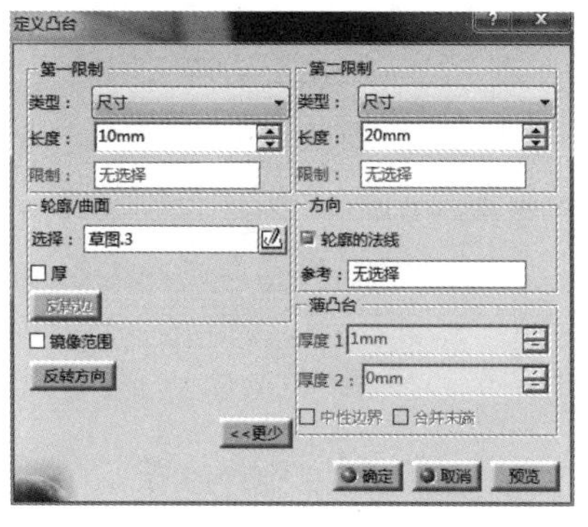

图 1-2-10 “定义凸台”对话框

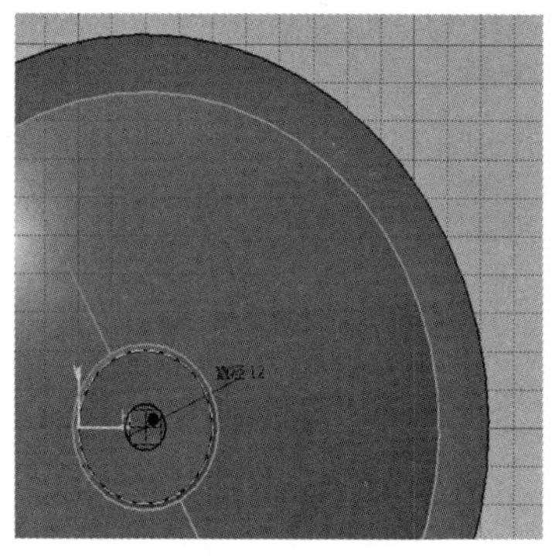
图 1-2-11 凸台草绘

（3）凸台特征 2

1）单击“基于草图的特征”工具条中的凸台【 】按钮，弹出“定义凸台”对话框，如图 1-2-12 所示，设置“第一限制长度”为 15mm。

2）在【轮廓 / 曲面】选项卡中单击【 】，绘制如图 1-2-13 所示的草图。单击“工作台”工具条中的退出工作台【 】按钮，退出草图绘制。

3）单击【确定】，完成凸台的创建。

图 1-2-12 “定义凸台”对话框

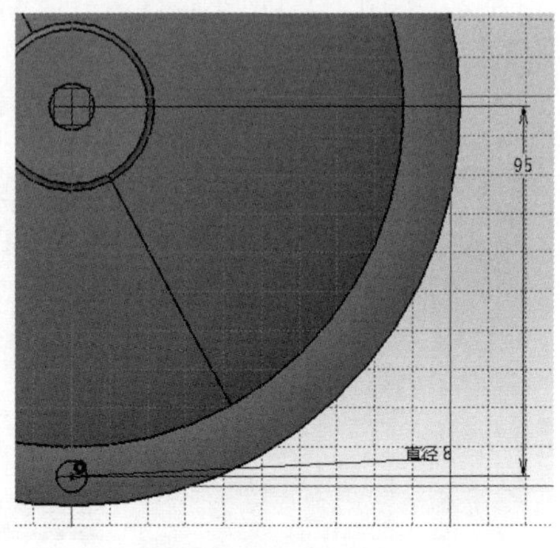

图 1-2-13 凸台草绘

圆形阵列

（4）阵列特征　定义工作对象为基本体，单击“变换特征”工具条中的定义圆形阵列【 】按钮，弹出“定义圆形阵列”对话框，参数选择“实例”为 12，“角度间距”为 30deg，如图 1-2-14 所示。在这里注意“参考元素”选择 Z 轴。单击【确定】，完成实体创建，如图 1-2-15 所示。

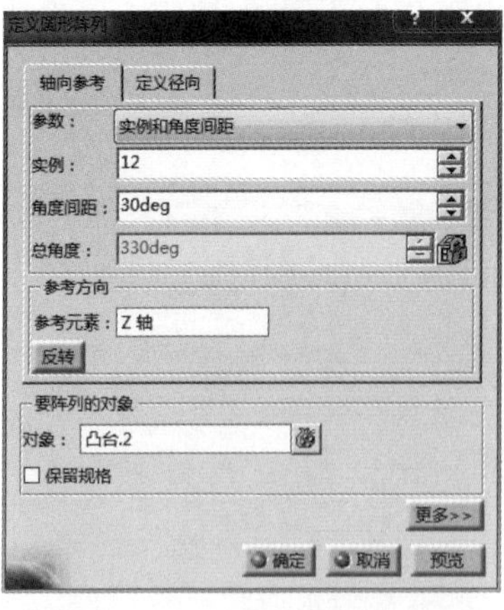

图 1-2-14 “定义圆形阵列”对话框

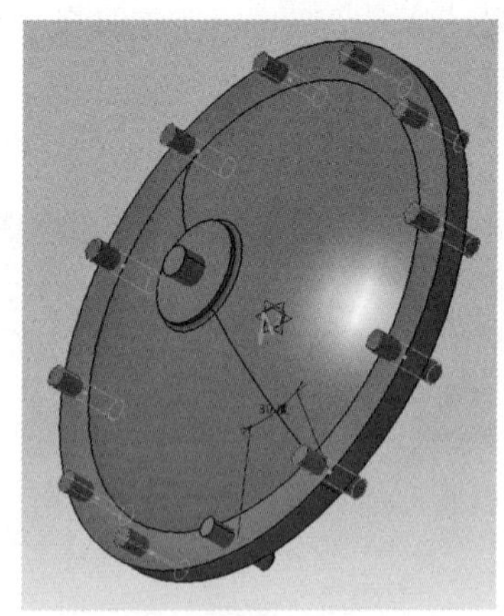

图 1-2-15 阵列实体

（5）布尔运算　单击【孔】，单击顶部工具栏的【插入】，在下拉菜单中选择“布尔操作”，单击移除【 】选项，如图 1-2-16 所示，孔模型就被从“基本体”中切除掉了，如图 1-2-17 所示。

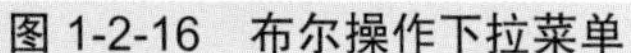
图 1-2-16 布尔操作下拉菜单

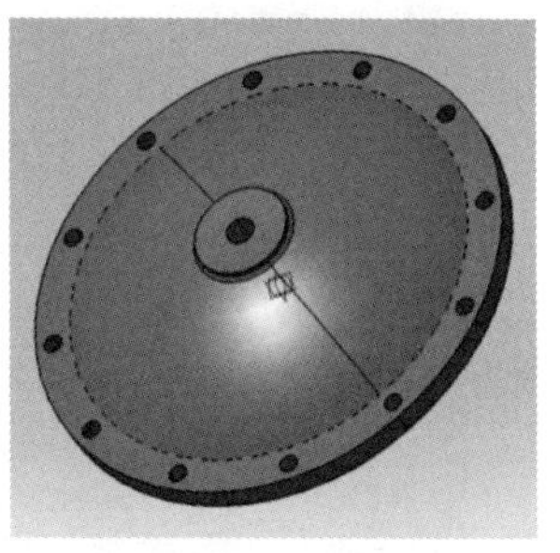
图 1-2-17 模型效果

任务 3 法兰盘模型创建

任务目标

1）熟练掌握二维草图的投影 3D 绘制方法。

2）学会使用旋转体、凸台、阵列等特征建模，掌握其操作步骤。

3）熟练掌握布尔运算特征的操作步骤。

4）了解部件结构特点和工作原理。

资源环境

1）CATIA V5R21。

2）云课堂。

功能介绍

连接固定元件。

法兰盘案例导图如图 1-3-0 所示。

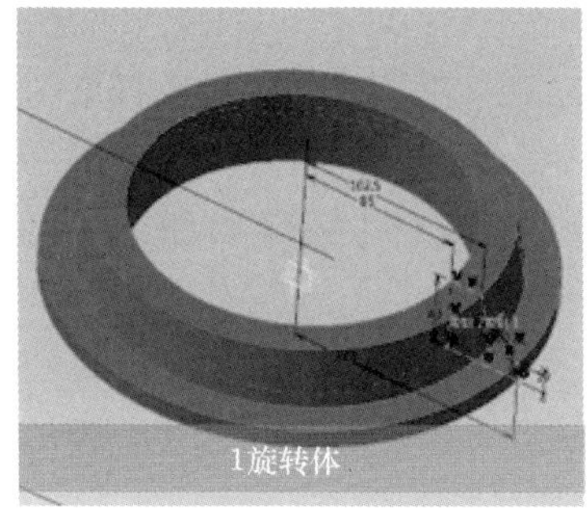

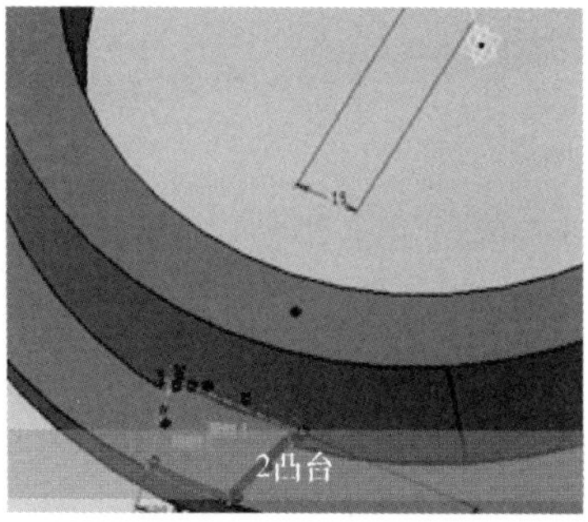

图 1-3-0 法兰盘案例导图

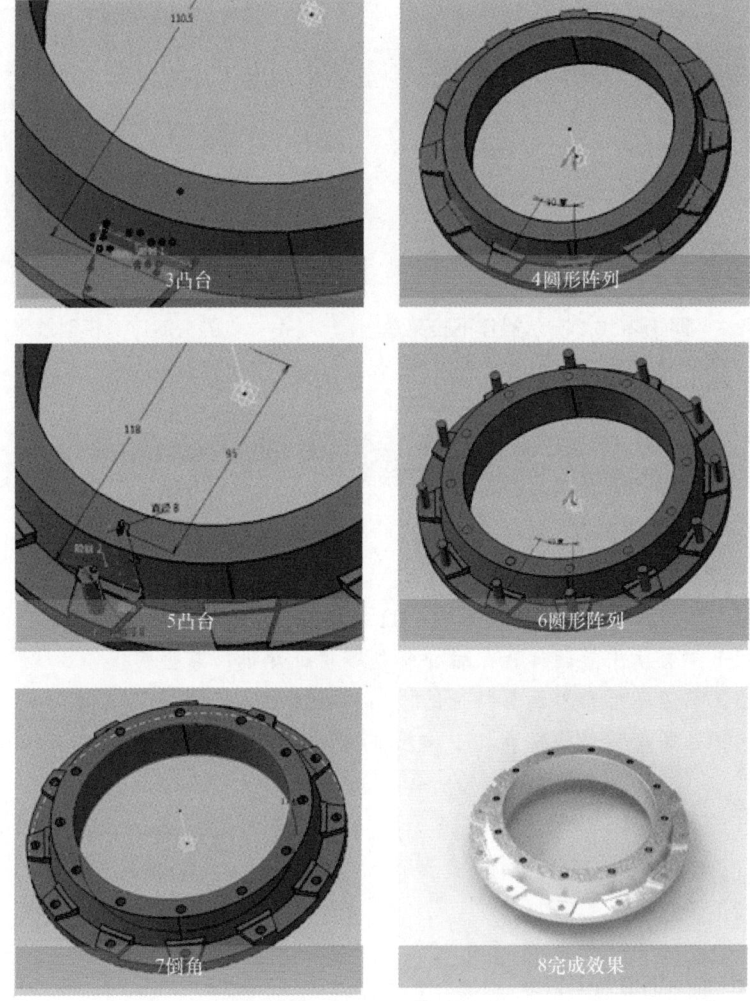

图 1-3-0　法兰盘案例导图（续）

1. 底座特征

（1）二维草图

1）单击 yz 平面，单击“草图编辑器”工具条中的草绘【】按钮，进入草绘器。

2）使用“轮廓”工具条中的按钮，按照图 1-3-1 所示进行草图图形的绘制。

3）单击“工作台”工具条中的退出工作台【】按钮，退出草图绘制。

（2）旋转体特征

1）单击“基于草图的特征”工具条中的旋转【】按钮，弹出“定义旋转体”对话框，如图 1-3-2 所示。

2）“轴线”选择草图轴线或 Z 轴。

旋转体

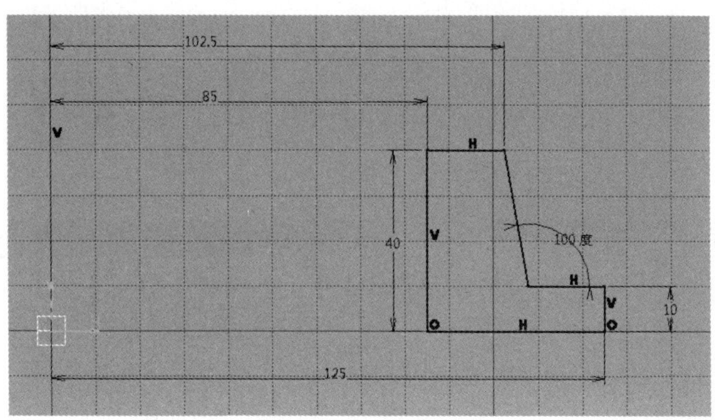

图 1-3-1　草绘图形

3）单击【确定】，完成底座的创建，如图 1-3-3 所示。

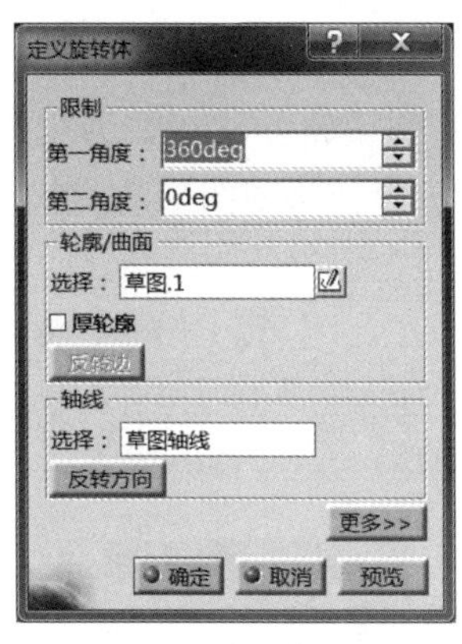

图 1-3-2　“定义旋转体”对话框

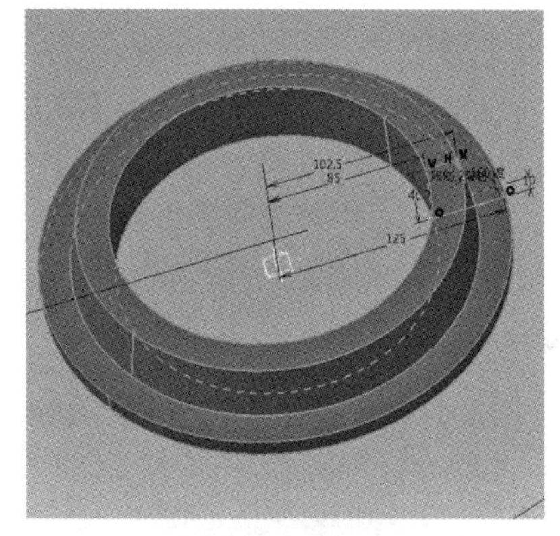
图 1-3-3　旋转实体

2. 阶梯台结构特征

（1）添加几何体

1）右键单击【Duang】模型，弹出快捷菜单，单击【定义工作对象】，如图 1-3-4 所示。

2）单击顶部工具栏的【插入】，在下拉菜单中选择“布尔操作”，单击几何体【 】按钮，如图 1-3-5 所示。

布尔运算

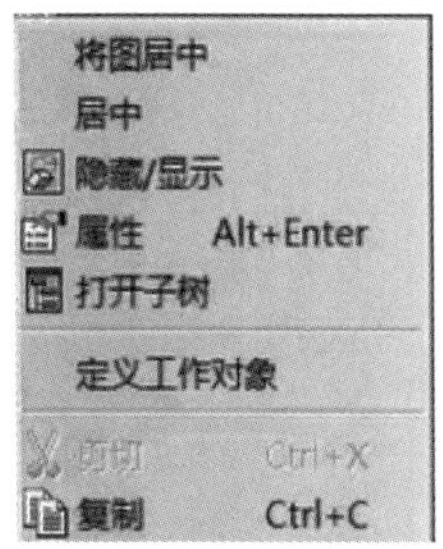

图 1-3-4　快捷菜单

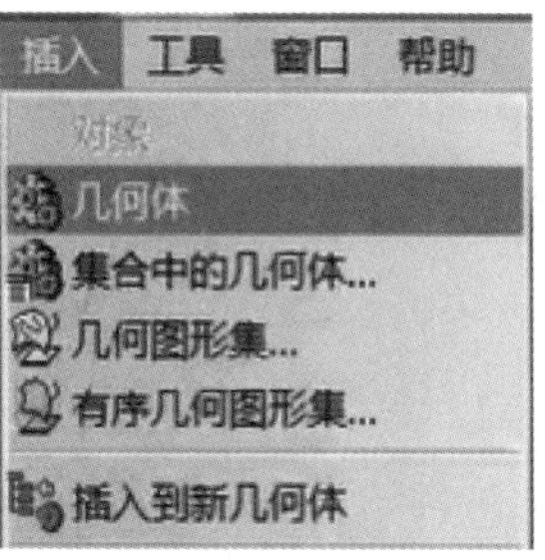

图 1-3-5　插入

（2）修改名称　右键单击几何体 2，弹出快捷菜单，单击【定义工作对象】，激活几何体 2，如图 1-3-6 所示。再次右键单击几何体 2，单击【属性】按钮，弹出的“属性”对话框如图 1-3-7 所示，修改“特征名称”为凸台。

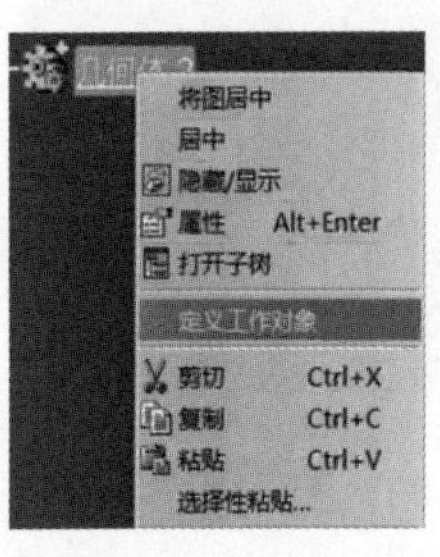

图 1-3-6　快捷菜单

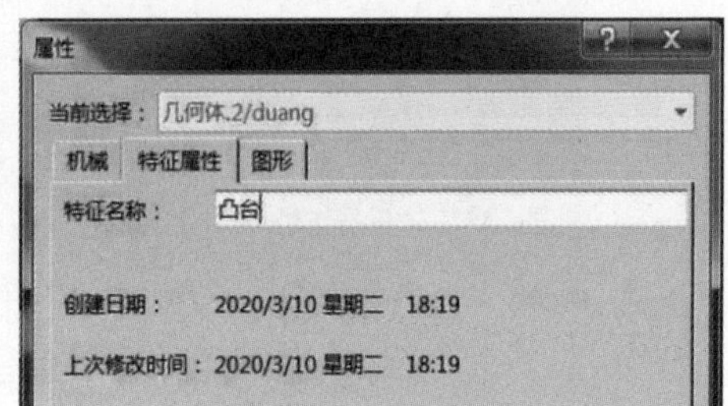

图 1-3-7　“属性”对话框

凸台

（3）凸台实体特征

1）单击支承结构的上表面，单击“草图编辑器”工具条中的草绘【】按钮，进入草绘器。按照图 1-3-8 所示进行草图图形的绘制。单击“工作台”工具条中的退出工作台【】按钮，退出草图绘制。

2）单击“基于草图的特征”工具条中的凸台【】按钮，弹出“定义凸台”对话框，设置“第一限制长度”为 5mm，如图 1-3-9 所示。在对话框中单击【确定】，完成如图 1-3-10 所示的第一阶凸台的创建。

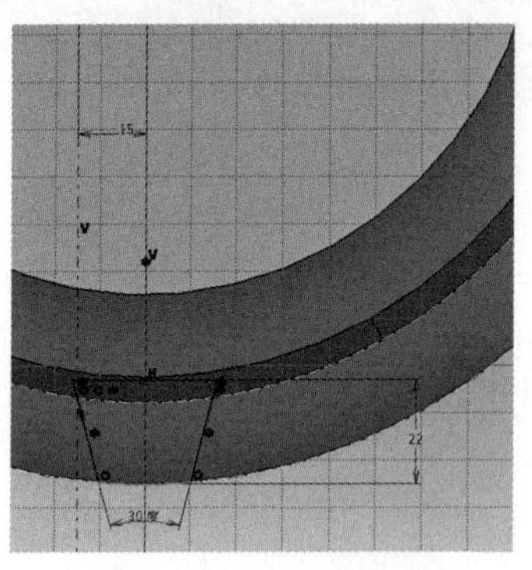

图 1-3-8　草绘图形

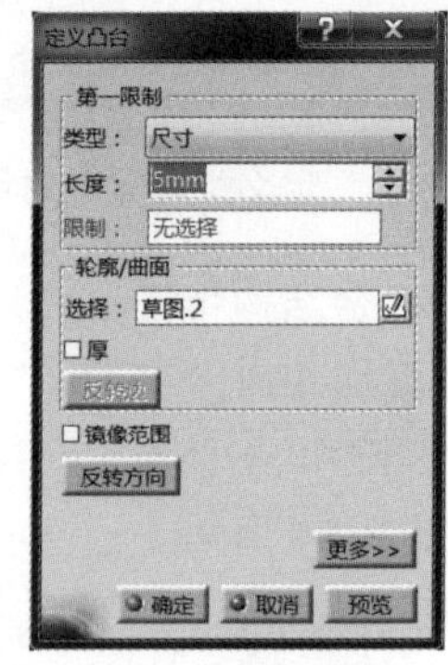

图 1-3-9　“定义凸台”对话框

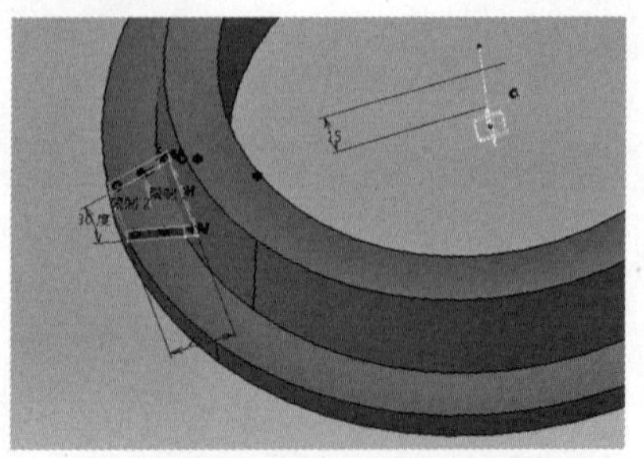

图 1-3-10　第一阶凸台

3）单击第一阶凸台的上表面，单击草绘【 】按钮，按照图 1-3-11 所示进行草图图形的绘制。单击退出工作台【 】按钮，退出草图绘制。单击“基于草图的特征”工具条中的凸台【 】按钮，弹出“定义凸台”对话框，设置“长度”为 2mm，单击【确定】，完成如图 1-3-12 所示的第二阶凸台的创建。

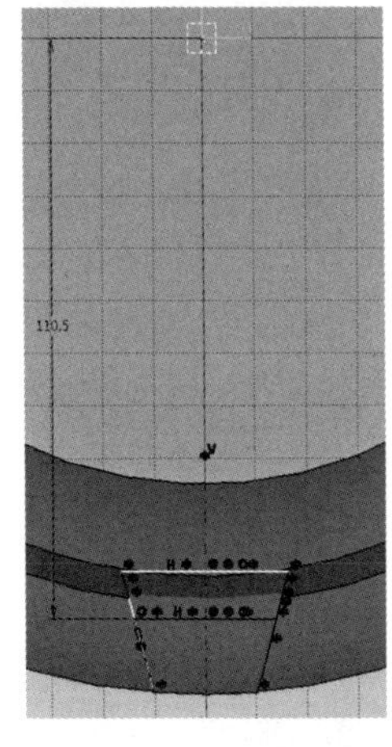

图 1-3-11　草绘图形

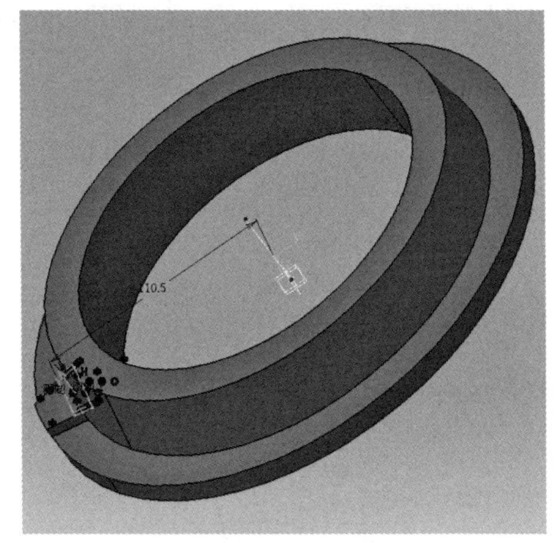

图 1-3-12　第二阶凸台

（4）阵列特征　定义工作对象为凸台，单击“变换特征”工具条中的定义圆形阵列【 】按钮，弹出“定义圆形阵列”对话框，参数选择“实例”为 12，“角度间距”为 30deg，如图 1-3-13 所示。在这里注意“参考元素”为基准轴，可以选择创建的直线 1，也可以选择 Z 轴。单击【确定】完成实体创建，如图 1-3-14 所示。

圆形阵列

图 1-3-13　定义圆形阵列

图 1-3-14　阵列实体

（5）布尔运算　单击【凸台】，单击顶部工具栏的【插入】，在下拉菜单中选择“布尔操作”，单击【添加】按钮，如图 1-3-15 所示。凸台模型就被添加到【回转基本体】中，如图 1-3-16 所示。

图 1-3-15 布尔操作菜单

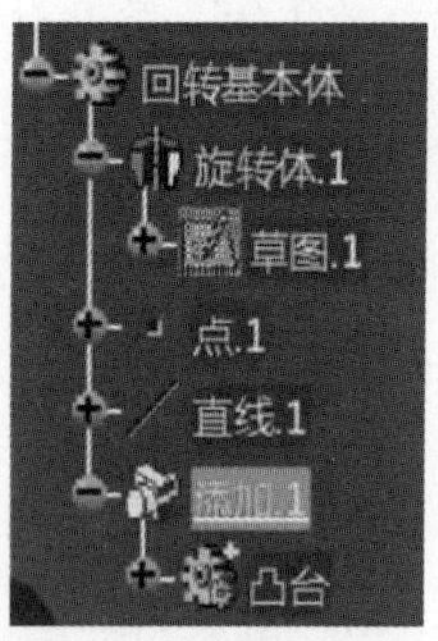

图 1-3-16 模型树

3. 孔结构特征

（1）添加几何体

1）右键单击【Duang】模型，弹出快捷菜单，单击【定义工作对象】，如图 1-3-17 所示。单击顶部工具栏中的【插入】，在下拉菜单中选择“布尔操作”，单击几何体【 】按钮，如图 1-3-18 所示。

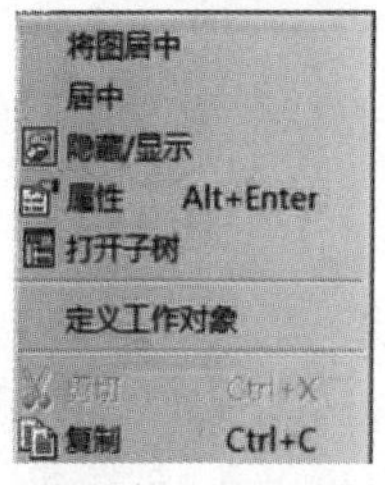

图 1-3-17 快捷菜单

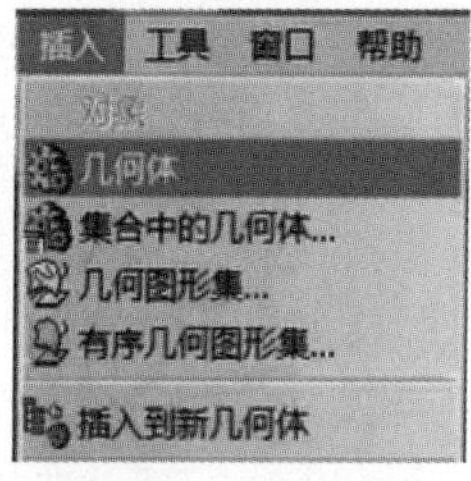

图 1-3-18 插入

2）右键单击几何体 3，弹出快捷菜单，单击【定义工作对象】，激活几何体 3，如图 1-3-19 所示。再次右键单击几何体 3，在快捷菜单中单击【属性】按钮，弹出的“属性”对话框如图 1-3-20 所示，修改“特征名称”为孔。

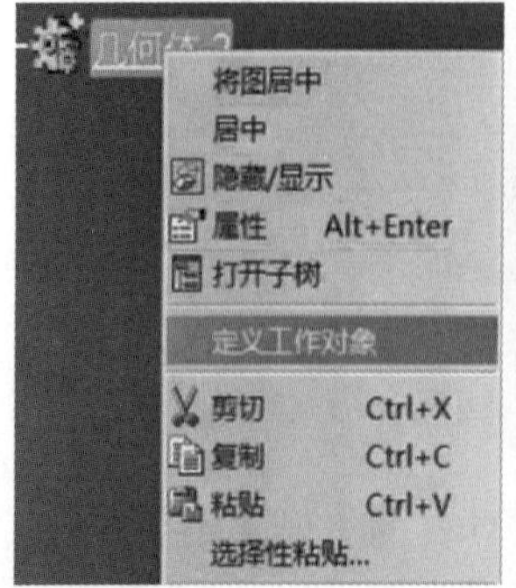

图 1-3-19 快捷菜单

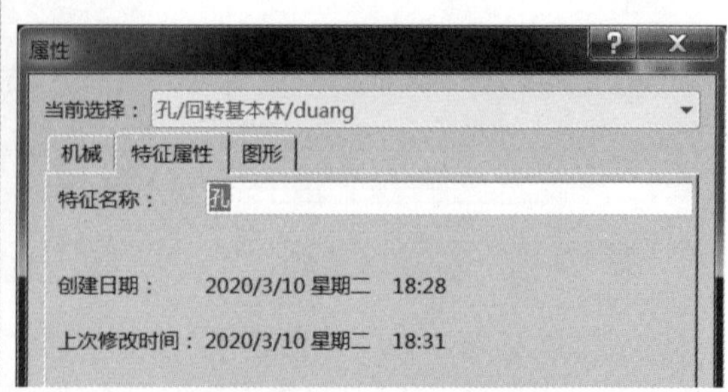

图 1-3-20 “属性”对话框

（2）孔特征

1）单击第一阶凸台的上表面，单击“基于草图的特征”工具条中的草绘【 】按钮，按照图 1-3-21 所示进行草图图形的绘制。单击“工作台”工具条中的退出工作台【 】按钮，退出草图绘制。单击“基于草图的特征”工具条中的凸台【 】按钮，弹出“定义凸台”对话框，设置“长度”为 45mm，单击【确定】，完成如图 1-3-22 所示圆柱的创建。

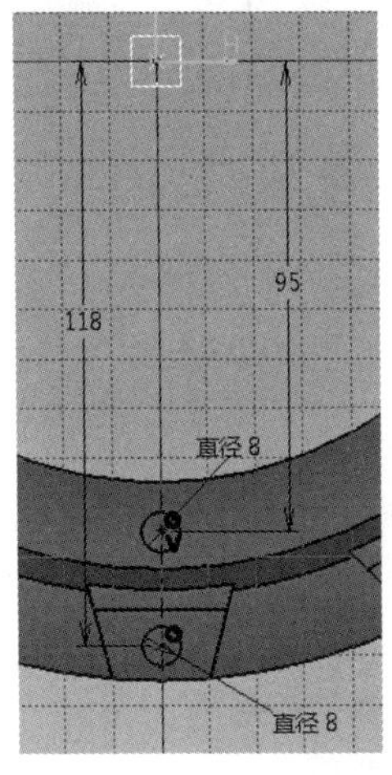

图 1-3-21　草绘图形

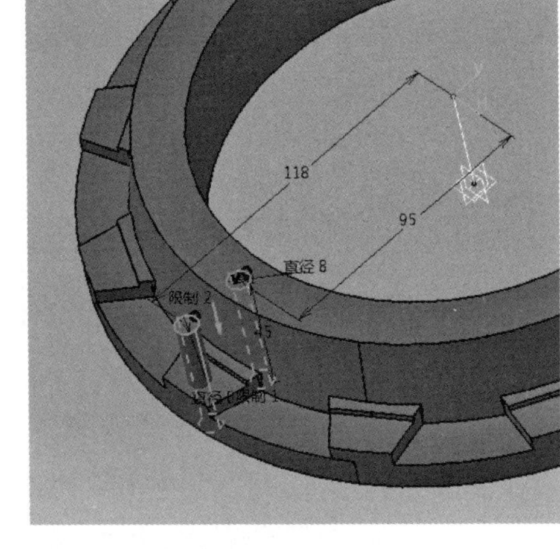

图 1-3-22　圆柱实体

2）定义工作对象为孔，单击“变换特征”工具条中的定义圆形阵列【 】按钮，弹出“定义圆形阵列”对话框，参数选择“实例”为 12，“角度间距”为 30deg，如图 1-3-23 所示。“参考元素”选择创建的直线 1。单击【确定】，完成实体创建，如图 1-3-24 所示。

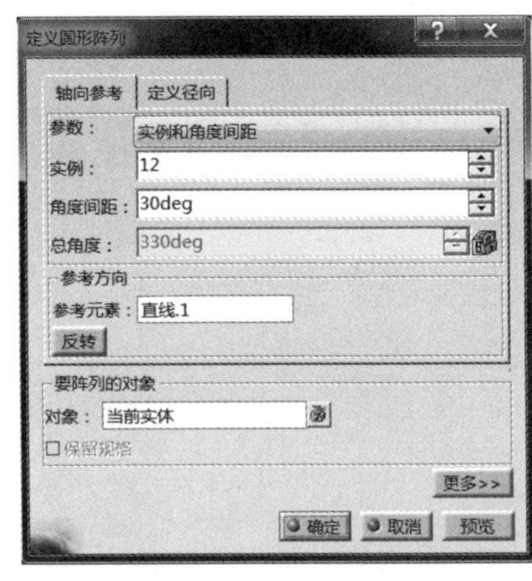

图 1-3-23　“定义圆形阵列”对话框

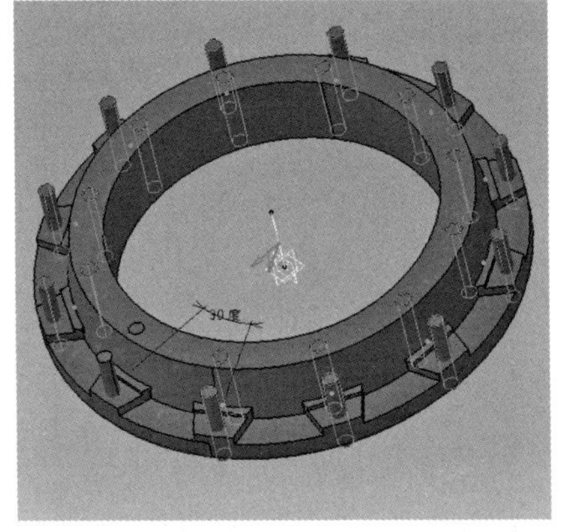

图 1-3-24　阵列实体

（3）布尔运算

1）单击【孔】，单击顶部工具栏的【插入】，在下拉菜单中选择“布尔操作”，单击移除【 】按钮，如图 1-3-25 所示。凸台模型就被从“回转基本体”中切除掉了，如图 1-3-26 所示。

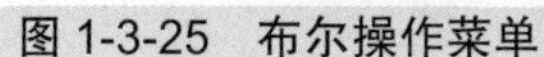

图 1-3-25　布尔操作菜单

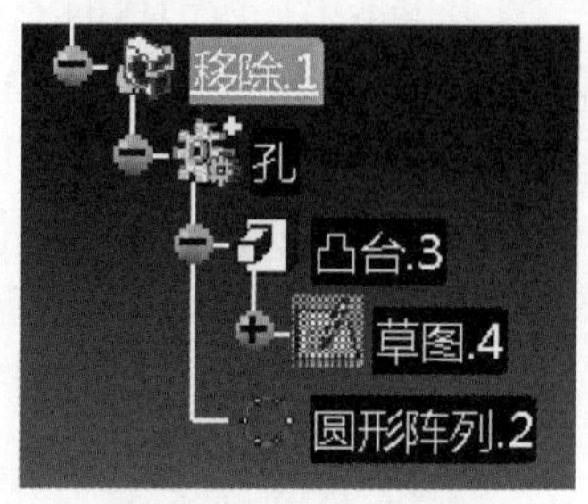

图 1-3-26　模型树

2）布尔运算完成后的效果 1-3-27 所示。

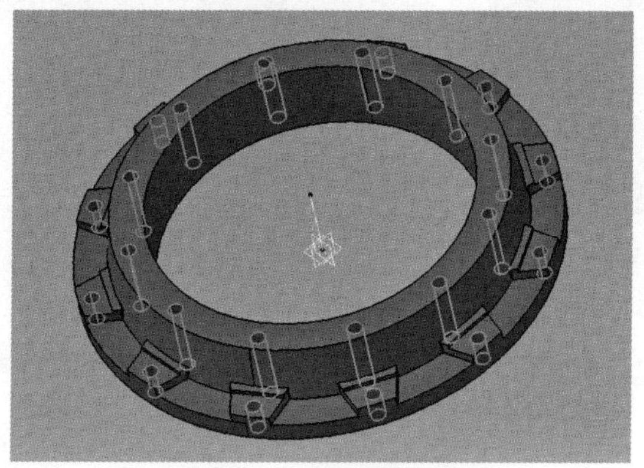

图 1-3-27　完成效果

4. 修饰特征

倒角

1）单击“修饰”工具条中的倒角【 】按钮，弹出“定义倒角”对话框，如图 1-3-28 所示。

2）在对话框中设置“长度 1”为 1mm，“角度”为 45deg，在绘图区中选择图 1-3-29 所示的底座边线作为倒角的对象，单击【确定】，完成倒角的创建。

法兰盘

图 1-3-28　“定义倒角”对话框

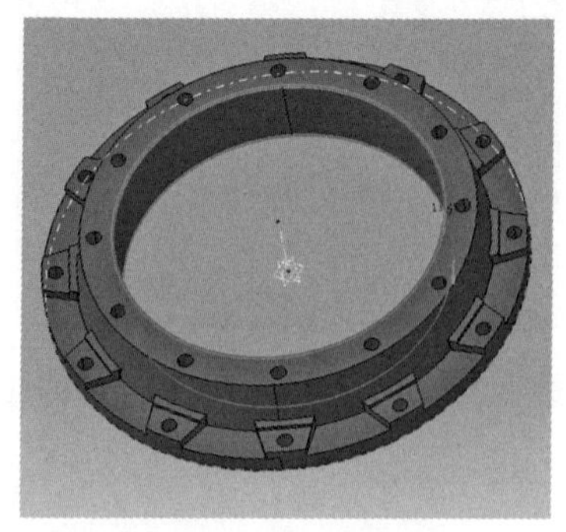

图 1-3-29　边线选择

任务4　支板模型创建

任务目标

1）熟练掌握二维草图的投影3D绘制方法。
2）综合运用旋转体、凸台、阵列等特征建模方法及操作步骤。
3）熟练掌握布尔运算特征的操作步骤。
4）了解部件结构特点和工作原理。

资源环境

1）CATIA V5R21。
2）云课堂。

功能介绍

内部支承保护、导流作用。

支板

支板案例导图如图1-4-0所示。

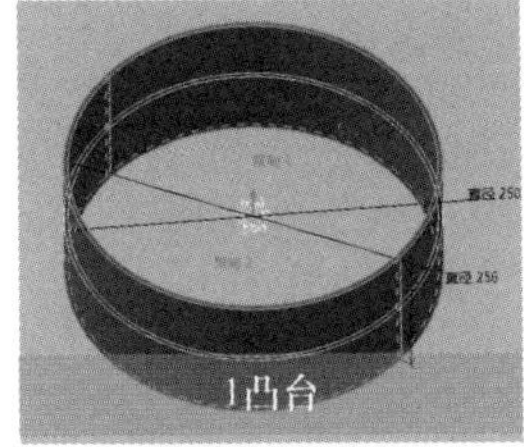
1凸台

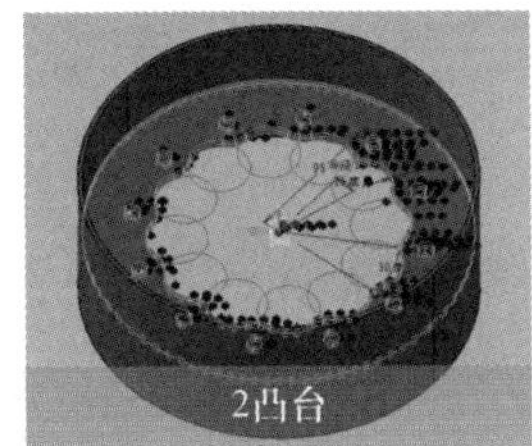
2凸台

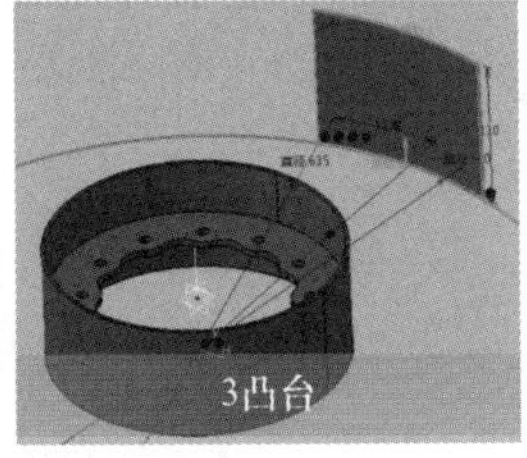
3凸台

4凸台

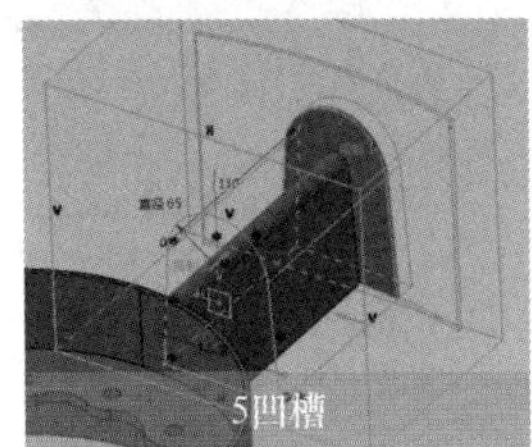
5凹槽

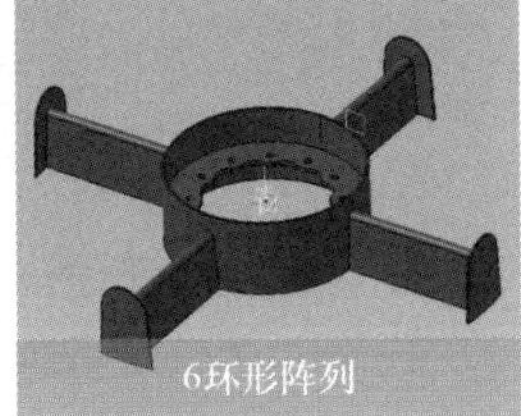
6环形阵列

7凸台

8环形阵列

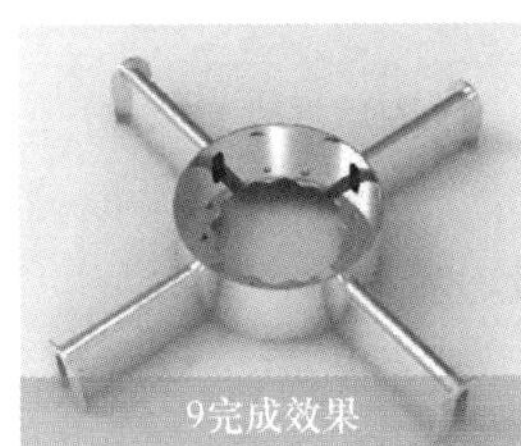
9完成效果

图1-4-0　支板案例导图

1. 中心支承板

（1）凸台实体特征1

凸台

1）单击“基于草图的特征”工具条中的凸台【】按钮，弹出“定义凸台”对话框。

2）在【轮廓 / 曲面】选项卡中单击【】，进入草绘器，单击 xy 平面。使用“轮廓”工具条中的【圆】命令，按照图 1-4-1 所示进行草图图形的绘制。完成后，单击“工作台”工具条中的退出工作台【】按钮。

3）在“定义凸台”对话框中，设置“第一限制长度”为 50mm。单击【更多】，设置“第二限制长度”为 50mm，如图 1-4-2 所示。

4）单击【确定】，完成中心圆环的创建，如图 1-4-3 所示。

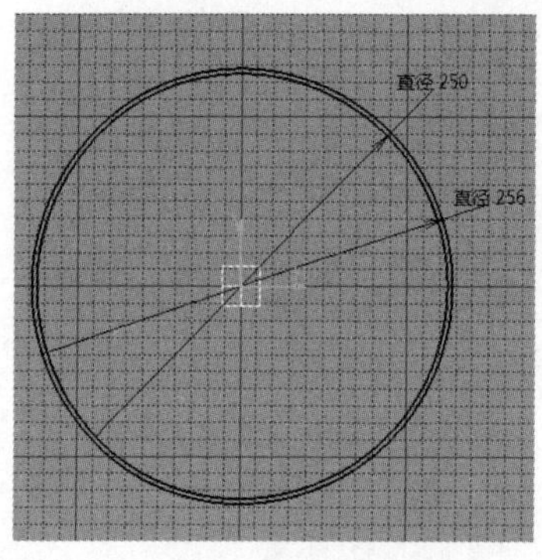

图 1-4-1　草绘图形

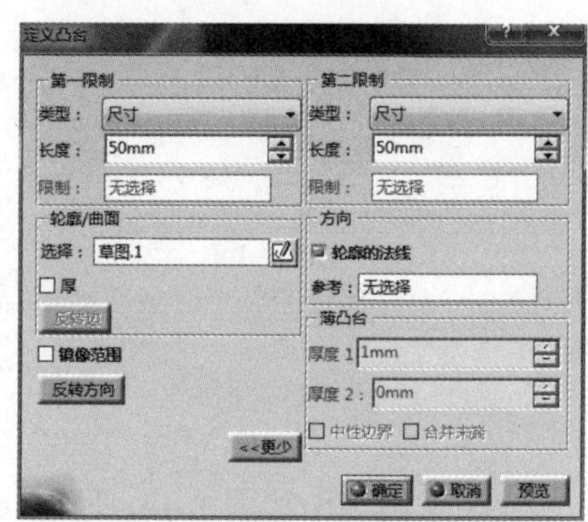

图 1-4-2　“定义凸台”对话框

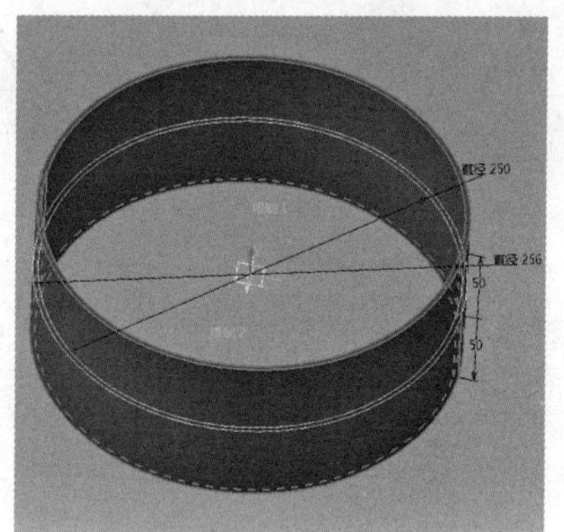

图 1-4-3　中心圆环

草图约束

（2）二维草图

1）单击 xy 平面，单击“草图编辑器”工具条中的草绘【】按钮，进入草绘器。

2）单击草绘器中的【辅助线】命令，作两条辅助线。接下来划分 15°、30°、30°，再单击【圆】命令，在 Y 轴上绘制直径为 10mm 的圆，其圆心距离中心 95mm。单击【同心圆】，设置半径为 16mm，再画圆弧与半径 16mm 圆相切，圆弧半径为 20mm。单击【橡皮擦】擦除掉不要的弧线，最后进行镜像形成草绘。按照图 1-4-4~ 图 1-4-6 所示进行草图图形的绘制。

3）单击退出工作台【 】按钮，退出草图绘制。

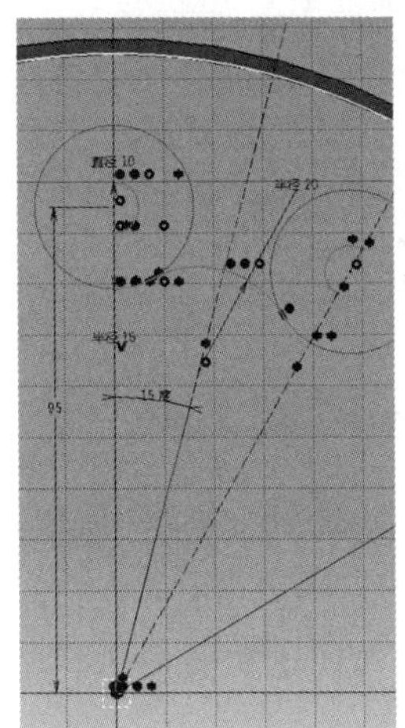
图 1-4-4　草绘图形

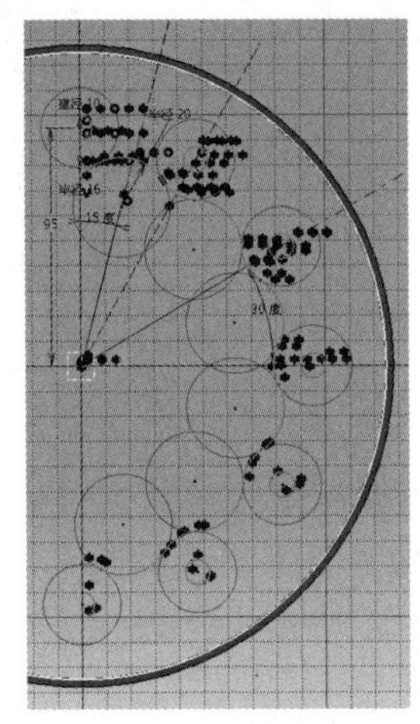
图 1-4-5　草绘图形

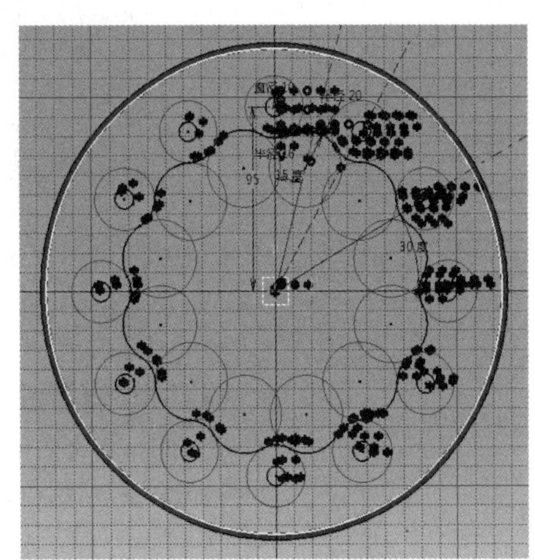
图 1-4-6　草绘图形

（3）凸台实体特征 2

1）单击“基于草图的特征”工具条中的凸台【 】按钮，弹出“定义凸台”对话框。

2）设置“第一限制长度”为 3mm。单击【更多】，设置“第二限制长度”为 3mm，如图 1-4-7 所示。

3）单击【确定】，完成中间支承板的创建，如图 1-4-8 所示。

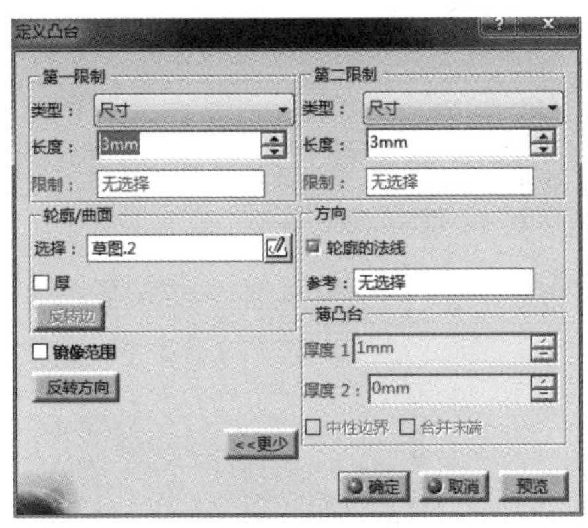

图 1-4-7　“定义凸台”对话框

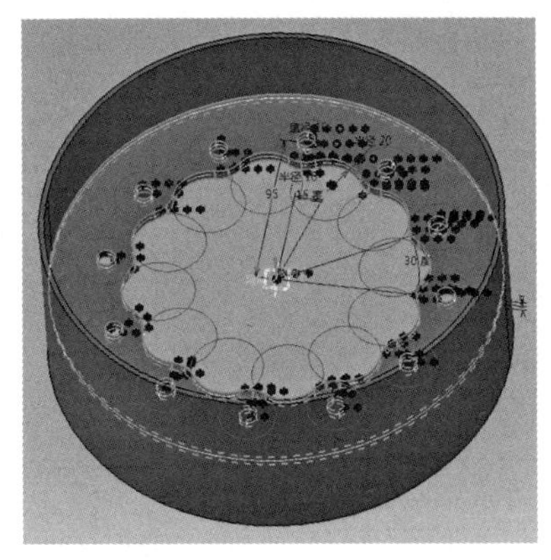
图 1-4-8　中间支承板

2. 支架结构特征

（1）添加几何体

1）右键单击【主体】模型，弹出快捷菜单，单击【定义工作对象】，如图 1-4-9 所示。

2）单击顶部工具栏的【插入】，在下拉菜单中选择“布尔操作”按钮，单击几何体【 】按钮，如图 1-4-10 所示。

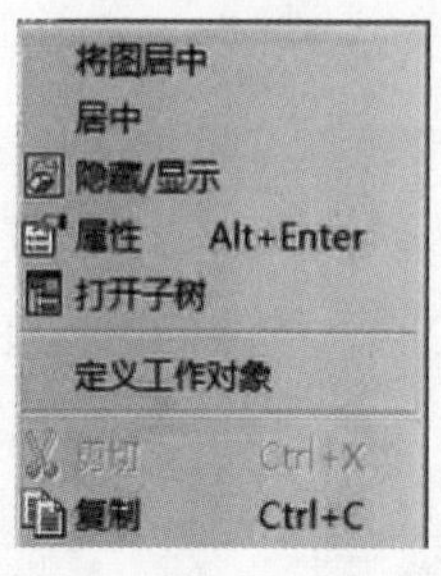

图 1-4-9　快捷菜单

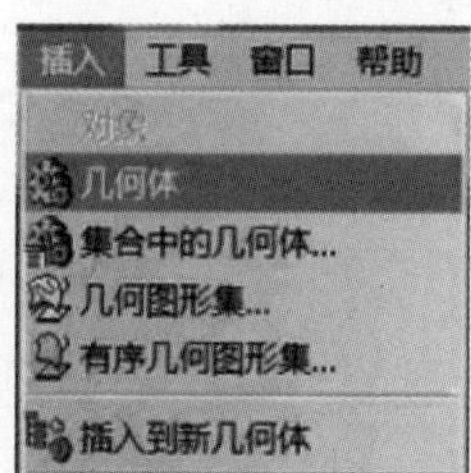

图 1-4-10　插入

（2）修改名称　右键单击几何体 2，弹出快捷菜单，单击【定义工作对象】，激活几何体 2，如图 1-4-11 所示。再次右键单击几何体 2，在快捷菜单中单击【属性】，弹出的“属性”对话框如图 1-4-12 所示，修改“特征名称”为支架。

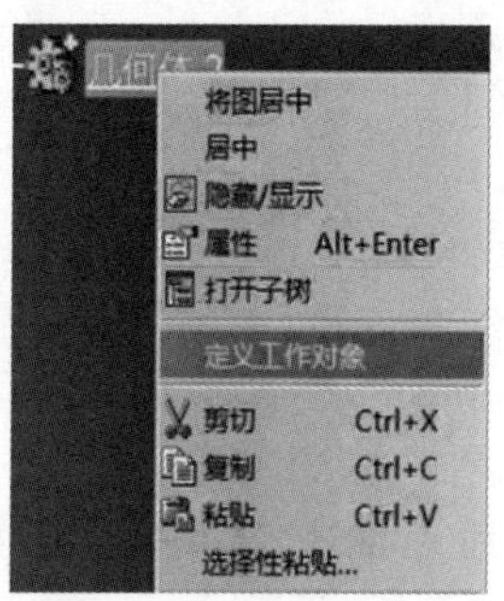

图 1-4-11　快捷菜单

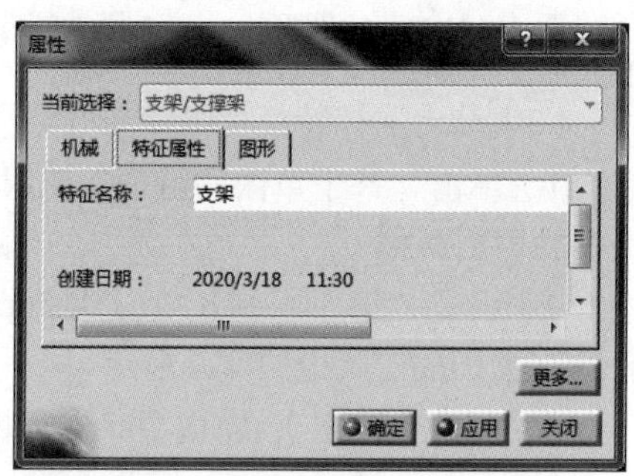

图 1-4-12　“属性”对话框

基准元素

（3）基准平面

1）单击“参考元素”工具条中的基准平面【 】按钮，弹出“平面定义”对话框，如图 1-4-13 所示。

2）选择绘图区的台阶表面，如图 1-4-14 所示，完成基准平面的创建。

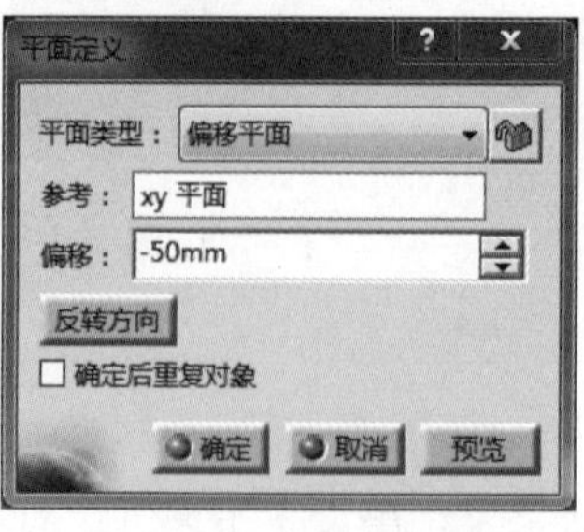

图 1-4-13　“平面定义”对话框

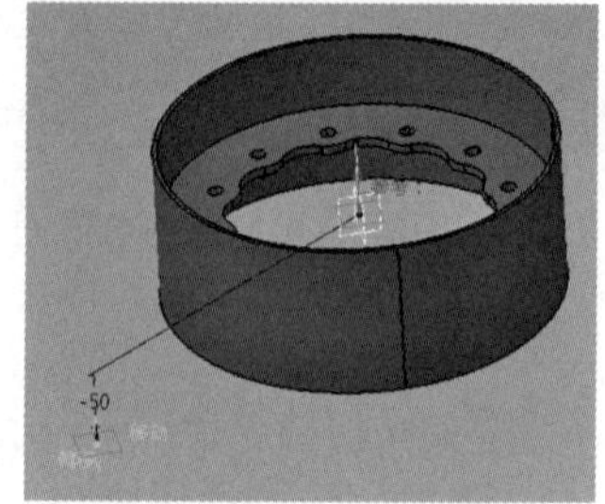

图 1-4-14　基准平面

（4）凸台实体特征

1）单击支承结构的上表面，单击“草图编辑器”工具条中的草绘

【 】按钮，进入草绘器。使用“轮廓”工具条中的【圆】命令，在中心点上分别画两个直径为640mm、635mm的圆，单击【辅助线】，设置夹角尺寸为15°，单击【直线】封口，然后进行镜像，最后单击【橡皮擦】擦除掉不要的弧线，完成如图1-4-15所示的草图。单击“工作台”工具条中的退出工作台【 】按钮，退出草图绘制。

2）单击“基于草图的特征”工具条中的凸台【 】按钮，弹出“定义凸台”对话框，设置“第一限制长度”为130mm，如图1-4-16所示。单击【确定】，完成如图1-4-17所示的支承左侧板的创建。

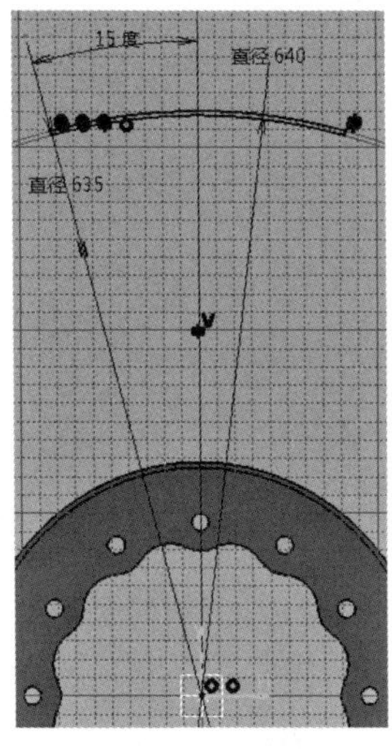

图1-4-15　草绘图形

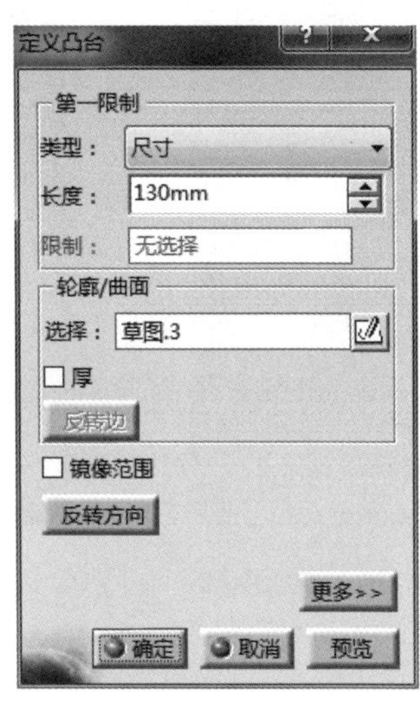

图1-4-16　“定义凸台”对话框

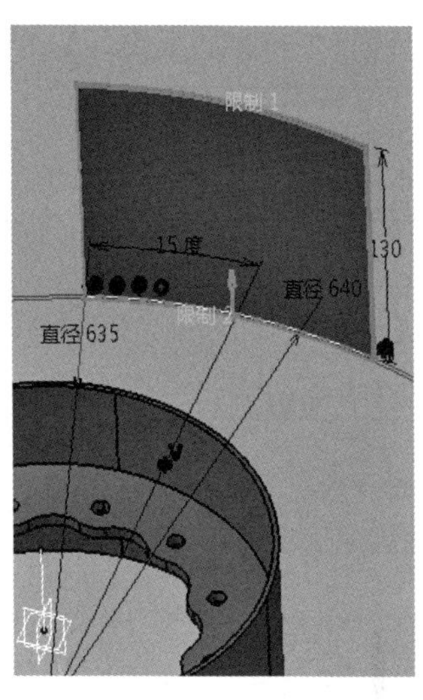

图1-4-17　侧板实体

（5）基准平面

1）单击“参考元素”工具条中的基准平面【 】按钮，弹出“平面定义”对话框，如图1-4-18所示。

2）单击zx平面，偏移200mm，建立的基准平面2，如图1-4-19所示，完成创建。

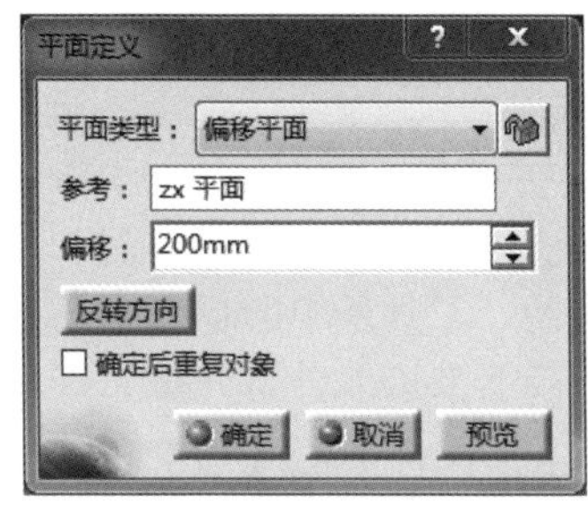

图1-4-18　“平面定义”对话框

图1-4-19　基准平面

（6）连接架实体

1）单击基准平面2，单击“参考元素”工具条中的草绘【 】按钮，进入草绘器。先绘制中心基准轴线，接下来拾取外部轮廓，即底表面，完成如图 1-4-20 所示的草图。单击退出工作台【 】按钮，退出草图绘制。

2）单击“基于草图的特征”工具条中的凸台【 】按钮，弹出“定义凸台”对话框，设置“第一限制类型”为直到曲面，单击【更多】，设置“第二限制类型”为直到曲面，如图 1-4-21 所示。单击【确定】，完成如图 1-4-22 所示的连接架的创建。

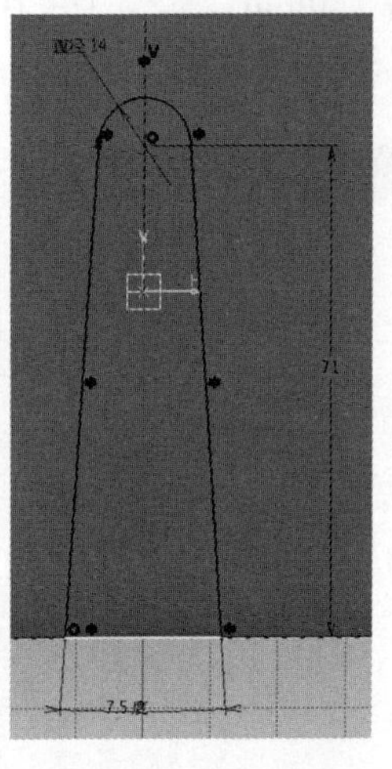

图 1-4-20　草绘图形

图 1-4-21　“定义凸台”对话框

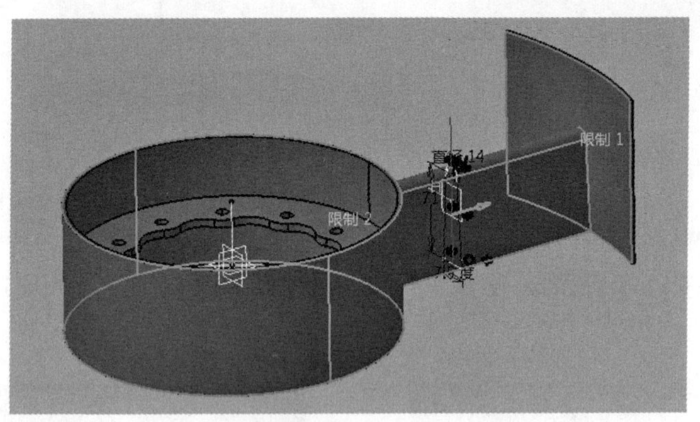

图 1-4-22　连接架

（7）凹槽特征

1）单击基准平面 2，单击“草图编辑器”工具条中的草绘【 】按钮，进入草绘器。先绘制中心基准轴线，接下来拾取外部轮廓，即底表面，完成如图 1-4-23 所示的草图。单击退出工作台【 】按钮，退出草图绘制。

2）单击“基于草图的特征”工具条中的凹槽【 】按钮，弹出“定义凹槽”对话框，设置“第一限制深度”为 130mm，如图 1-4-24 所示。单击【确定】，完成如图 1-4-25 所示的连接架凹槽的创建。

凹槽

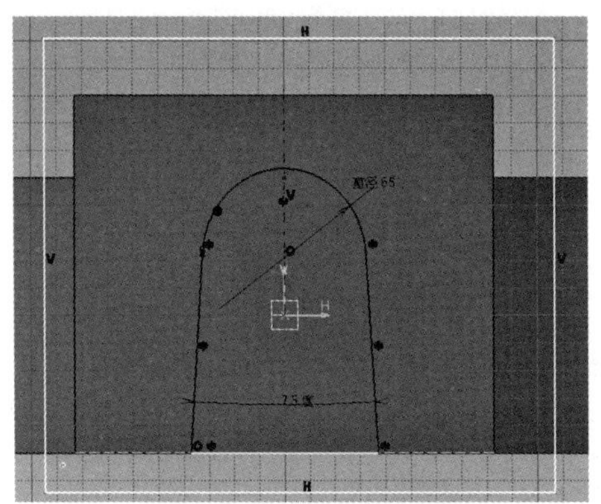

图 1-4-23　草绘图形

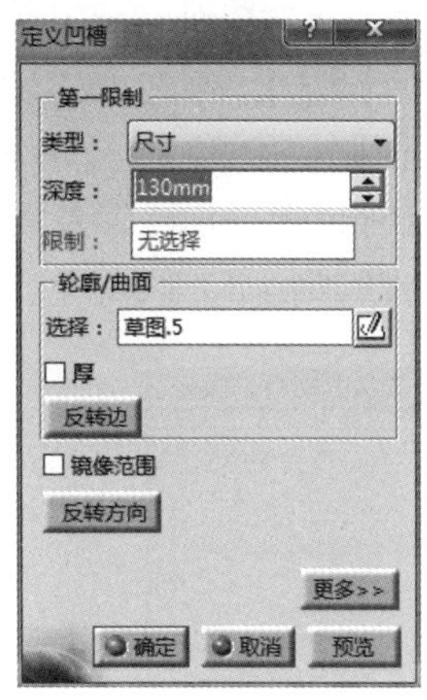

图 1-4-24　“定义凹槽”对话框

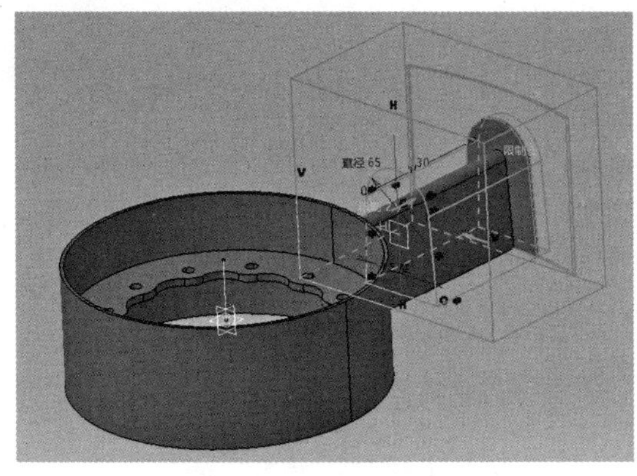

图 1-4-25　连接架凹槽

（8）布尔运算　单击【凸台】，单击顶部工具栏的【插入】，在下拉菜单中选择“布尔操作”，单击【添加】按钮，如图 1-4-26 所示。支架模型就被添加到【主体】中了，如图 1-4-27 所示。

布尔运算

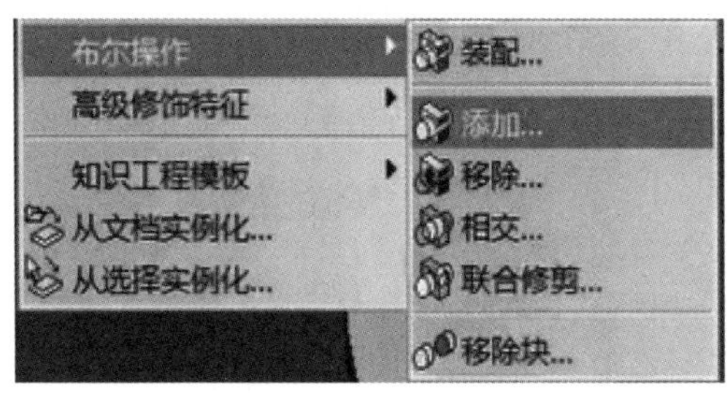

图 1-4-26　布尔操作菜单

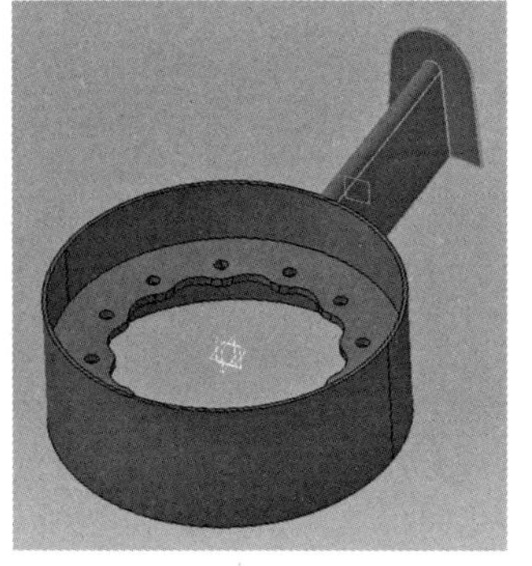

图 1-4-27　布尔运算

圆形阵列

（9）圆形阵列　定义添加1，单击“变换特征”工具条中的定义圆形阵列【 】，弹出“定义圆形阵列”对话框，参数选择“实例”为4，“角度间距”为90deg，如图1-4-28所示。在这里注意“参考元素”为基准轴，可以选择创建的直线1或Z轴。单击【确定】，完成实体创建，如图1-4-29所示。

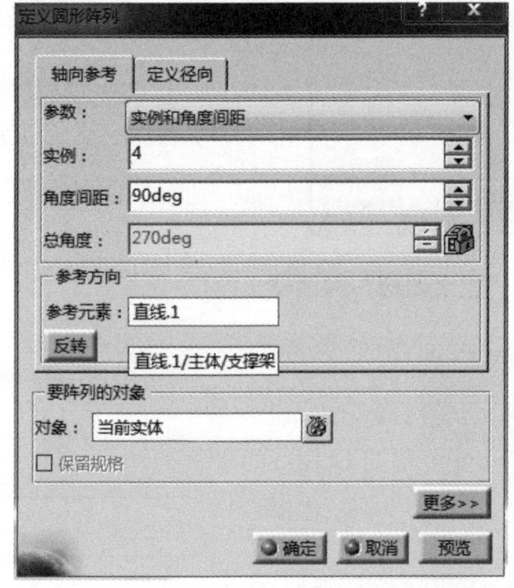

图1-4-28　“定义圆形阵列”对话框

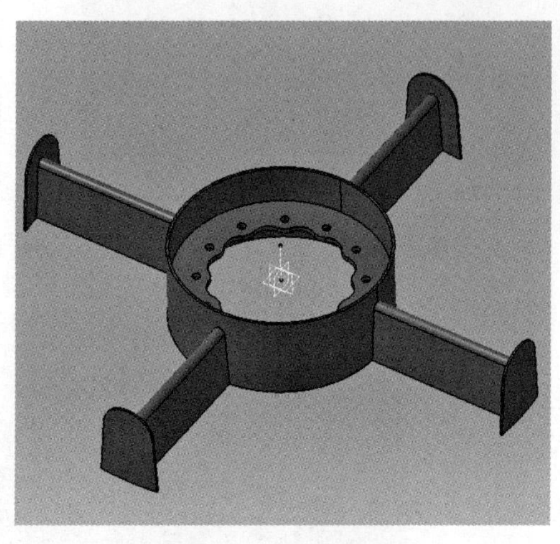

图1-4-29　阵列实体

3. 凹槽结构特征

（1）添加几何体

1）右键单击【支承架】模型，弹出快捷菜单，单击【定义工作对象】，如图1-4-30所示。单击顶部工具栏的【插入】，单击【几何体】按钮，如图1-4-31所示。

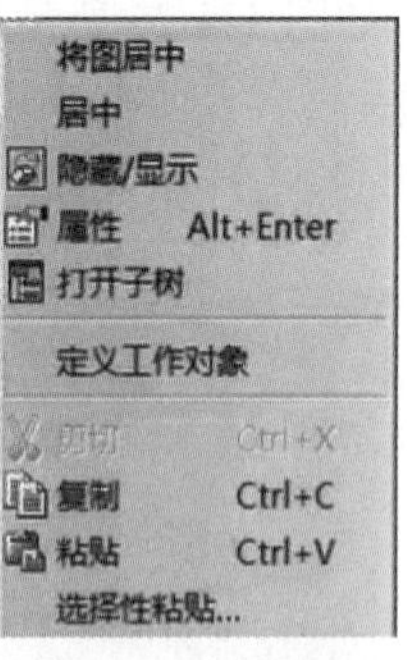

图1-4-30　快捷菜单

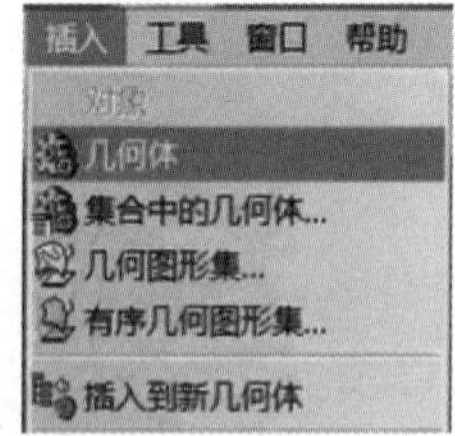

图1-4-31　插入菜单

2）右键单击几何体3，弹出快捷菜单，单击【定义工作对象】，激活几何体3，如图1-4-32所示。再次右键单击几何体3，在快捷菜单中单击【属性】，弹出的“属性”对话框如图1-4-33所示，修改“特征名称”为凹槽。

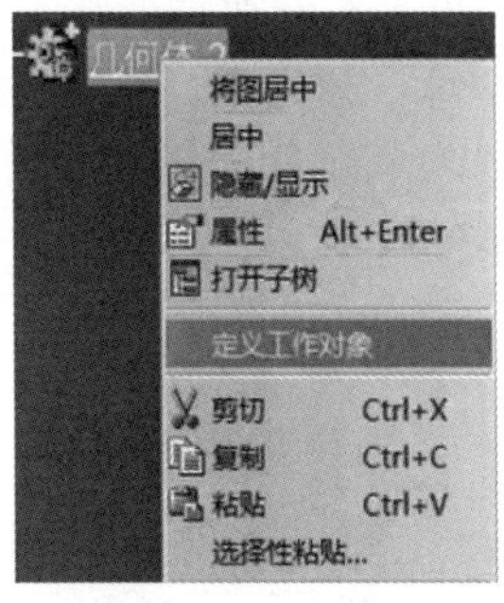

图 1-4-32　快捷菜单

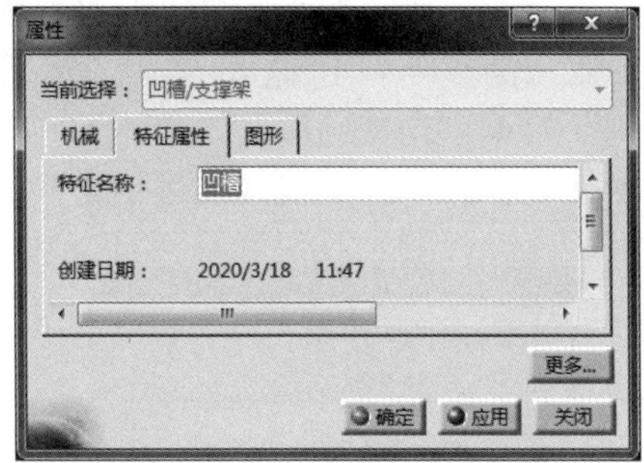

图 1-4-33　“属性”对话框

（2）连接架凹槽

1）单击基准平面 2，单击“草图编辑器”工具条中的草绘【 】按钮，进入草绘器。先绘制中心基准轴线与中心点重合，按照图 1-4-34 所示进行草图图形的绘制。单击退出工作台【 】按钮，退出草图绘制。

2）单击“基于草图的特征”工具条中的凸台【 】按钮，弹出“定义凸台”对话框，设置“第一限制长度”为 130mm。单击【更多】，设置“第二限制长度”为 150mm，如图 1-4-35 所示。单击【确定】，完成如图 1-4-36 所示的连接架凹槽的创建。

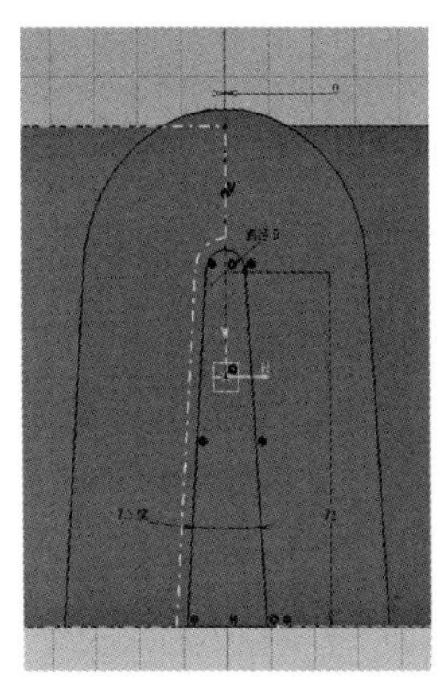

图 1-4-34　草绘图形

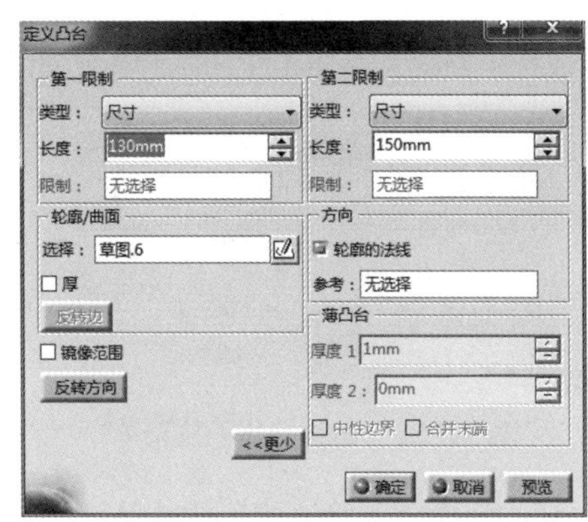

图 1-4-35　“定义凸台”对话框

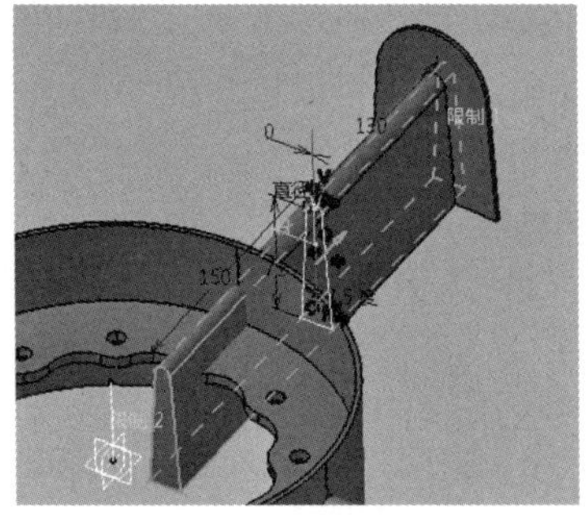

图 1-4-36　连接架凹槽

（3）阵列　定义【凹槽】为工作对象，单击“变换特征”工具条中的定义圆形阵列【 】，弹出“定义圆形阵列”对话框，参数选择“实例”为4，“角度间距”为90deg，如图1-4-37所示。“参考元素”选择Z轴，单击【确定】，完成实体创建，如图1-4-38所示。

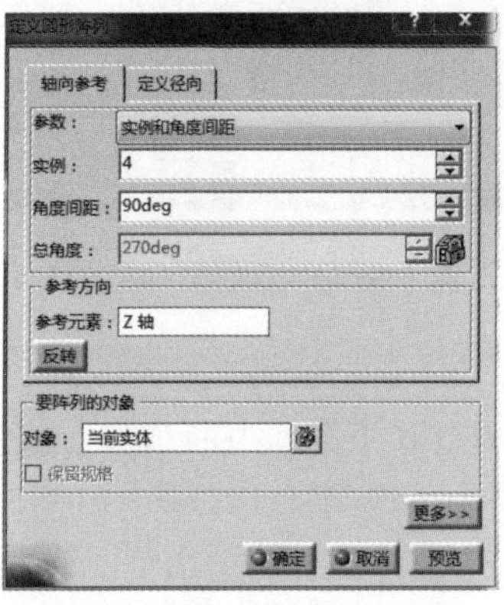

图1-4-37　“定义圆形阵列”对话框

图1-4-38　阵列实体

（4）布尔运算

1）单击【凹槽】，单击顶部工具栏的【插入】，在下拉菜单中选择“布尔操作”按钮，单击移除【 】按钮，如图1-4-39所示。凹槽模型就被从【回转基本体】中切除掉了，如图1-4-40所示。

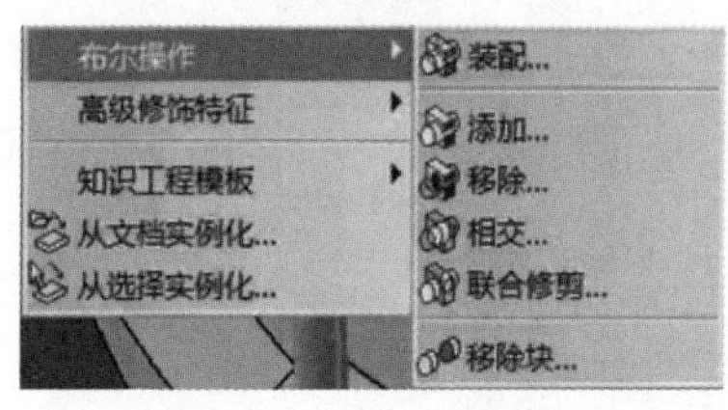

图1-4-39　布尔操作下拉菜单

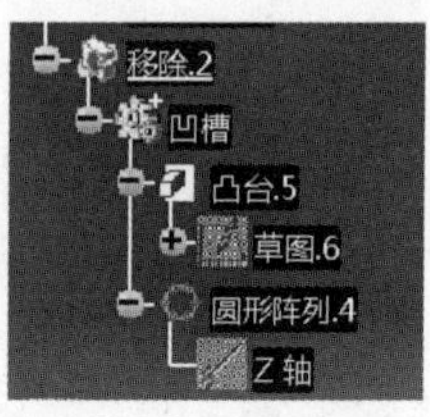

图1-4-40　模型树

2）布尔运算完成后的效果1-4-41所示。

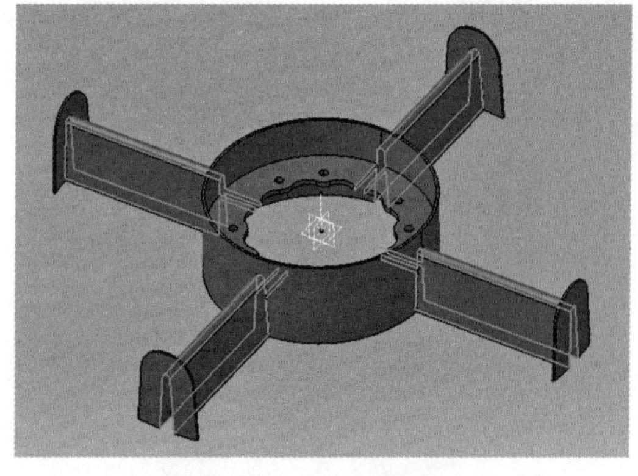

图1-4-41　完成效果

支板

任务 5　支承杆套件整体设计

任务目标

1）综合运用旋转体、凸台、阵列等特征建模方法及操作步骤。

2）熟练掌握布尔运算特征的操作步骤。

3）了解部件结构特点和工作原理。

资源环境

1）CATIA V5R21。

2）云课堂。

功能介绍

1）支承整流罩。

2）调整高度防止变形。

支承杆套件流程导图如图 1-5-0 所示。

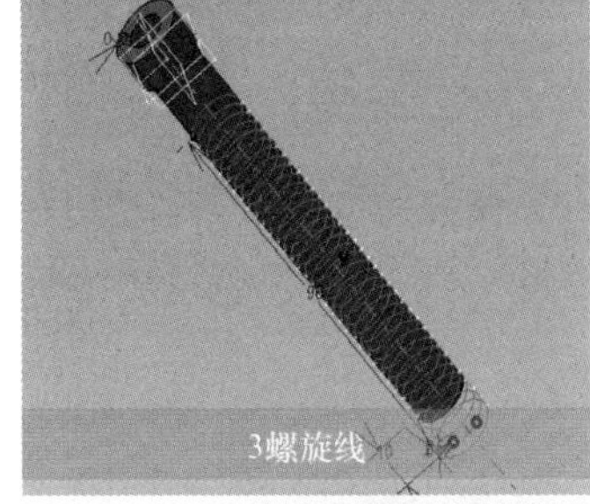

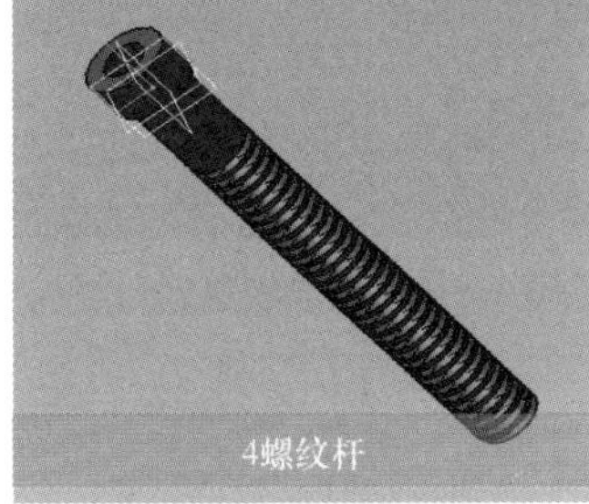

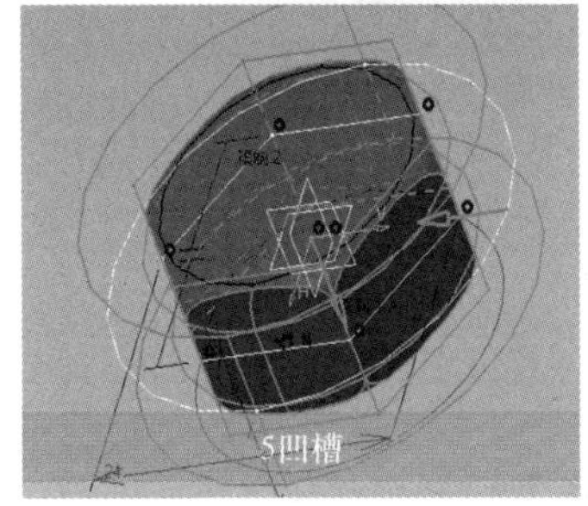

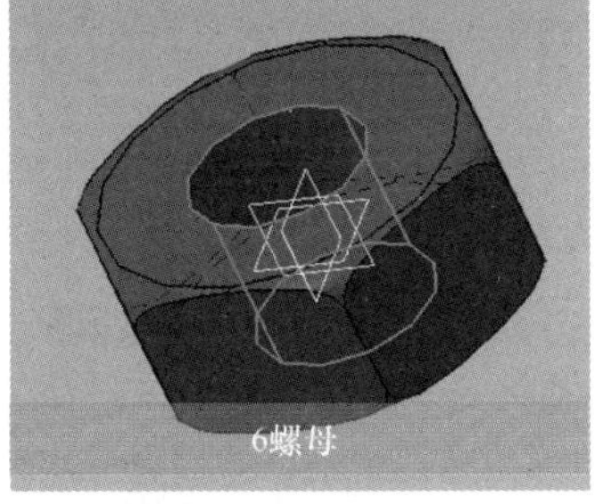

图 1-5-0　支承杆套件流程导图

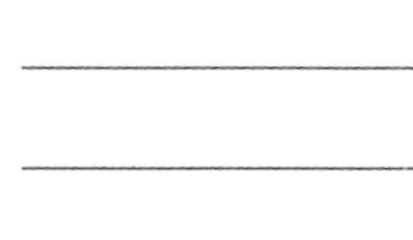

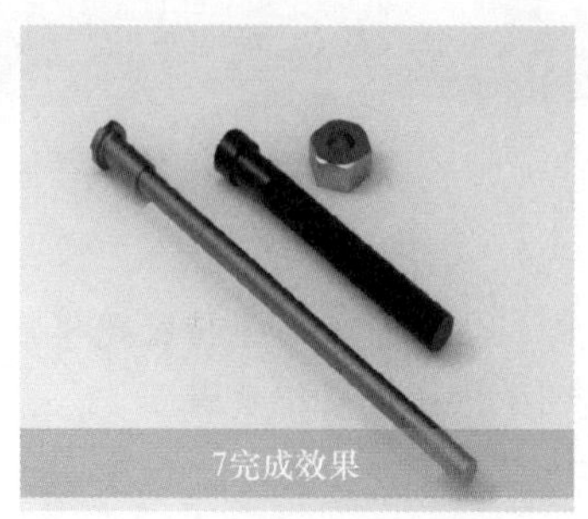

图 1-5-0　支承杆套件流程导图（续）

1. 创建长螺杆

（1）旋转实体特征

1）单击“基于草图的特征”工具条中的旋转【】按钮，弹出“定义旋转体”对话框，设置“第一角度”为 360deg。

2）单击 yz 平面，在【轮廓 / 曲面】选项卡中单击【】按钮，使用直线【】命令绘制如图 1-5-1 所示的草图。单击“工作台”工具条中的退出工作台【】按钮，退出草图绘制。

3）在如图 1-5-2 所示的对话框中单击【确定】，完成旋转体的创建，如图 1-5-3 所示。

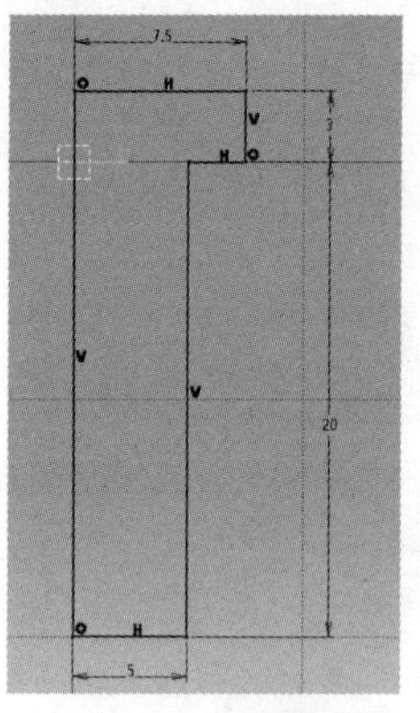

图 1-5-1　草绘图形

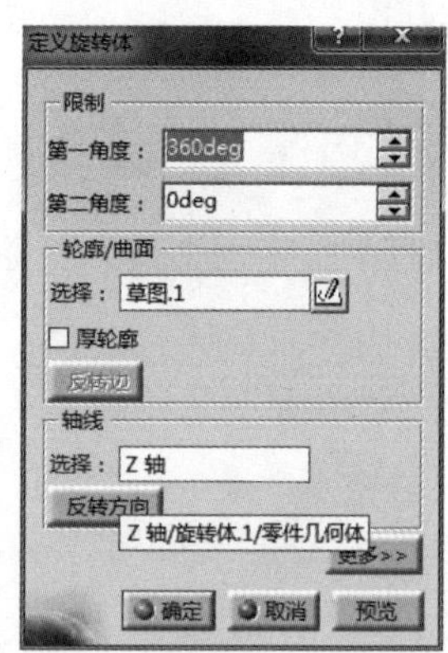

图 1-5-2　“定义旋转体”对话框

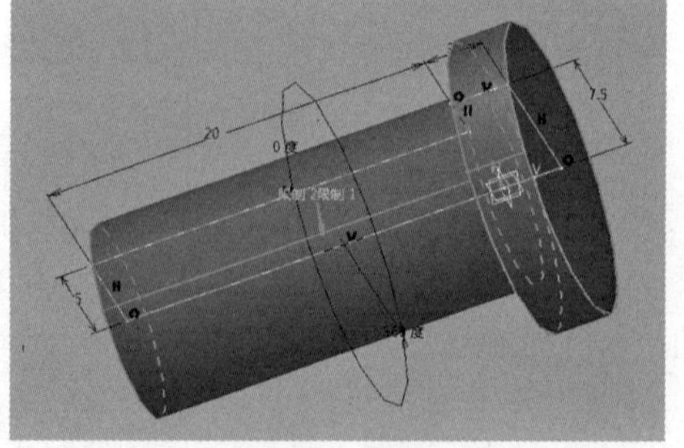

图 1-5-3　底座实体

（2）调节杆创建

1）再次单击底平面，在【轮廓 / 曲面】选项卡中单击【 】按钮，进入草绘器。使用拾取投影 3D 轮廓边线【 】命令，将其转化为构造线，绘制圆轮廓。完成如图 1-5-4 所示的草图。单击“工作台”工具条中的退出工作台【 】按钮，退出草图绘制。

2）单击“基于草图的特征”工具条中的凸台【 】按钮，弹出“定义凸台”对话框，设置“第一限制长度”为 155mm，如图 1-5-5 所示。单击【确定】，完成壁筒实体的创建，如图 1-5-6 所示。

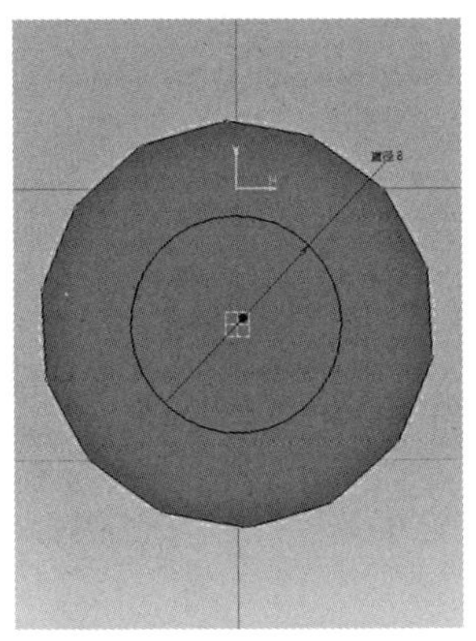

图 1-5-4 草绘图形

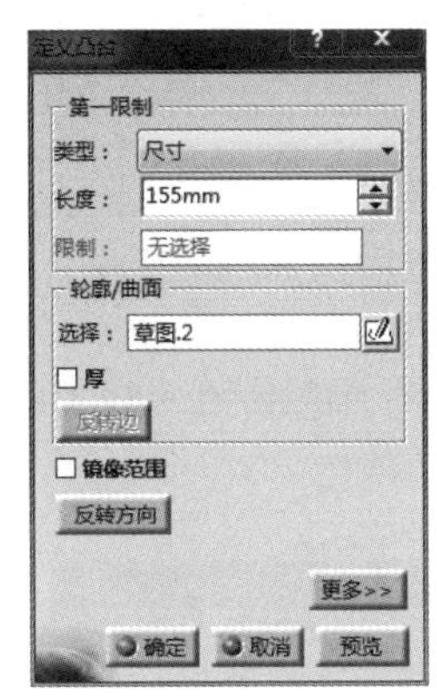

图 1-5-5 “定义凸台”对话框

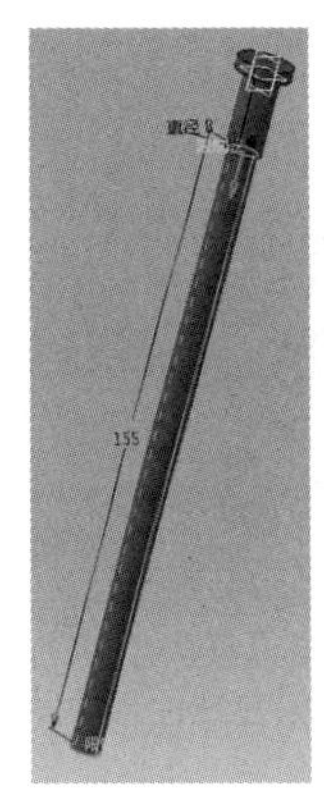

图 1-5-6 壁筒实体

（3）凹槽结构

1）单击模型顶表面后，在【轮廓 / 曲面】选项卡中单击【 】按钮，进入草绘器。绘制如图 1-5-7 所示的草图。单击“工作台”工具条中的退出工作台【 】按钮，退出草图绘制。

2）单击“基于草图的特征”工具条中的凹槽【 】按钮，弹出“定义凹槽”对话框，设置“第一限制深度”为 1mm，如图 1-5-8 所示。单击【确定】，完成如图 1-5-9 所示凹槽的创建。

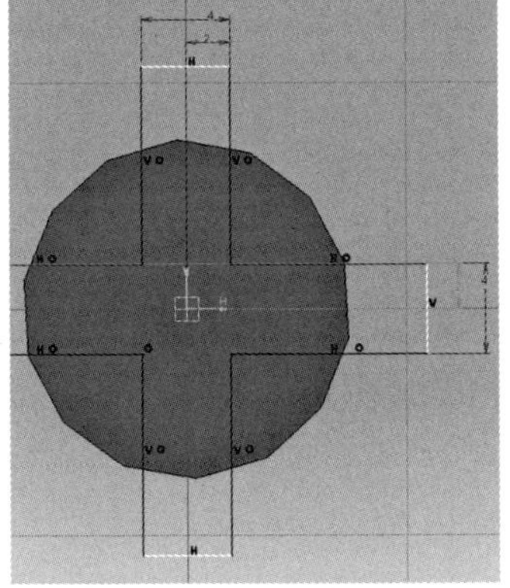

图 1-5-7 草绘图形

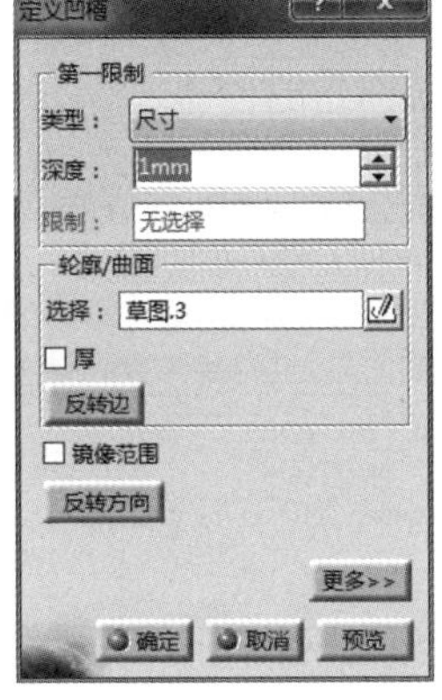

图 1-5-8 “定义凹槽”对话框

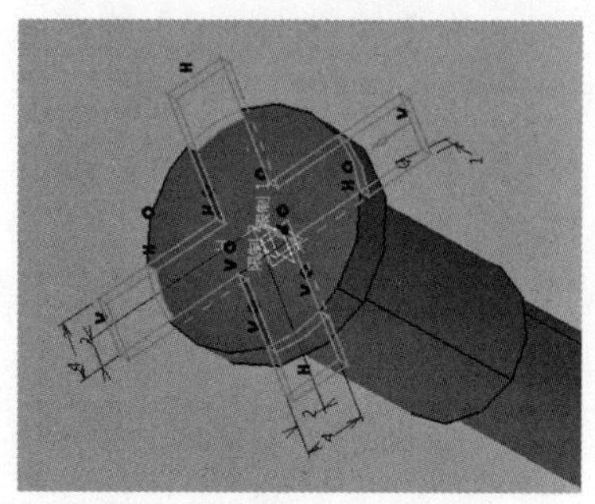

图 1-5-9 凹槽创建

倒角

（4）倒角特征

1）单击“修饰”工具条中的倒角【 】按钮，弹出“定义倒角”对话框，输入“长度 1”值为 1mm，如图 1-5-10 所示。

2）在绘图区中选取图 1-5-11 所示的边线作为倒角对象。单击【确定】，完成倒角的创建。

图 1-5-10 “定义倒角”对话框

图 1-5-11 倒角实体

圆角

（5）圆角特征

1）单击“修饰”工具条中的圆角【 】按钮，弹出“倒圆角定义”对话框，设置“半径”为 1mm，如图 1-5-12 所示。

2）在绘图区中选取图 1-5-13 所示的边线作为圆角对象。单击【确定】，完成圆角的创建。

螺纹杆

图 1-5-12 “倒圆角定义”对话框

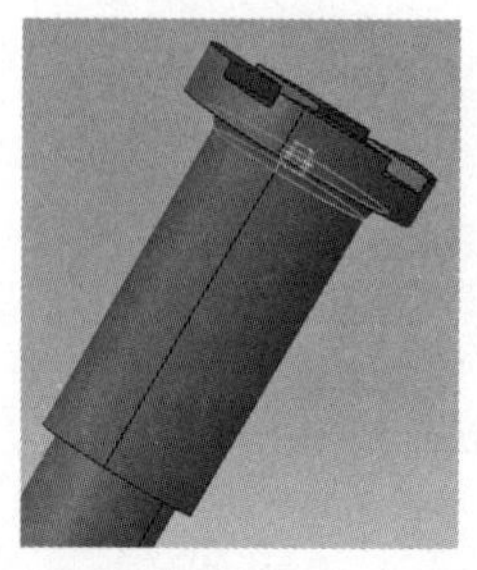

图 1-5-13 圆角实体

2. 创建螺纹杆

（1）旋转特征

1）单击“基于草图的特征”工具条中的旋转【 】按钮，弹出“定义旋转体”对话框，设置“第一角度”为 360deg。

2）单击 yz 平面，在【轮廓 / 曲面】选项卡中单击【 】按钮，使用直线【 】命令绘制如图 1-5-14 所示的草图。单击“工作台”工具条中的退出工作台【 】按钮，退出草图绘制。

3）在如图 1-5-15 所示的对话框中单击【确定】，完成旋转体的创建，如图 1-5-16 所示。

旋转体

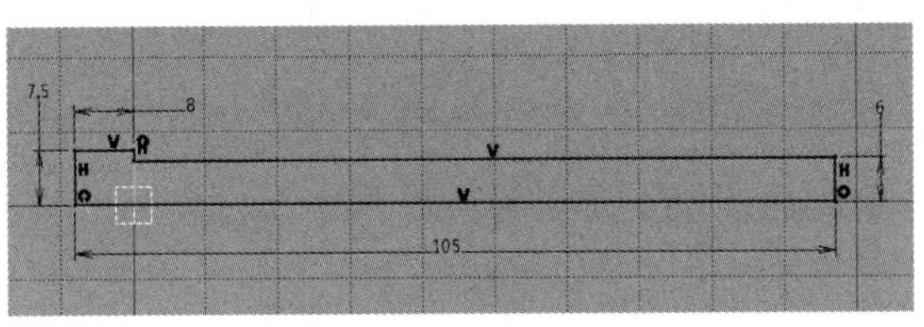

图 1-5-14　草绘图形

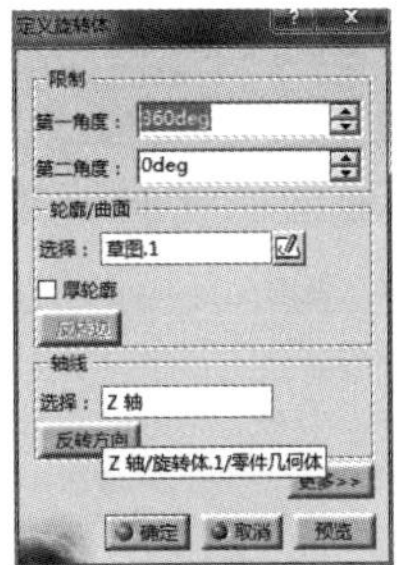

图 1-5-15　“定义旋转体”对话框

图 1-5-16　旋转体实体

（2）孔特征

1）单击“基于草图的特征”工具条中的孔【 】按钮，弹出“定义孔”对话框，设置“直径”为 8mm，“深度”为 15mm，如图 1-5-17 所示。

2）单击【 】按钮定位草图，如图 1-5-18 所示。

3）单击【确定】，孔特征如图 1-5-19 所示。

孔

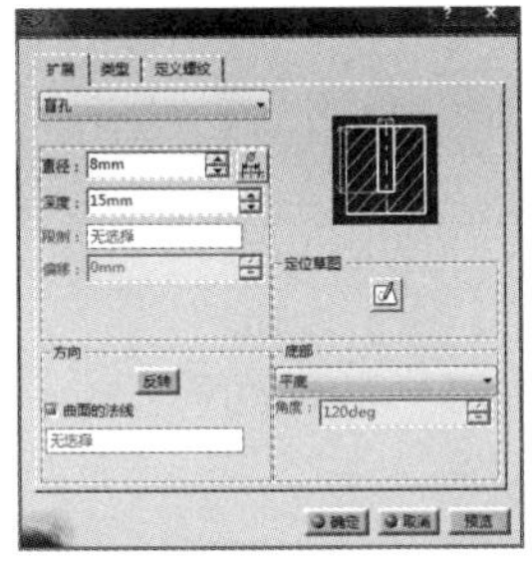

图 1-5-17　“定义孔”对话框

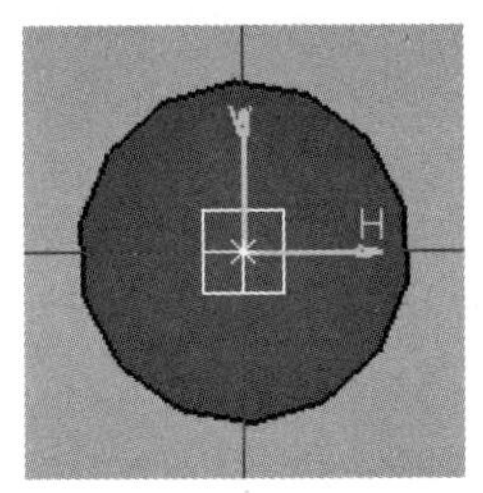

图 1-5-18　草绘圆心

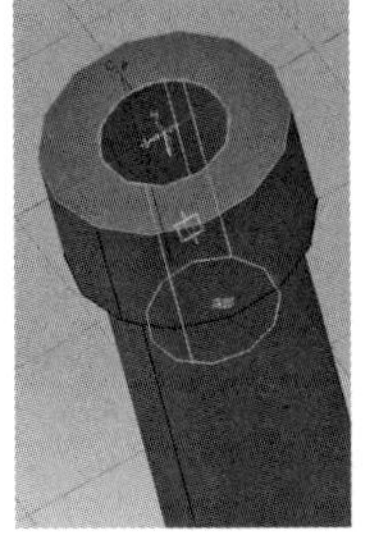
图 1-5-19　孔特征

（3）二维草图

1）单击 yz 平面，单击“草图编辑器”工具条中的草绘【 】按钮，进入草绘器。

2）使用拾取投影 3D 轮廓边线【 】命令，将其转化为构造线，绘制基准点，按照图 1-5-20 所示进行草图图形的绘制。

3）单击“工作台”工具条中的退出工作台【 】按钮，退出草图绘制。

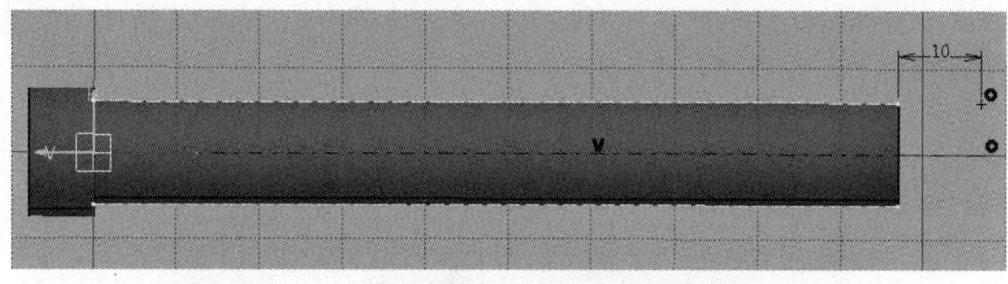

图 1-5-20　草绘图形

螺旋线

（4）螺旋线特征

1）单击“开始”菜单中的“机械设计”，在二级菜单中单击“线框和曲面设计”。

2）单击 yz 平面进入草图，单击“线框”工具条中的螺旋【 】按钮，弹出“螺旋曲线定义”对话框。起点为之前创建的基准线，围绕 Z 轴旋转，设置“螺距”为 2.5mm，“高度”为 90mm，如图 1-5-21 所示，单击【确定】，完成后的螺纹曲线如图 1-5-22 所示。

图 1-5-21　“螺旋曲线定义”对话框

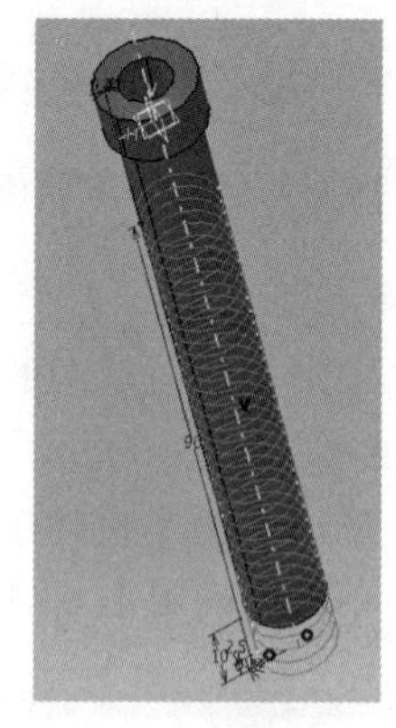

图 1-5-22　螺纹曲线

肋

（5）肋特征

1）单击“基于草图的特征”工具条中的肋【 】按钮。

2）单击“轮廓”右侧的草图绘制【 】按钮，绘制如图 1-5-23 所示的草图，绘制完成后退出。

3）“中心曲线”选择刚刚绘制的螺旋 2，如图 1-5-24 所示，完成后单击【确定】，完成的螺纹实体如图 1-5-25 所示。

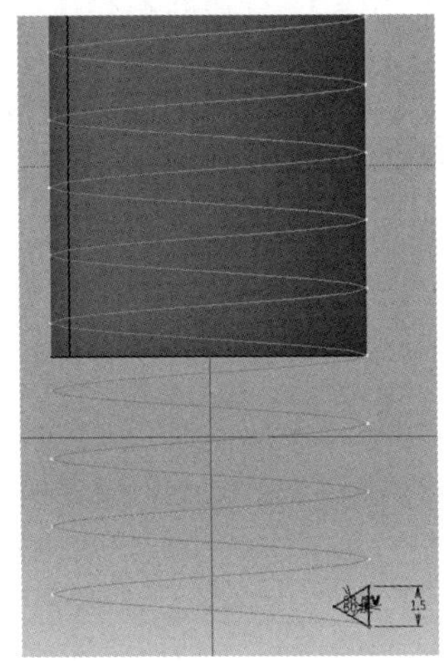

图 1-5-23 轮廓草图

图 1-5-24 “定义开槽”对话框

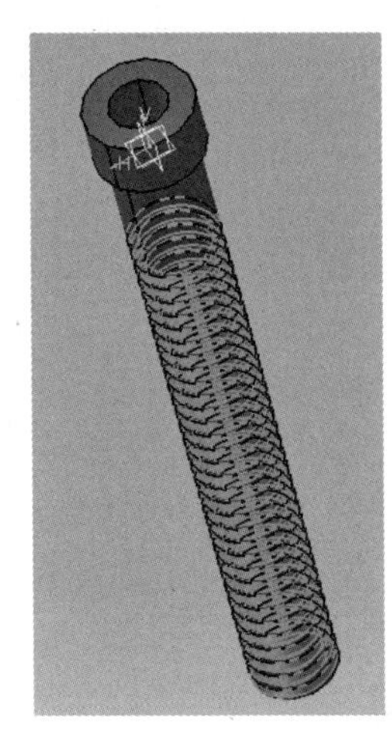

图 1-5-25 螺纹实体

(6) 倒角特征

1) 单击“修饰”工具条中的倒角【 】按钮，弹出“定义倒角”对话框，设置“长度 1”为 1mm，如图 1-5-26 所示。

2) 在绘图区中选择如图 1-5-27 所示的边线作为倒角的对象，单击【确定】，完成倒角的创建。

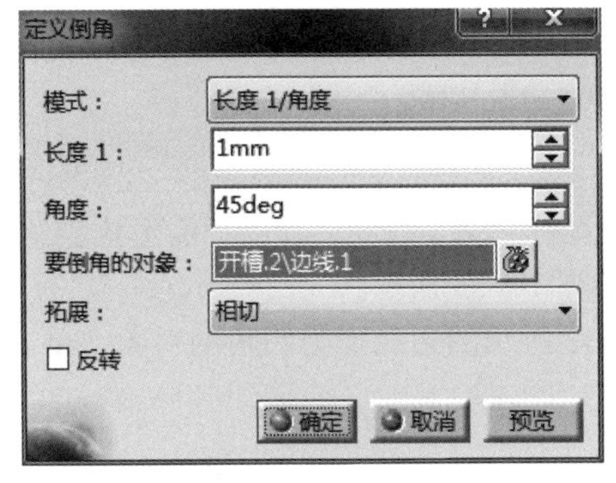

图 1-5-26 “定义倒角”对话框

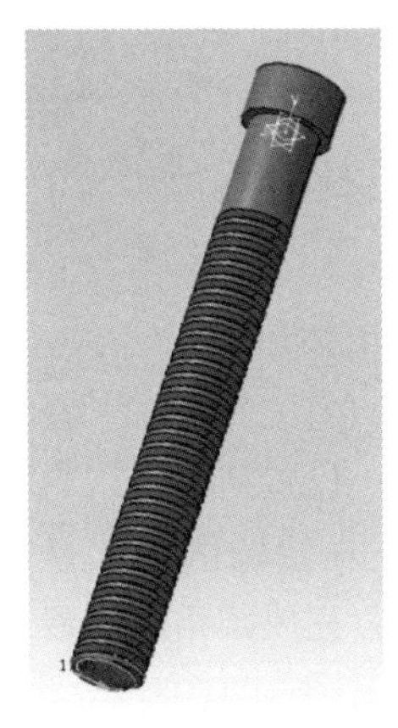

图 1-5-27 倒角实体

3. 创建螺母

(1) 凸台基本体

1) 单击“基于草图的特征”工具条中的凸台【 】按钮，弹出“定义凸台”对话框，设置“第一限制长度”为 5mm。单击【更多】，设置“第二限制长度”为 5mm。

2) 单击 xy 平面，在【轮廓 / 曲面】选项卡中单击【 】按钮，使用圆【 】命令绘制如图 1-5-28 所示的草图，单击“工作台”工具条中的退出工作台【 】按钮，退出草图绘制。

3）在如图 1-5-29 所示的对话框中单击【确定】，完成凸台实体的创建，如图 1-5-30 所示。

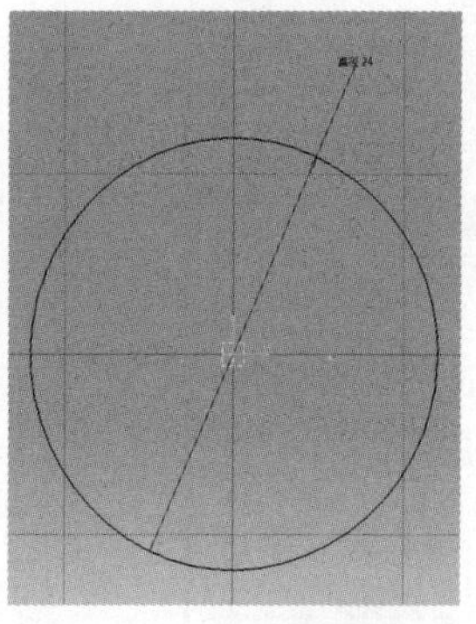

图 1-5-28　草绘图形

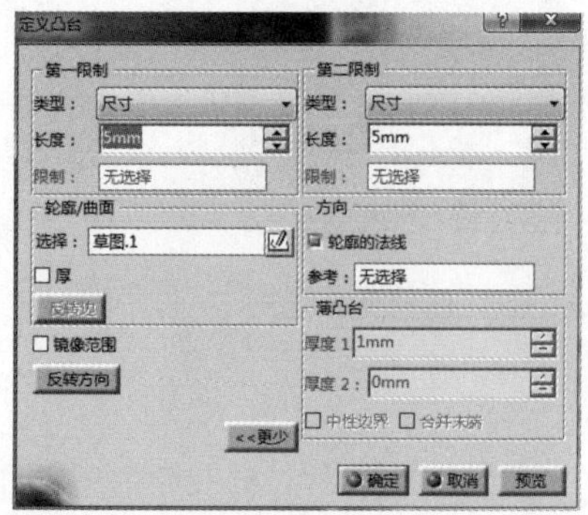

图 1-5-29　“定义凸台”对话框

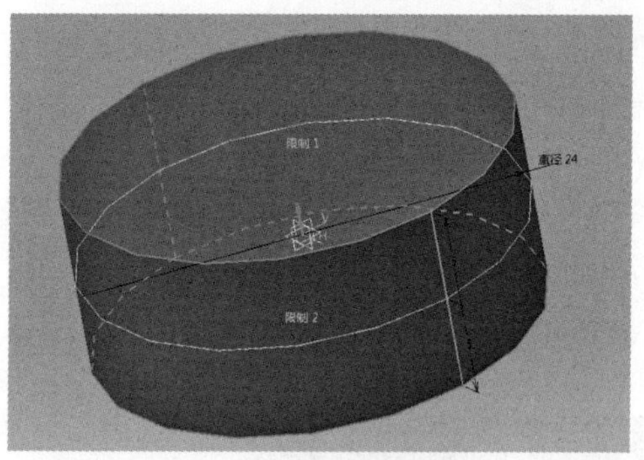

图 1-5-30　凸台实体

（2）圆角特征

1）单击“修饰”工具条中的圆角【 】按钮，弹出“倒圆角定义”对话框，设置“半径”为 2mm，如图 1-5-31 所示。

2）在绘图区中选择如图 1-5-32 所示的边线作为圆角的对象，单击【确定】，完成圆角的创建。

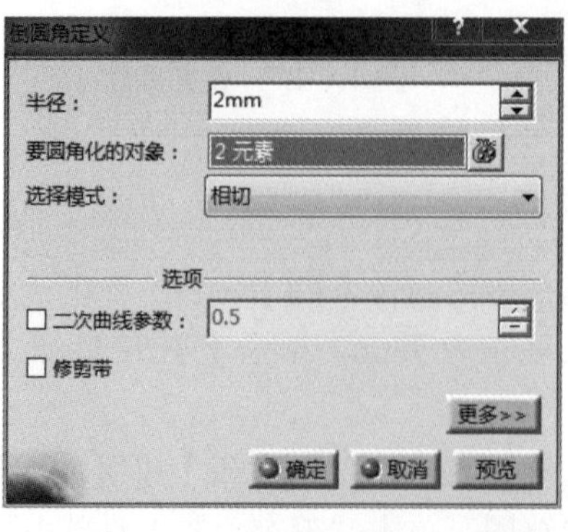

图 1-5-31　“倒圆角定义”对话框

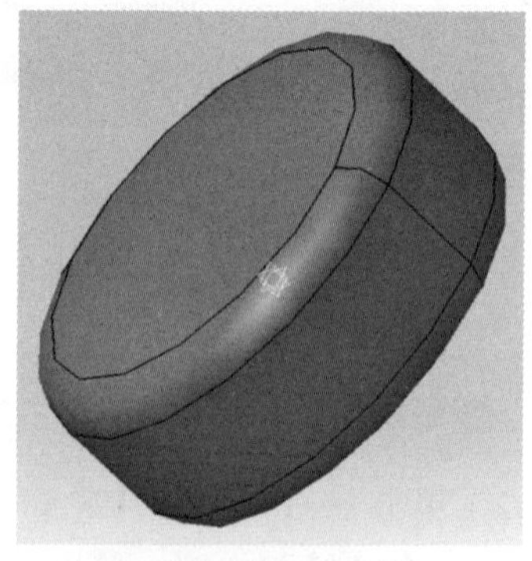

图 1-5-32　圆角实体

（3）凹槽特征

1）再次单击模型 xy 平面后，单击“草图编辑器”工具条中的草绘【 】按钮，进入草绘器。使用拾取投影 3D 轮廓边线【 】命令，将其转化为构造线，绘制如图 1-5-33 所示的草图。单击“工作台”工具条中的退出工作台【 】按钮，退出草图绘制。

2）单击“基于草图的特征”工具条中的凹槽【 】按钮，弹出“定义凹槽”对话框，设置“第一限制深度”为 6mm。单击【更多】，设置“第二限制深度”为 6mm，如图 1-5-34 所示。单击【确定】，完成如图 1-5-35 所示凹槽的创建。

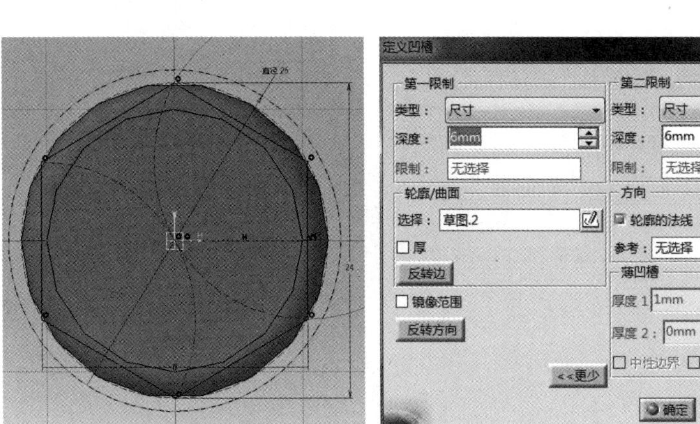

图 1-5-33　草绘图形

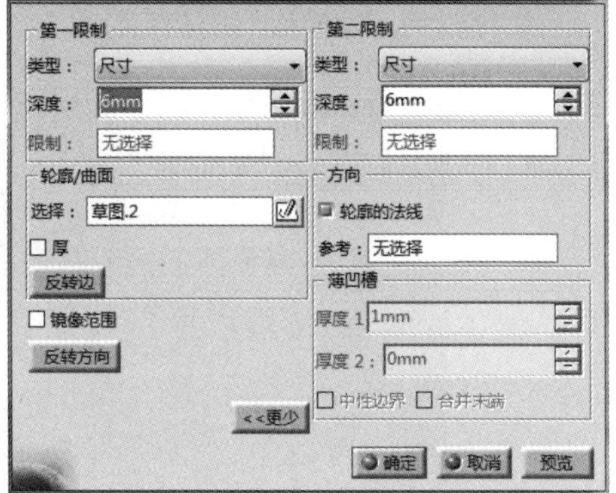

图 1-5-34　“定义凹槽”对话框

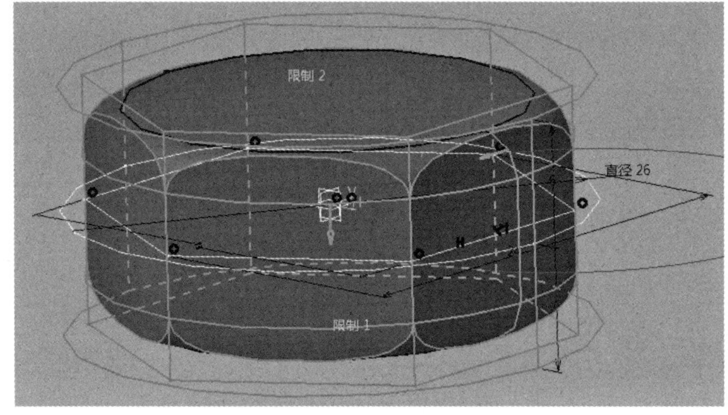

图 1-5-35　凹槽创建

（4）孔特征

1）单击“基于草图的特征”工具条中的孔【 】按钮，弹出“定义孔”对话框，单击【定义螺纹】，在“螺纹描述”下拉列表中选择 M12，“螺纹深度”为 10mm，如图 1-5-36 所示。

2）单击定位草图【 】按钮，如图 1-5-37 所示。

3）单击【确定】，孔特征如图 1-5-38 所示。

螺纹杆

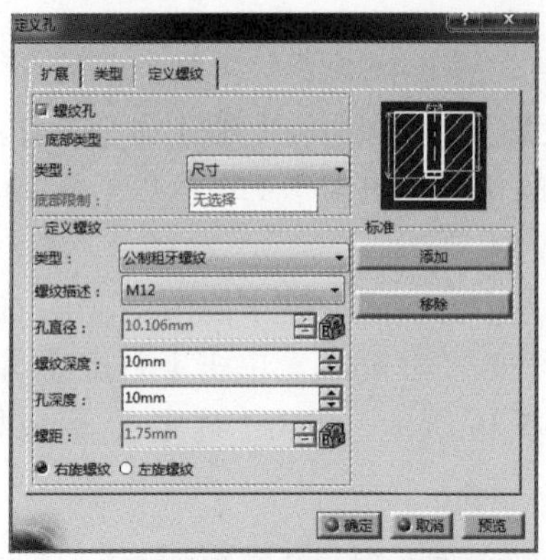

图 1-5-36　“定义孔”对话框

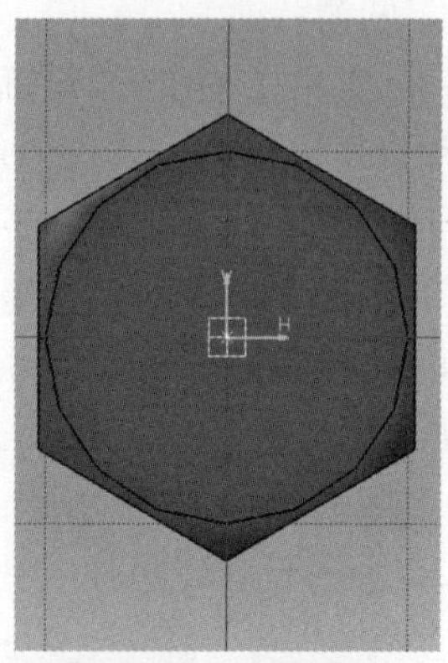

图 1-5-37　草绘圆心

支承杆

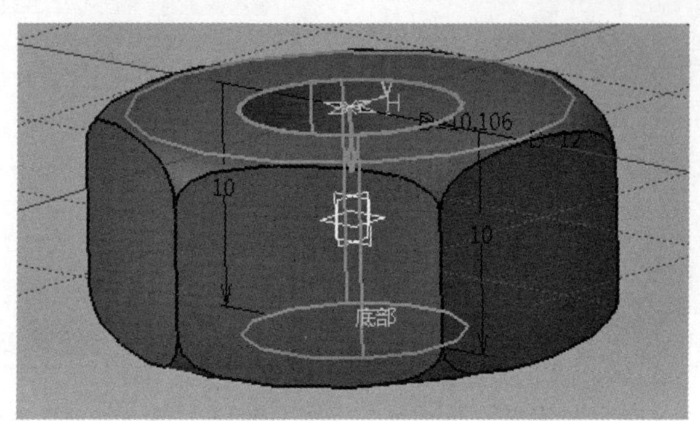

图 1-5-38　孔特征

任务 6　装配及导管创建

任务目标

1）初步掌握零件装配的操作步骤。

2）综合运用肋特征建模方法及操作步骤。

3）了解部件结构特点和工作原理。

资源环境

1）CATIA V5R21。

2）云课堂。

功能介绍

1）引流回流。

2）防止温差过大引起变形。

装配及导管导图如图 1-6-0 所示。

1加载端盖

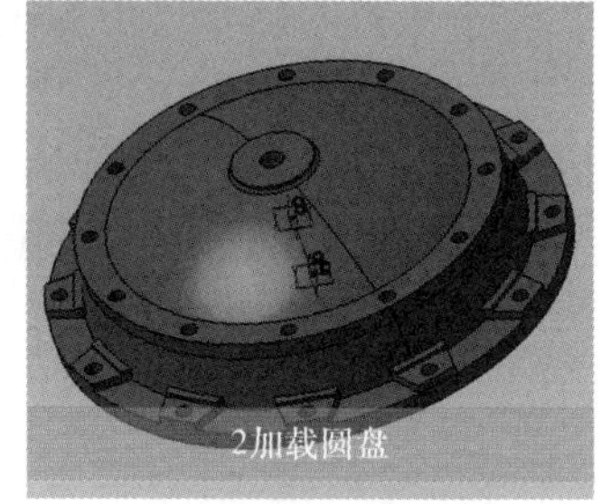
2加载圆盘

3加载支板

4加载整流罩

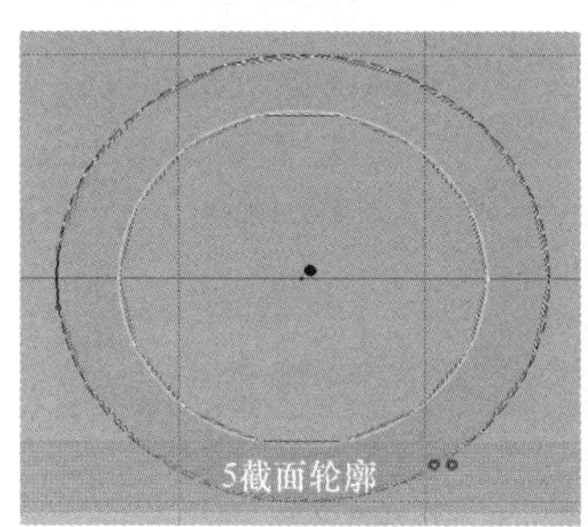
5截面轮廓

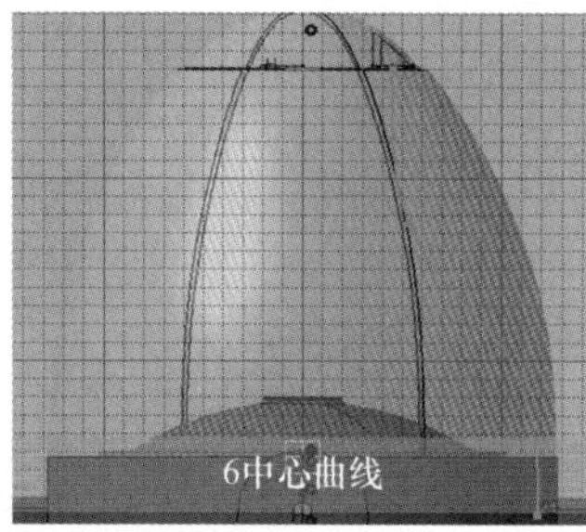
6中心曲线

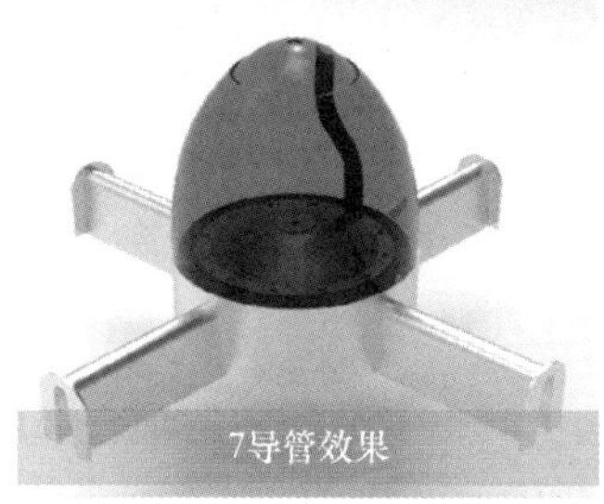
7导管效果

图 1-6-0　装配及导管导图

1. 预装配

（1）端盖装配

1）打开 CATIA 软件，单击“开始”菜单，选择“机械设计”模组里的“装配设计”进入，如图 1-6-1 所示。进入之后，将装配体文件名从 Product1 修改为 zhengliuzhao。

2）双击特征树中的 zhengliuzhao，使当前装配体处于激活状态（由蓝色变为橙色）；单击“插入”菜单选择“现有部件”，如图 1-6-2 所示，

基础装配

此步也可以单击“产品结构工具”工具条中的现有部件【】按钮，弹出“选择文件”对话框，选中前期创建好的 yuanpan 模型文件，单击【打开】。

3）单击“插入”菜单选择固定【】按钮，然后单击绘图区的 yuanpan 模型，或单击特征树中的 duang (yuanpan)，模型上会显示出约束【】符号，如图 1-6-3 所示。

图 1-6-1　工具菜单

图 1-6-2　顶部工具栏

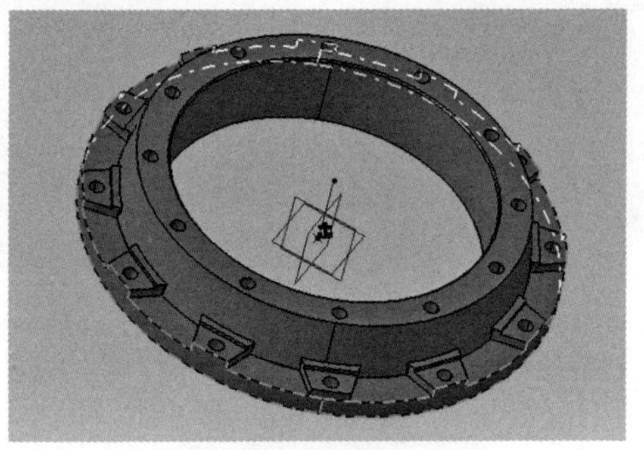

图 1-6-3　固定约束

零件移动

（2）圆盘装配

1）单击“产品结构工具”工具条中的现有部件【】按钮，若软件没有反应，可单击特征树中的 zhengliuzhao，使当前装配体激活，弹出“选择文件”对话框，在对话框中单击 duangai 模型文件，然后单击【打开】。第二个零件引入后，可能与第一个零件重合，或者其方向和方位不便于进行装配，就需要重新放置。单击“编辑”菜单，在“移动”中选择“操作”，如图 1-6-4 所示。

2）弹出如图 1-6-5 所示的“操作参数”对话框，该对话框中提供了可使零件移动或转动的 12 种方式，想让零件怎么动，单击对话框中对应的按钮，然后单击零件模型，拖动鼠标，就可实现对零件模型的重新放置，按钮选择是任意的，不限次数，没有先后顺序，放置位置满意之后，单击【确定】，如图 1-6-6 所示。

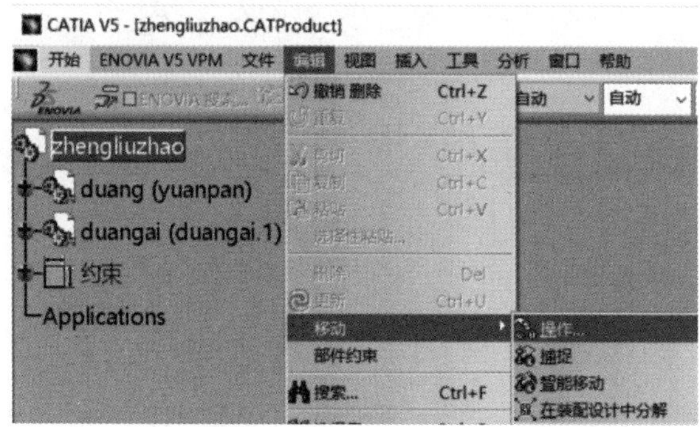

图 1-6-4　利用菜单移动零件

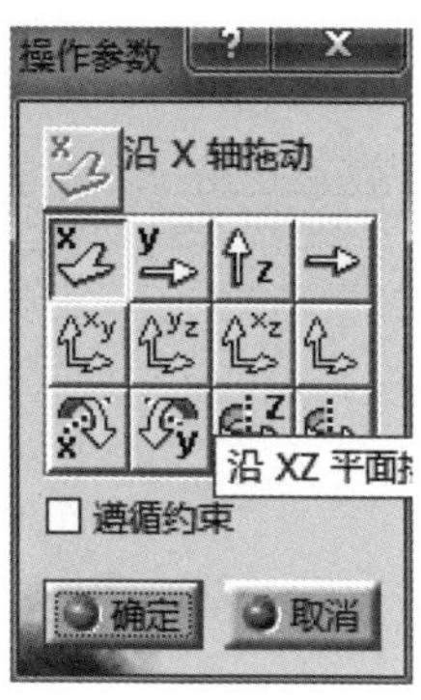

图 1-6-5　“操作参数”对话框

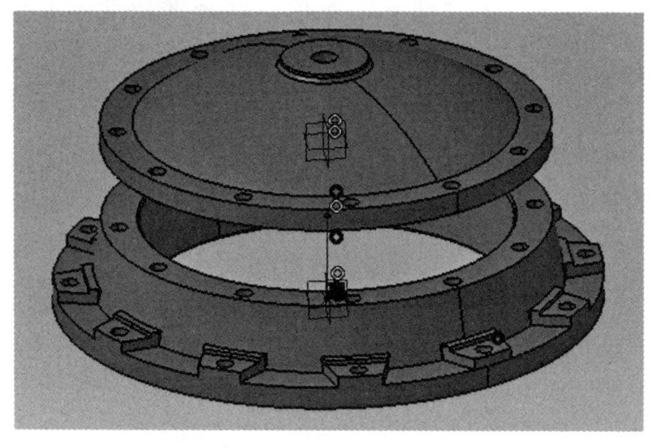

图 1-6-6　移动后的模型位置

（3）其他零件

1）使用相同的方式安装其他零部件，安装【zhiban】零件，如图 1-6-7 所示。

零件属性

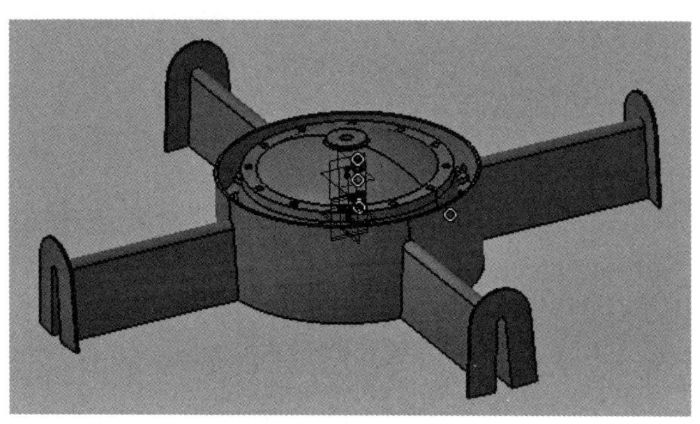

图 1-6-7　支板的安装

2）使用相同的方式安装 zhuitizhao 零件，如图 1-6-8 所示。修改椎体罩的透明度为 50%，方便后期其他的零件安装，如图 1-6-9 所示。

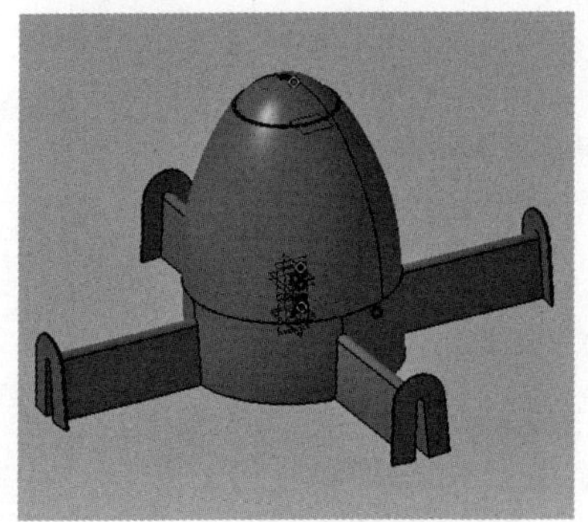

图 1-6-8　锥体罩的安装

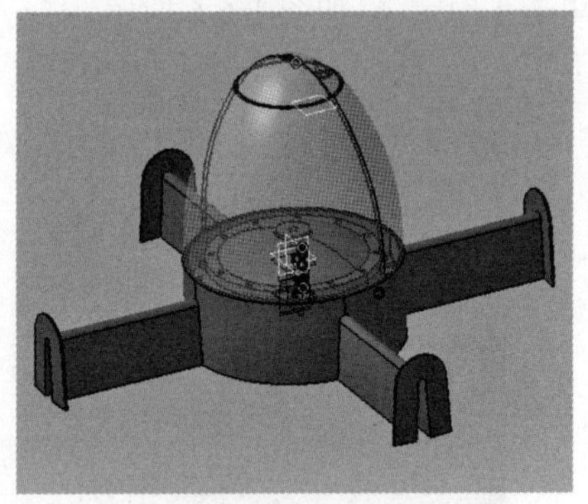

图 1-6-9　调整锥体罩的透明度

新建部件

2. 导管的创建

（1）新建零件　单击“插入”菜单，选择新建部件【 】按钮，若软件没有反应，可单击特征树中的 zhengliuzhao，使当前装配体激活，弹出如图 1-6-10 所示的对话框，单击【是】。在模型树中右键单击 part1 模型，在弹出的快捷菜单中单击“属性”，修改名称为 daoguan。

（2）二维草图

1）单击定位凸台阶梯表面，单击“草图编辑器”工具条中的草绘【 】按钮，进入草绘器。使用拾取投影 3D 轮廓边线【 】命令，按照图 1-6-11 所示进行草图图形的绘制。

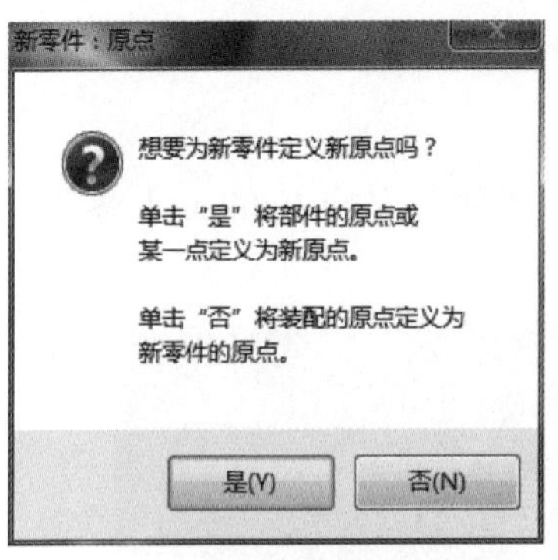

图 1-6-10　“新零件：原点”对话框

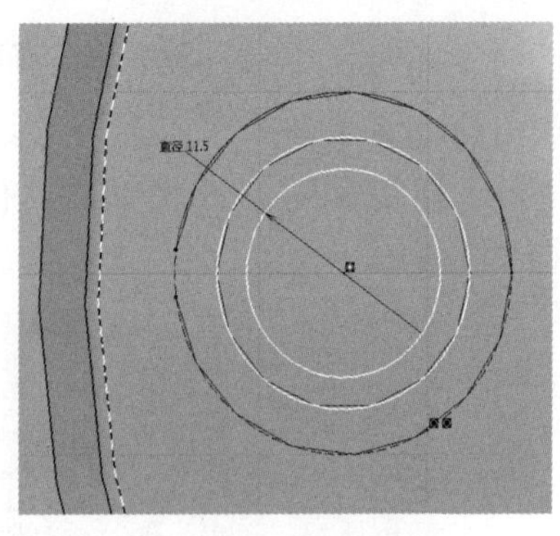

图 1-6-11　草绘图形

2）单击“工作台”工具条中的退出工作台【 】按钮，退出草图绘制。

（3）二维草图

1）单击 yz 基准平面，单击“草图编辑器”工具条中的草绘【 】按钮，进入草绘器。使用拾取投影 3D 轮廓边线【 】命令，如图 1-6-12 所示，将其转换为构造线，绘制如图 1-6-13 所示的草绘图形。

2）单击“工作台”工具条中的退出工作台【 】按钮，退出草图绘制。

图 1-6-12　参照圆

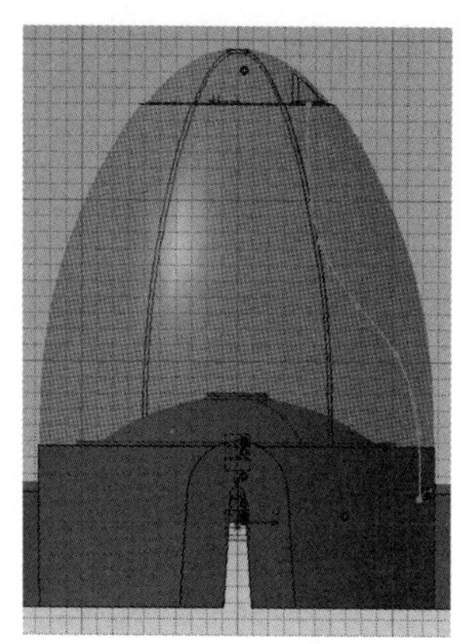

图 1-6-13　草绘轨迹

讨论：合并肋的末端选项有什么实际效果？

（4）肋特征

1）单击“基于草图的特征”工具条中的肋【 】按钮，在“轮廓”中选择如图 1-6-11 所示的两个圆，在“中心曲线”中选择如图 1-6-13 所示的曲线。

2）在如图 1-6-14 所示的“定义肋”对话框中单击【确定】退出，获得如图 1-6-15 所示的导管实体。

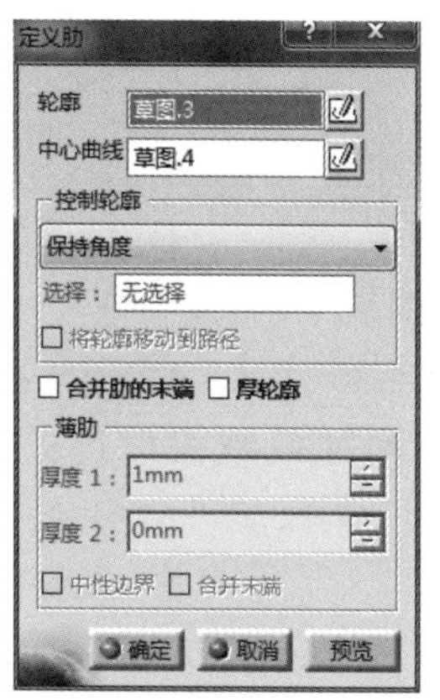

图 1-6-14　“定义肋”对话框

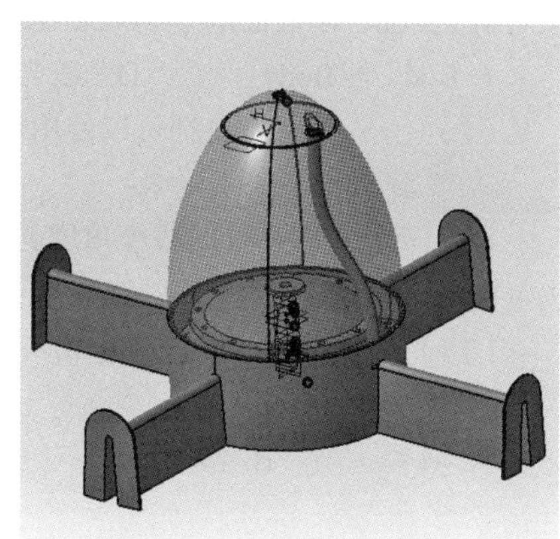

图 1-6-15　导管实体

知识测试与能力训练

1. 单选题

（1）零件设计工作台所设计的零件，在操作系统下以（　　　　）扩展名文件形式存储。

A.*.CATPart　　　　B.*.CATProduct

C.*.Process　　　　D.*.Drawing

（2）在草图设计时，颜色变化是重要的诊断信息，黄色表示

（　　　　），亮紫色表示（　　　　），红色表示（　　　　），绿色表示（　　　　）。

A. 受保护的约束　　B. 约束干涉

C. 全约束　　D. 过约束

（3）在一个草图中几何图元至少要有几个固定约束？（　　　　）

A. 0　　B. 1　　C. 2　　D. 3

（4）在草图模式中，Sketcher 的功能是（　　　　）。

A. 将三维空间的几何元素投影到草图面上

B. 求两个几何体的公共部分

C. 二维空间的几何元素与草图平面的求交

D. 投影三维轮廓的边

（5）镜像操作是（　　　　）图标。

A. 　　B. 　　C. 　　D.

（6）利用多个轮廓生成一些特定形状实体的命令是（　　　　）。

A. 扫描　　B. 拉伸　　C. 放样　　D. 旋转

（7）Boolean Operation 布尔操作是零件设计中常用的一种操作，这些操作都建立在（　　　　）之间。

A.Feature 与 Feature　　B.Surface 与 Surface

C.Body 与 Body　　D.Part 与 Part

（8）（　　　　）特征可以使用螺纹孔标注。

A. 孔特征　　B. 拉伸孔　　C. 旋转孔　　D. 扫描孔

（9）建立拔模特征时拔模角度的有效范围是（　　　　）。

A. −10°~10°　　B. −15°~15°　　C. −30°~30°　　D. −45°~45°

（10）将已生成的实体的某一面向外增加或减去厚度的命令是（　　　　）。

A. 拉伸　　B. 抽壳　　C. 加厚　　D. 凸台

2. 多选题

（1）CATIA 的阵列方式有（　　　　）。

A. 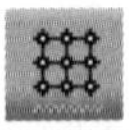　　B. 　　C. 　　D.

（2）放样实体操作中，截面连接的类型有（　　　　）。

A. 相切　　B. 比例　　C. 弯曲时相切　　D. 顶点

（3）Boolean Operations 布尔操作可以实现（　　　　）方式的装配运算。

A. 加运算　　B. 减运算　　C. 交运算　　D. 裁剪运算

（4）下面（　　　　）能够成为镜像平面。

A. 工作平面　　B. 模型平面

C. 原始坐标系工作平面　　D. 曲面平面

3. 判断题

（1）三维模型与其工程图之间具有相关性。（　）

（2）创建抽壳 Shell 特征时可以给不同的表面设置不同的厚度。（　）

（3）绘制草图时，系统不能预警过约束行为。（　）

（4）创建抽壳 Shell 特征时可以设定多个移除面。（　）

（5）通过 Sketch Tools 工具栏图标▦可以切换栅格显示的状态。（　）

4. 绘图题

注意：完成的图形应包含必要的尺寸以及约束条件，图线为绿色显示，不得出现欠约束以及过约束的情况。

（1）根据图 1-7-1，完成二维草绘的练习。

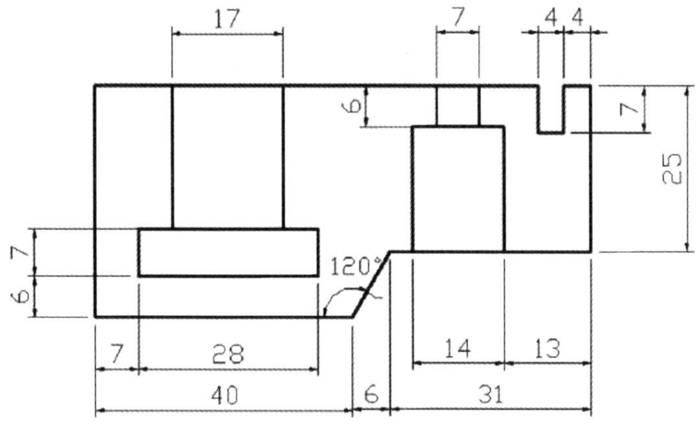

图 1-7-1

（2）根据图 1-7-2，完成二维草绘的练习。

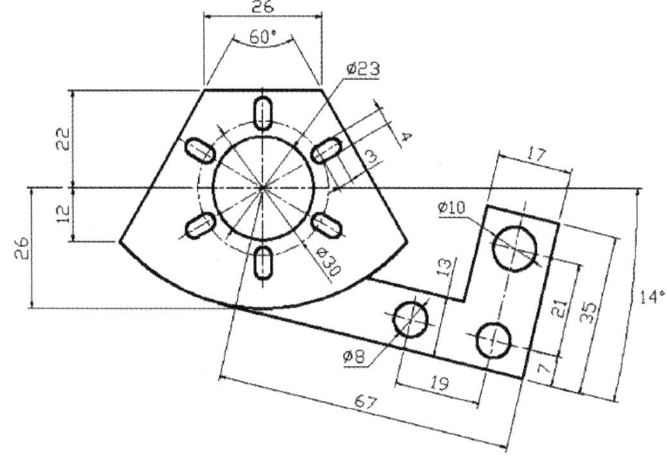

图 1-7-2

（3）根据图 1-7-3，完成二维草绘的练习。

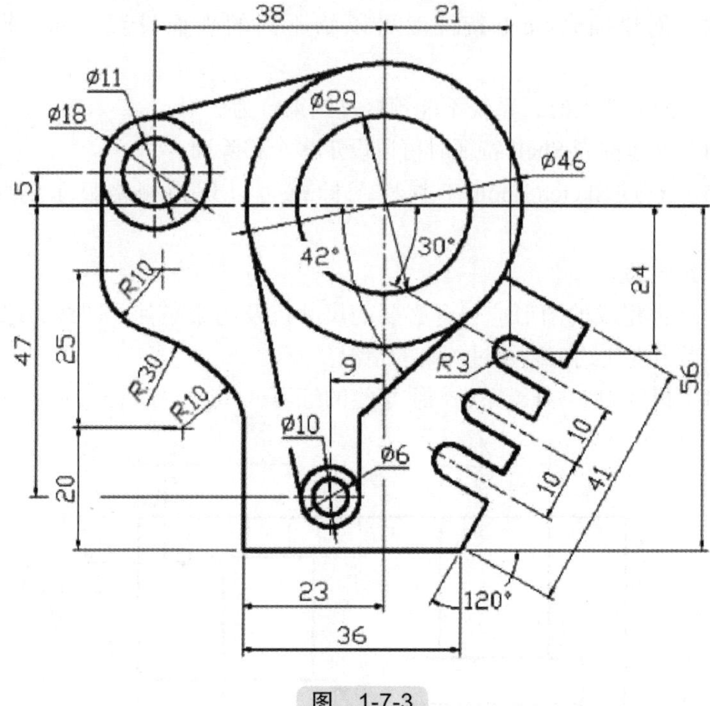

图 1-7-3

草绘（3）

5. 实体建模

（1）根据图 1-7-4，完成三维实体模型的创建。

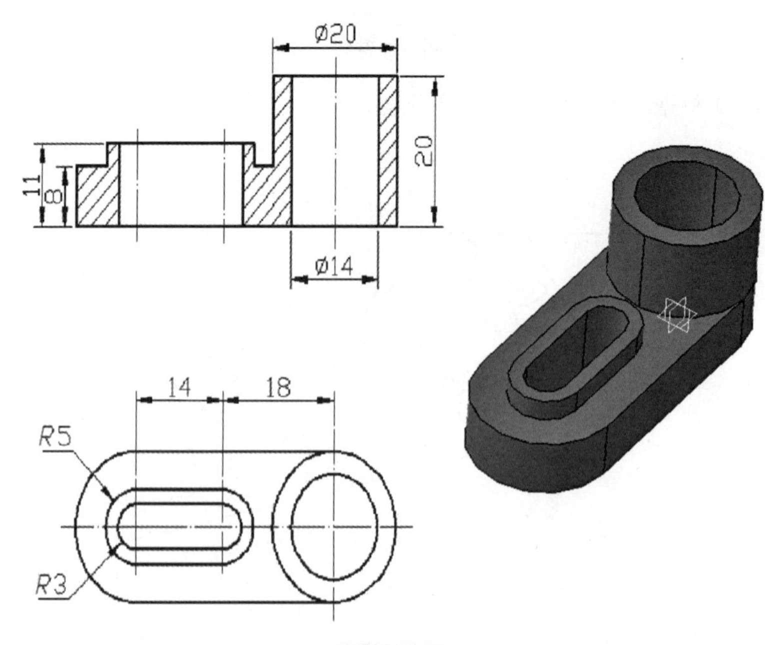

实体（1）

图 1-7-4

（2）根据图 1-7-5，完成三维实体模型的创建。

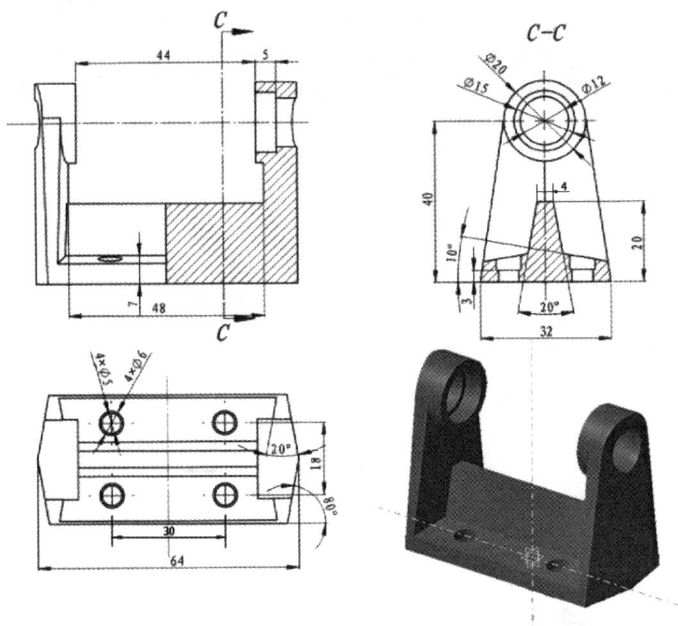

图　1-7-5

实体（2）

（3）根据图 1-7-6，完成三维实体模型的创建。

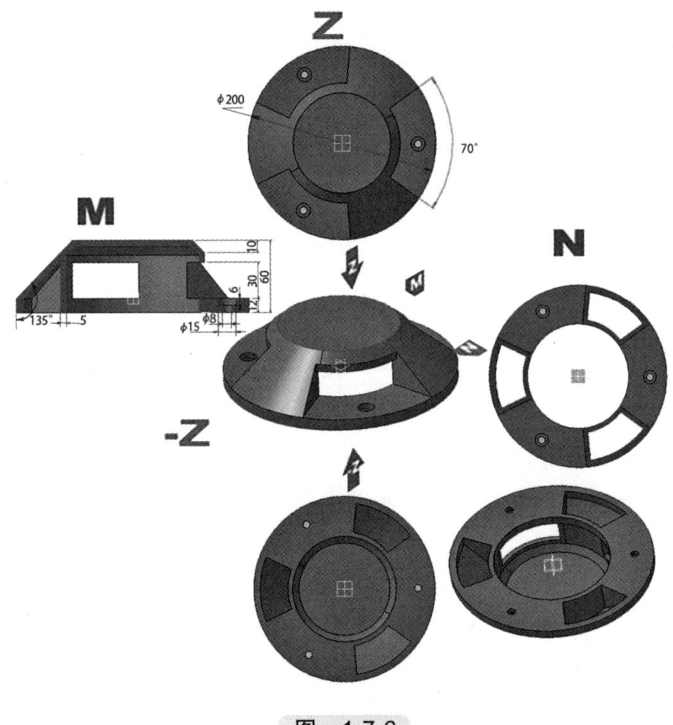

图　1-7-6

实体（3）

项目2 航空发动机叶片曲面设计

航空发动机的压气机以叶片为核心，主要包括转子叶片和定子叶片。叶片由大变小构成气流流通的收敛型通道，如图 2-0-1 所示。

图 2-0-1 航空发动机叶片

案例导学

知识目标

1）掌握肋与开槽、多截面实体等特征的创建方法。
2）掌握叶片曲面的创建方法，能够用多截面曲面进行曲面设计。
3）掌握曲面与实体之间互相转换的方法。

技能目标

1）熟练掌握曲面建模的特点，学会分析曲面模型。
2）掌握创成式设计思路，完成曲面与实体的整体设计。
3）培养独立思考与创新设计的能力。

素养目标

1）培养严谨细致的工作品质。
2）养成精密测量、规范记录的工作态度。

行业拓展园地

航空发动机技术被誉为现代工业“皇冠上的明珠”，是衡量一个国家综合科技水平、科技工业基础实力和综合国力的重要标志。我国航空发动机的研制始于20世纪60年代。在20世纪60年代至80年代中期，主要是引进国外航空发动机仿制并结合自主研发，其中代表型号是涡喷 -6 和涡扇 -9。20 世纪 80 年代中期至 90 年代末期，以自主研发为主，代表型号有涡喷 -14 和涡扇 -10。从 2000 年至今，我国已经建立了相对完整的发动机研制生产体系，具备了涡桨、涡喷、涡扇、涡轴等各类航空发动机的系列研制生产能力，歼 -20 战斗机装备了新型国产航空发动机，表明我国航空发动机制造技术已达到世界先进水平。

模型导图如图 2-0-2 所示。

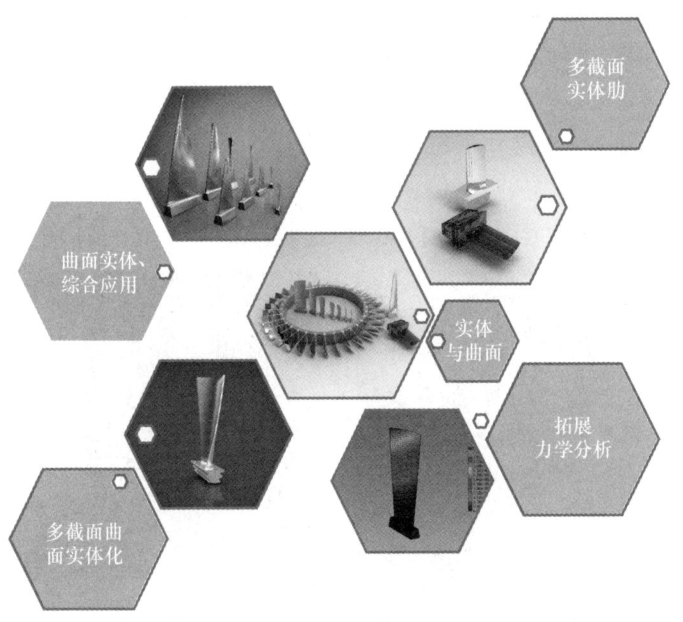

图 2-0-2　模型导图

机械美学园地

航空发动机叶片主要分为风扇叶片、压气机叶片（转子叶片和定子叶片）、涡轮叶片（涡轮工作叶片和涡轮导向叶片）。

在各类叶片当中，压气机叶片是航空发动机中型面结构最复杂、工作环境最苛刻的零部件之一。从制造工艺上看，压气机叶片叶型薄、易变形，高效、高质量地加工是叶片制造过程中的核心难点。

为了减少空气流动动力损失，压气机叶片应轻薄，并具有复杂的型面扭转度，具体体现为从叶根到叶尖的叶型弯扭角度不同，叶片前后缘的厚度只有 0.1 ~ 0.2mm，并且轮廓度要求很高。

任务 1　转子叶片模型创建

任务目标

1）学会使用多截面实体特征建模，掌握其操作步骤。

2）熟练掌握肋、倒圆特征的绘制方法。

3）学会分析模型设计流程。

资源环境

曲面叶片

1）CATIA V5R21。

2）云课堂。

功能介绍

1）挤压气流。

2）形成稳定的导流空气。

转子叶片案例导图如图 2-1-0 所示。

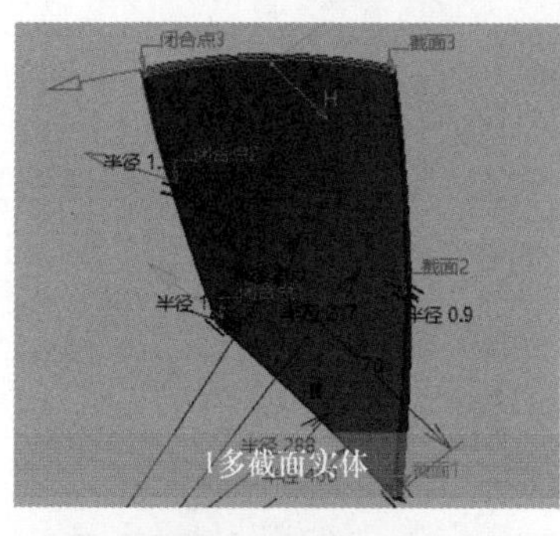

1多截面实体

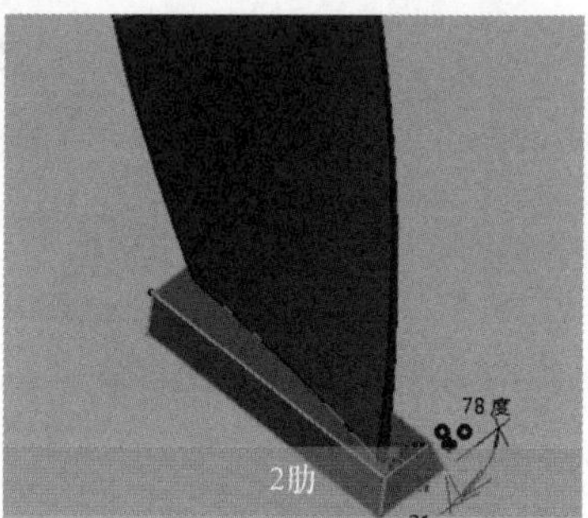

2肋

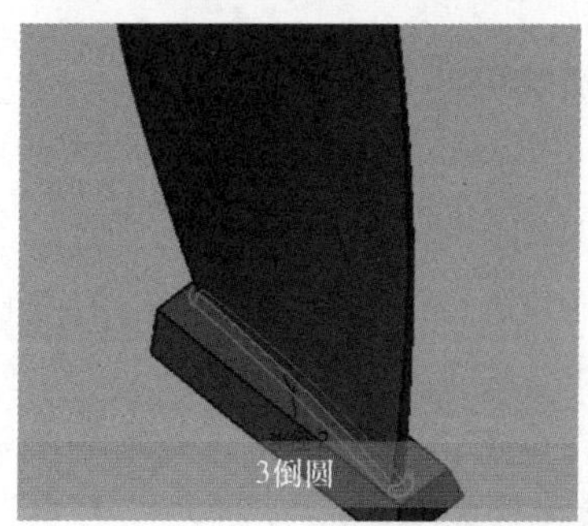
3倒圆

4倒圆

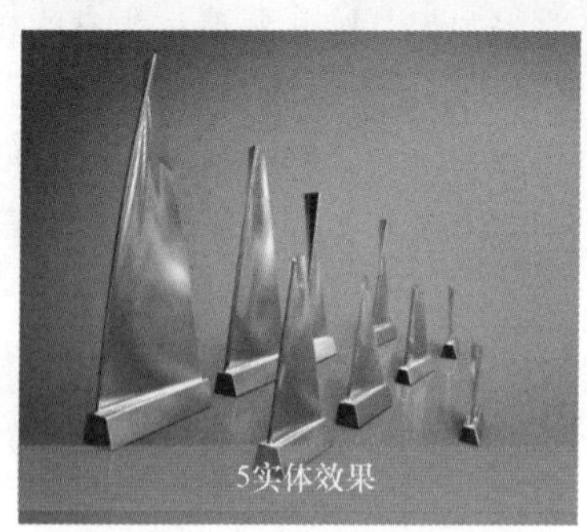
5实体效果

图 2-1-0　转子叶片案例导图

1. 叶片特征

（1）二维草图 1

1）单击 xy 平面后，单击“草图编辑器”工具条中的草绘【 】按钮，进入草绘器。

2）使用“轮廓”工具条中的按钮，按照图 2-1-1 所示进行草图图形的绘制。

3）单击“工作台”工具条中的退出工作台【 】按钮，退出草图绘制。

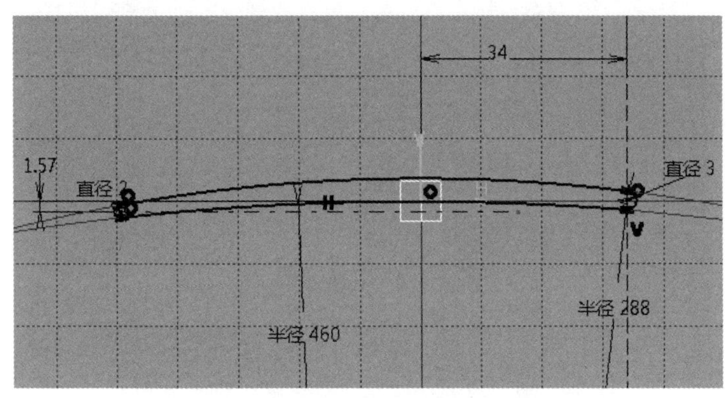

图 2-1-1　二维草图 1

（2）基准平面 1

1）单击“参考元素”工具条中基准平面【 】按钮，弹出“平面定义”对话框，如图 2-1-2 所示。

2）在“平面类型”的下拉列表中单击【偏移平面】，在“参考”框中选择 xy 平面，在“偏移”框中输入值 80mm。

3）在对话框中单击【确定】，完成基准平面 1 的创建。

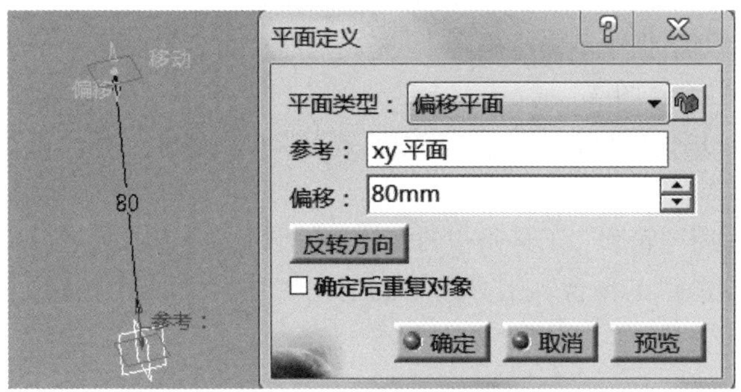

图 2-1-2　“平面定义”对话框

（3）二维草图 2

1）单击平面 1 后，单击“草图编辑器”工具条中的草绘【 】按钮，进入草绘器。

2）使用“轮廓”工具条中的按钮，按照图 2-1-3 所示进行草图图形的绘制。

3）单击“工作台”工具条中的退出工作台【 】按钮，退出草图绘制。

（4）基准平面 2

1）单击“参考元素”工具条中的基准平面【 】按钮，弹出“平面定义”对话框，如图 2-1-4 所示。

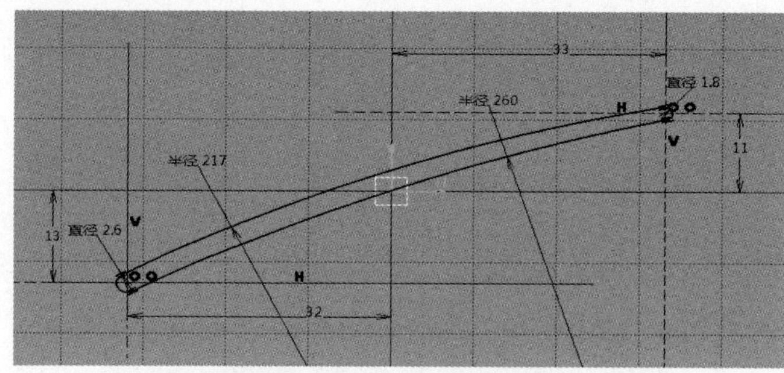

图 2-1-3　二维草图 2

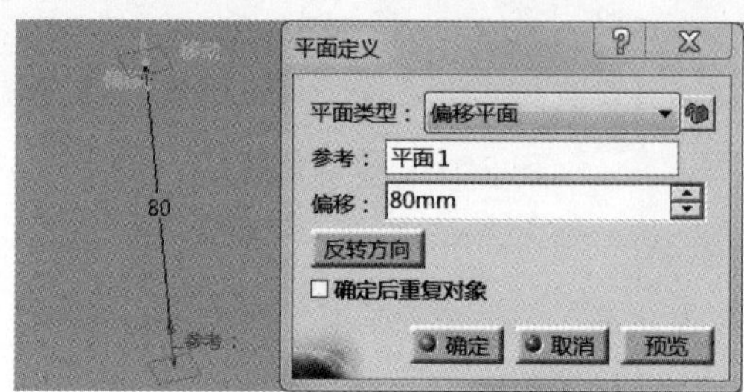

图 2-1-4　“平面定义”对话框

2）在“平面类型”的下拉列表中单击【偏移平面】，在“参考”框中选择平面 1，在“偏移”框中输入值 80mm。

3）在对话框中单击【确定】，完成基准平面 2 的创建。

（5）二维草图 3

1）单击平面2后，单击“草图编辑器”工具条中的草绘【 】按钮，进入草绘器。

2）使用“轮廓”工具条中的按钮，按照图 2-1-5 所示进行草图绘制。

3）单击“工作台”工具条中的退出工作台【 】按钮，退出草图绘制。

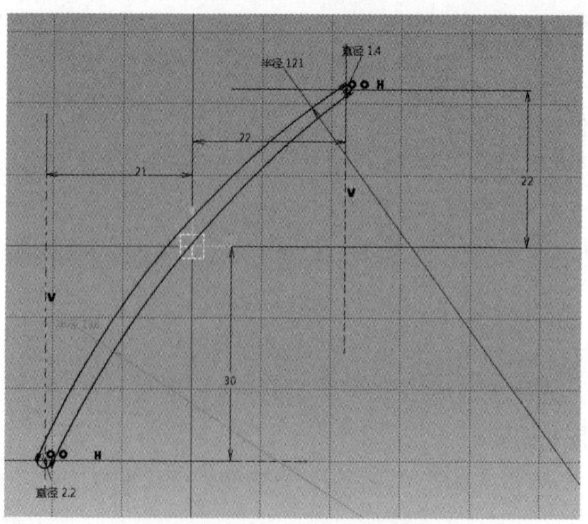

图 2-1-5　二维草图 3

多截面实体

（6）多截面实体

1）单击“基于草图的特征”工具条中的多截面实体【 】按钮，弹出如图 2-1-6 所示的“多截面实体定义”对话框。

2）在对话框中设置“截面”图形，分别单击草图 1 和草图 3、草图 4。

3）在对话框中单击【确定】，完成如图 2-1-7 所示的多截面实体创建。

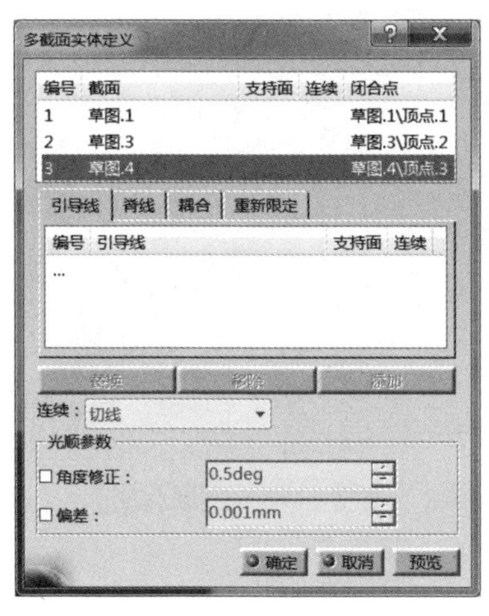

图 2-1-6 “多截面实体定义”对话框

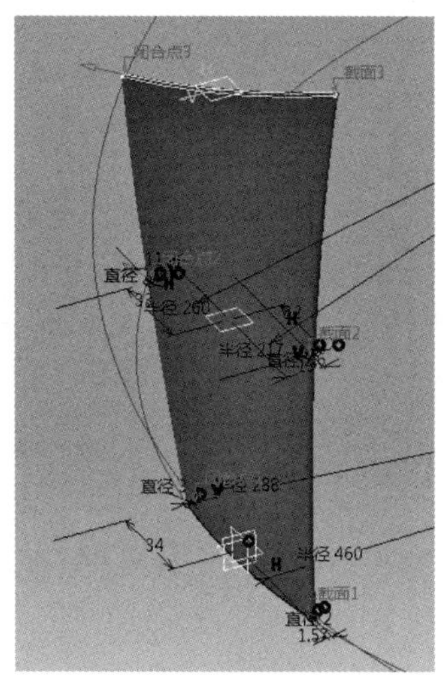

图 2-1-7 多截面实体

叶片榫头

2. 榫头

（1）二维草图 4

1）单击 xy 平面后，单击“草图编辑器”工具条中的草绘【 】按钮，进入草绘器。

2）使用“轮廓”工具条中的按钮，按照图 2-1-8 所示进行草图图形的绘制。

3）单击“工作台”工具条中的退出工作台【 】按钮，退出草图绘制。

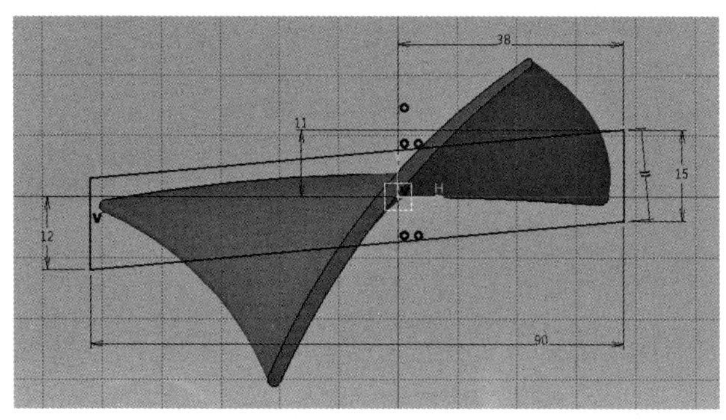

图 2-1-8 二维草图 4

（2）提取轮廓

1）单击【开始】菜单中的“形状”，在二级菜单中单击【创成式外形设计】。在此模块下单击“操作”工具条中的提取【】按钮，弹出如图 2-1-9 所示的“提取定义”对话框。

2）在绘图区单击草图 5 边线作为提取的元素，然后在对话框中单击【确定】。同时获取两边线与 yz 平面的两个交点，如图 2-1-10 所示。

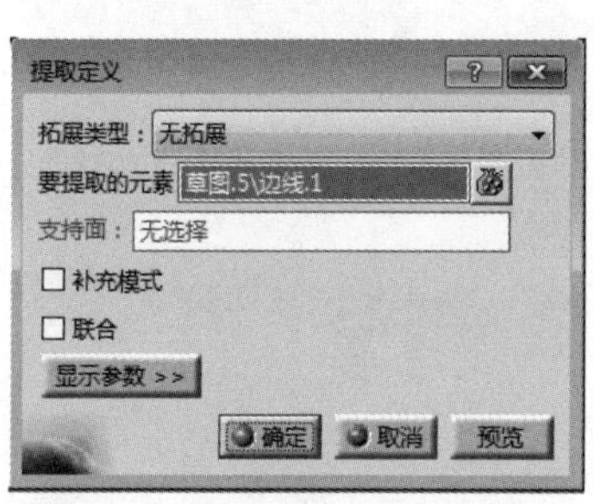

图 2-1-9 “提取定义”对话框

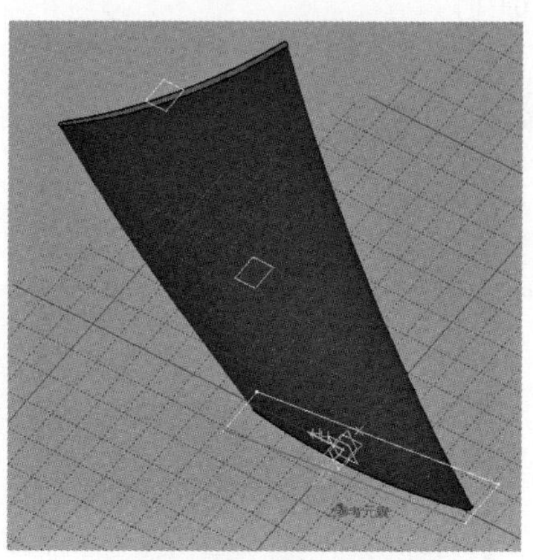

图 2-1-10 提取元素

（3）二维草图 5

1）单击 yz 平面后，单击“草图编辑器”工具条中的草绘【】按钮，进入草绘器。

2）使用“轮廓”工具条中的按钮，按照图 2-1-11 所示进行草图绘制。

3）单击“工作台”工具条中的退出工作台【】按钮，退出草图绘制。

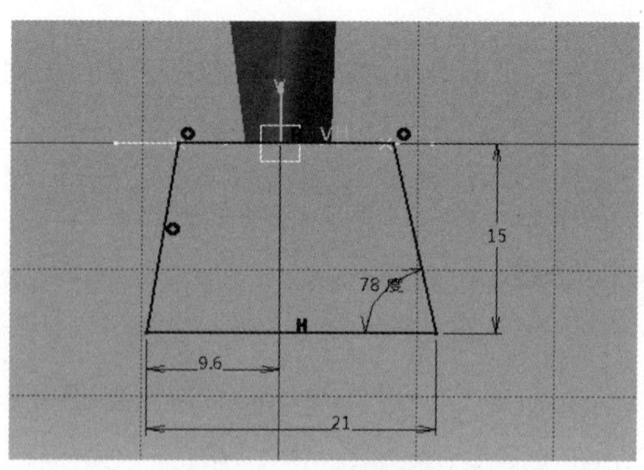

图 2-1-11 二维草图 5

肋

（4）肋

1）单击“基于草图的特征”工具条中的肋【】按钮，弹出“定义肋”对话框。在树模型中单击草图 7 作为轮廓，单击草图 6 作为中心曲线，如图 2-1-12 所示。

2）在对话框中单击【确定】，完成肋的创建，如图 2-1-13 所示。

图 2-1-12 “定义肋”对话框

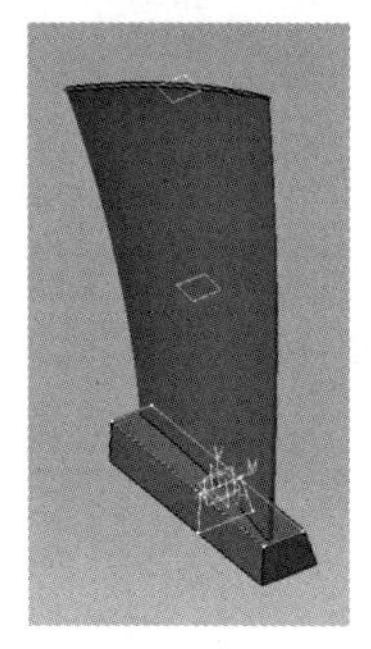

图 2-1-13 肋实体

叶片圆角

3. 修饰结构

（1）圆角特征 1

1）单击“修饰”工具条中的圆角【 】按钮，弹出“倒圆角定义”对话框，如图 2-1-14 所示。

2）输入“半径”值为 2mm，单击绘图区中的边线作为圆角对象。在对话框中单击【确定】，完成圆角的创建，如图 2-1-15 所示。

圆角

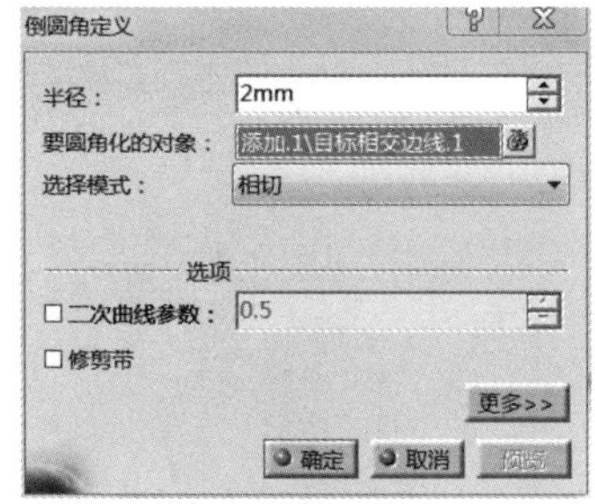

图 2-1-14 “倒圆角定义”对话框

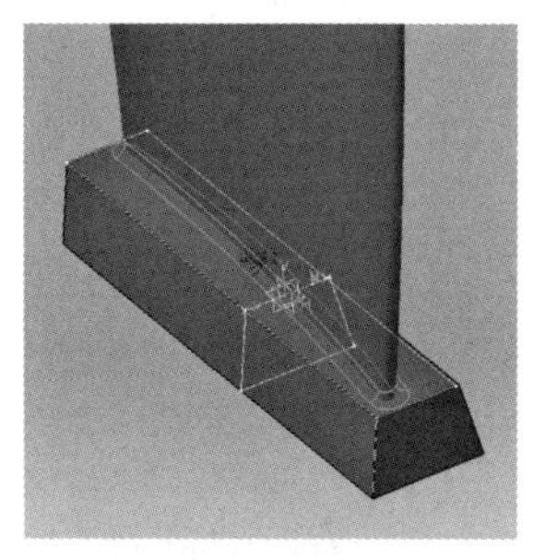

图 2-1-15 圆角实体 1

（2）圆角特征 2

1）单击“修饰”工具条中的圆角【 】按钮，弹出“倒圆角定义”对话框，输入“半径”值为 1mm，如图 2-1-16 所示。

2）在绘图区中单击如图 2-1-17 所示的边线作为圆角的对象，在对话框中单击【确定】，完成圆角的创建。

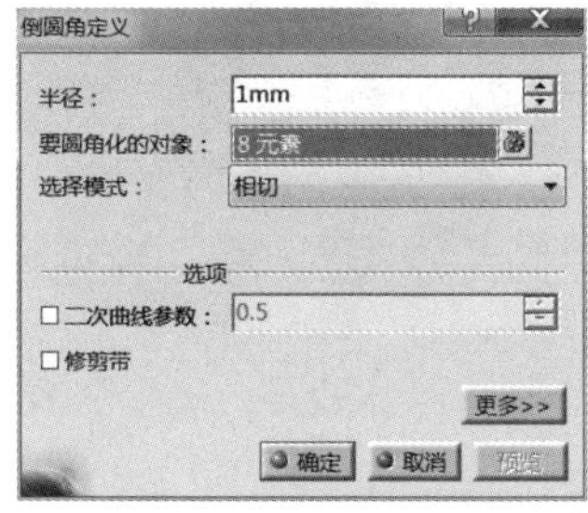

图 2-1-16 “倒圆角定义”对话框

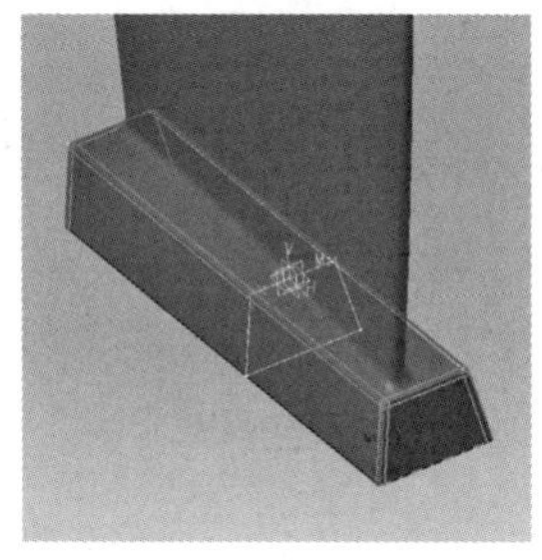

图 2-1-17 圆角实体 2

叶片

任务 2　曲面叶片模型创建

任务目标

1）熟练掌握曲面拉伸指令。
2）掌握多截面实体创建及应用。
3）学会曲面修剪命令及其应用。

资源环境

1）CATIA V5R21。
2）云课堂。

功能介绍

1）推动涡轮高速旋转。
2）降低压力。

曲面叶片案例导图如图 2-2-0 所示。

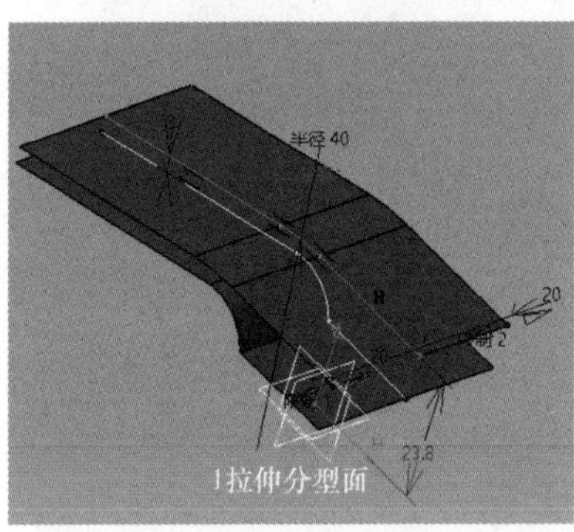

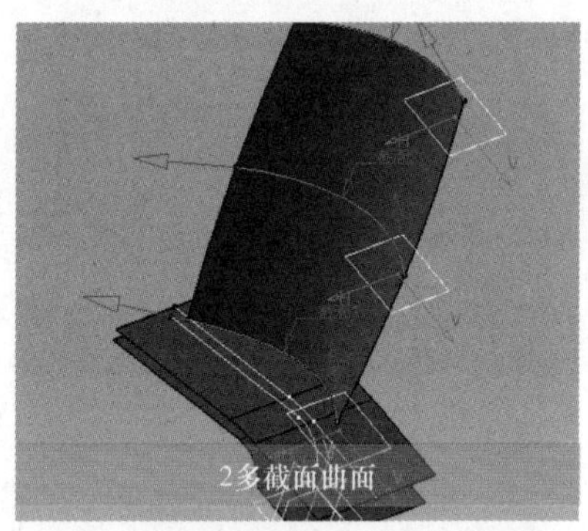

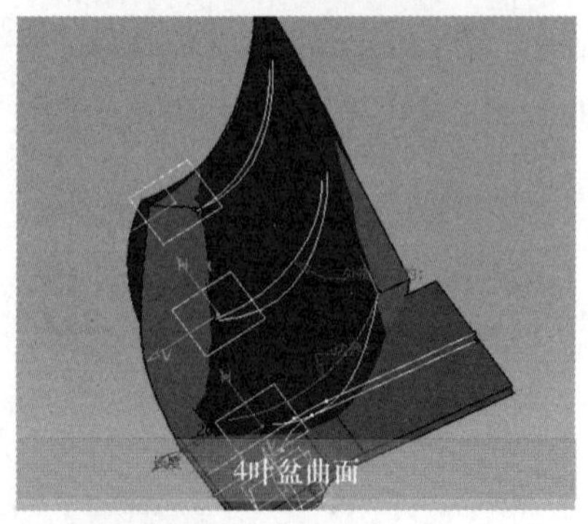

图 2-2-0　曲面叶片案例导图

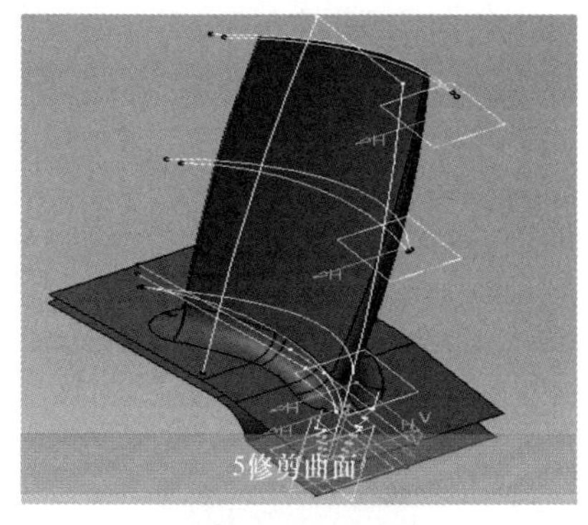

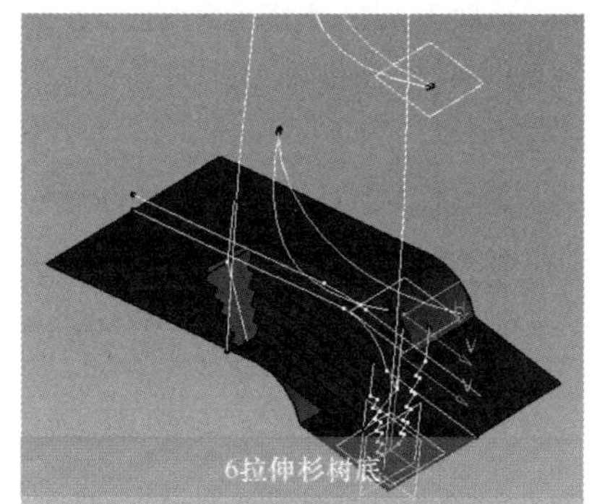

图 2-2-0　曲面叶片案例导图（续）

1. 分界面的创立

（1）二维草图 1

1）单击工具栏中的草绘【】按钮，选择 yz 平面，进入草图编辑器。

2）单击草图编辑器中的轮廓按钮，按照图 2-2-1 进行草图图形的绘制。

3）单击“工作台”工具栏中的退出工作台【】按钮，退出草图绘制。

曲面拉伸分界面

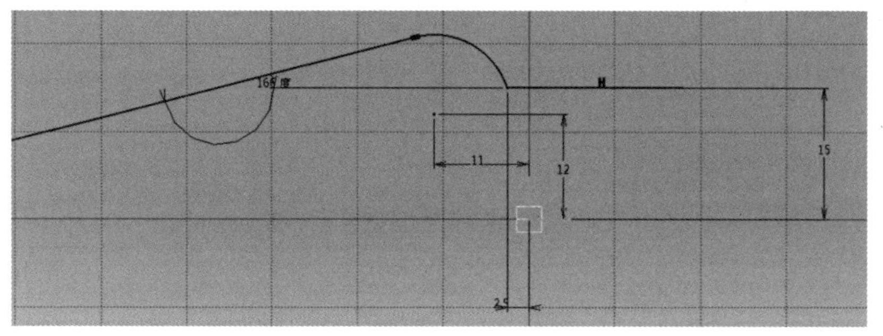

图 2-2-1　二维草图 1

（2）分界面 1

1）单击工具栏中的拉伸【】按钮，弹出“拉伸曲面定义”对话框，并在限制尺寸栏中均输入尺寸 20mm，如图 2-2-2 所示。

2）在对话框中单击【确定】，完成分界面 1 的创建，如图 2-2-3 所示。

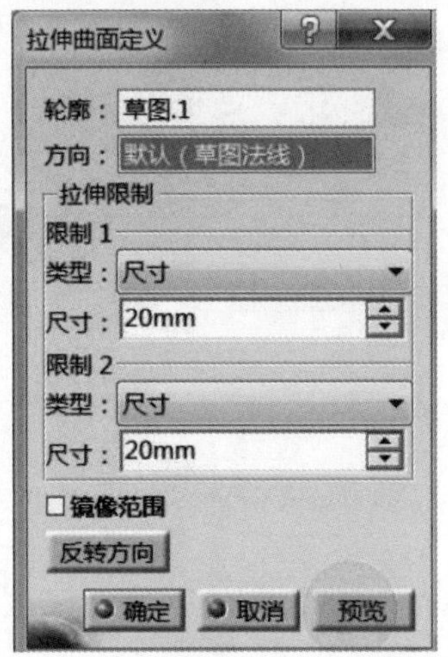

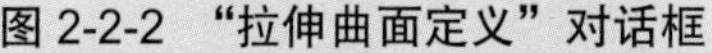

图 2-2-2 “拉伸曲面定义”对话框

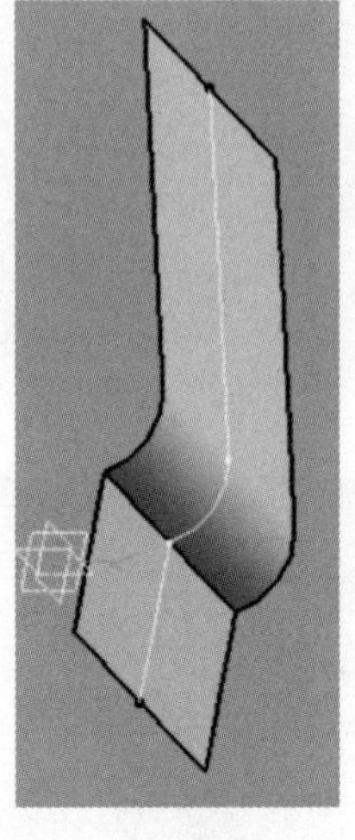

图 2-2-3 分界面 1

（3）二维草图 2

1）单击 yz 平面后，单击工具栏中的草绘【 】按钮，进入草图编辑器。

2）单击草图编辑器中的轮廓按钮，按照图 2-2-4 所示进行草图图形的绘制。

3）单击“工作台”工具栏中的退出工作台【 】按钮，退出草图绘制。

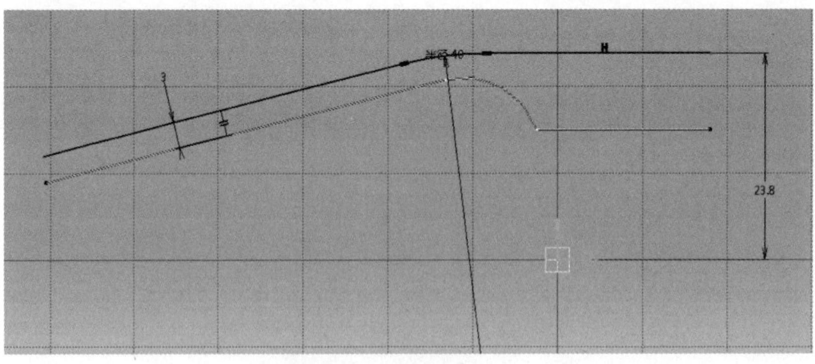

图 2-2-4 二维草图 2

（4）分界面 2

1）单击工具栏中的拉伸【 】按钮，在“拉伸曲面定义”对话框中，选择新绘制的二维草图 2 为轮廓曲线，在限制尺寸栏中均输入尺寸 20mm，如图 2-2-5 所示。

2）在对话框中单击【确定】，完成分界面 2 的创建，如图 2-2-6 所示。

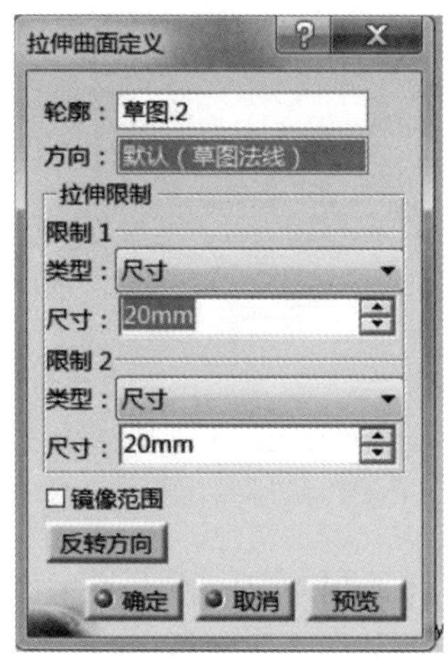

图 2-2-5 “拉伸曲面定义”对话框

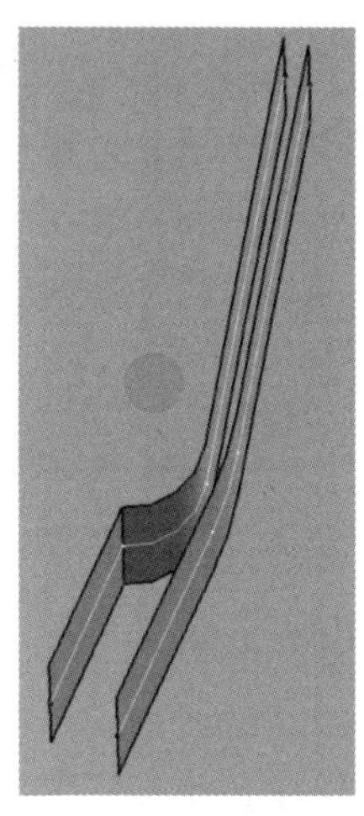

图 2-2-6　分界面 2

2. 创建叶背曲面

（1）样条曲线 1

1）单击 xy 平面，单击工具栏中的【 】按钮，将 xy 平面偏移 128.5mm，创建新的基准平面 1，如图 2-2-7 所示。

多截面叶背曲面

2）单击基准平面 1，进入草图，单击【 】按钮，通过四点创建样条曲线 1，四个点的坐标分别为（−5.8，−3.4），（−3，−21.5），（4，−30），（20.5，−41.7），完成样条曲线 1 的绘制后，退出工作台，如图 2-2-8 所示。

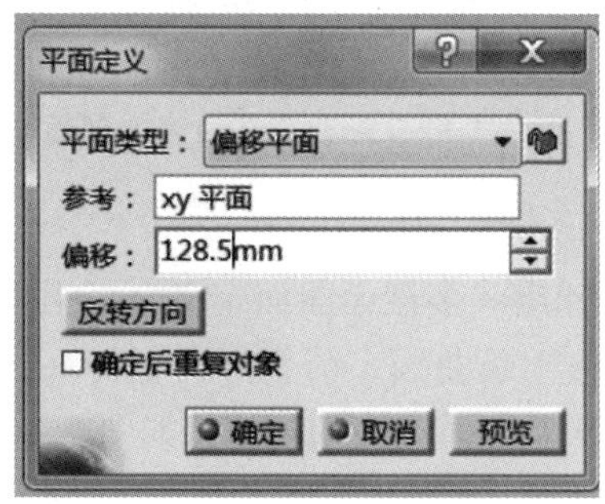

图 2-2-7　定义基准平面 1

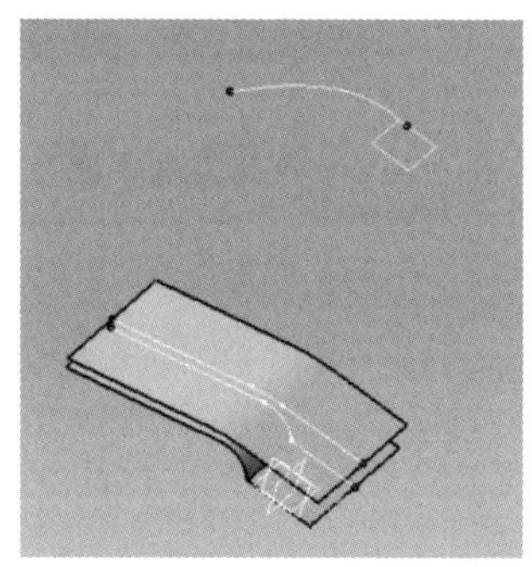

图 2-2-8　样条曲线 1

（2）样条曲线 2

1）单击基准平面 1，单击工具栏中的【 】按钮，将基准平面 1 偏移 −50mm，单击【确定】，创建基准平面 2，如图 2-2-9 所示。

2）单击基准平面 2，再次单击【 】按钮，通过四点绘制样条曲线 2，四个点的坐标分别为（−1.5，1.2），（−5.2.−19.2），（1，−29.8），（19，−44.2），完成样条曲线 2 的绘制后，退出工作台，如图 2-2-10 所示。

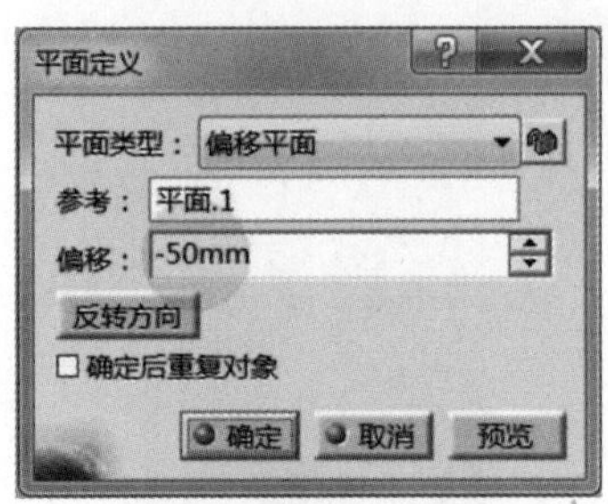

图 2-2-9　定义基准平面 2

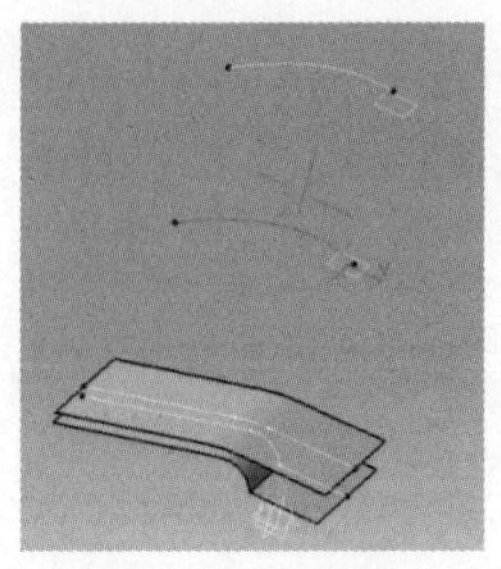

图 2-2-10　样条曲线 2

（3）样条曲线 3

1）单击基准平面 2，单击工具栏中的【 】按钮，将基准平面 2 偏移 −50mm，单击【确定】，创建基准平面 3，如图 2-2-11 所示。

2）单击基准平面 3，再次单击【 】按钮，通过四点绘制样条曲线 3，四个点的坐标分别为（−1.2，−2.4），（−5.5，−19.2），（3，−33.3），（15.3，−44.4），完成样条曲线 3 的绘制后，退出工作台，叶背的三条曲线即创建完成，如图 2-2-12 所示。

图 2-2-11　定义基准平面 3

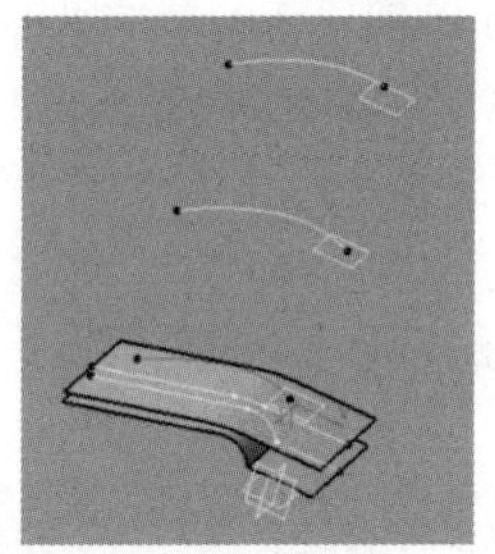

图 2-2-12　叶背三条曲线的创建

（4）叶背曲面实体

多截面叶背曲面

1）单击工具栏中的【 】按钮，弹出"多截面曲面定义"对话框，如图 2-2-13 所示。顺次选择创建的三条样条曲线，箭头方向保持一致，如图 2-2-14 所示。单击【确定】，完成叶背曲面实体的创建，如图 2-2-15 所示。

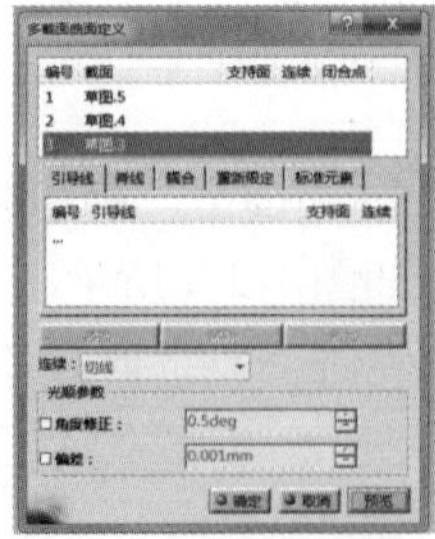

图 2-2-13　"多截面曲面定义"对话框

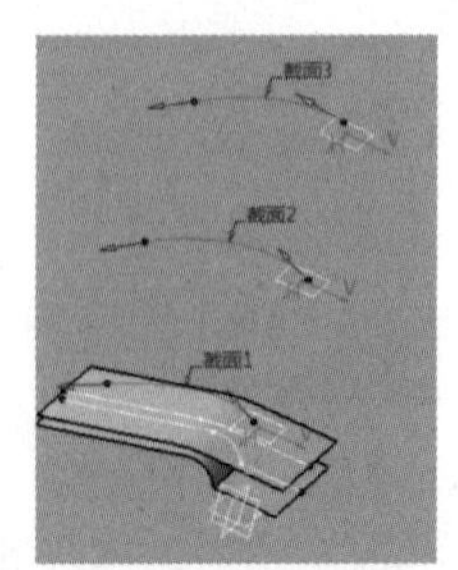

图 2-2-14　多截面实体的创建

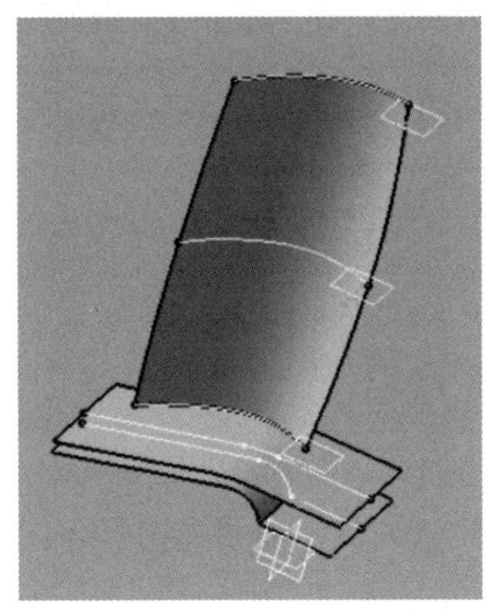

图 2-2-15　叶背曲面实体的创建

2）对叶背曲面进行拓展，单击工具栏外插延伸【 】按钮，弹出“外插延伸定义”对话框，单击外轮廓，修改参数，如图 2-2-16 所示。单击【确定】，完成叶背曲面实体的拓展延伸，如图 2-2-17 所示。

外插延伸叶背曲面

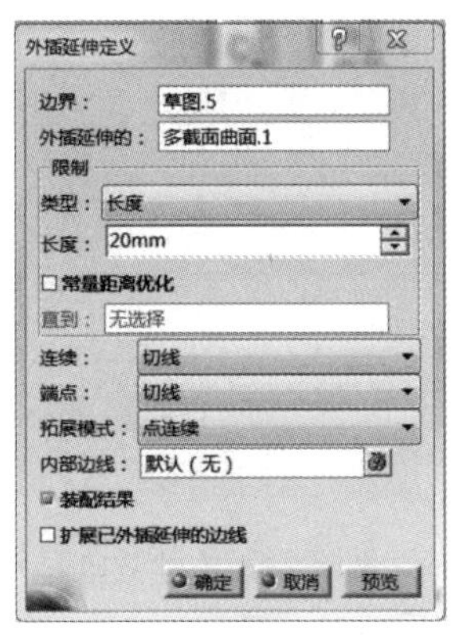

图 2-2-16　外插延伸参数修改

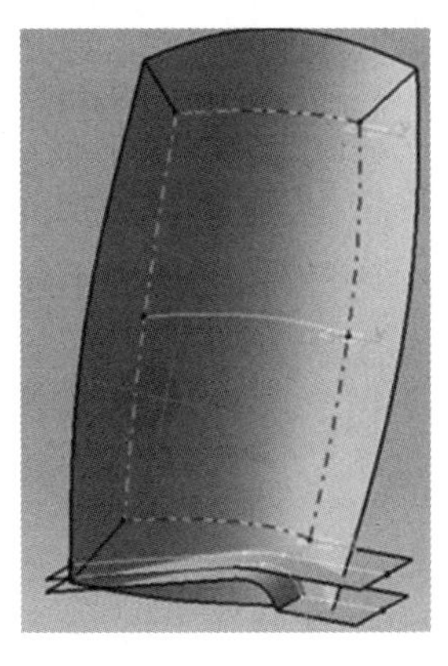

图 2-2-17　叶背曲面实体的拓展延伸

3. 创建叶盆曲面

（1）创建叶盆曲线

叶盆曲面

1）单击叶背曲面创建过程中的基准平面 1，进入草图，单击【 】按钮，通过四点创建样条曲线 1，四个点的坐标分别为（19，−39.7），（3.8，−27.9），（−1.7，−20.5），（−5.9，−4.5），绘制完成后退出工作台。

2）单击叶背曲面创建过程中的基准平面 2，再次单击【 】按钮，通过四点绘制样条曲线 2，四个点的坐标分别为（17.4，−41.8），（4.3，−29.4），（−0.7，−18.3），（−0.8，1.3），绘制完成后退出工作台。

3）单击叶背曲面创建过程中的基准平面 3，再次单击【 】按钮，通过四点绘制样条曲线 3，四个点的坐标分别为（14.6，−44.1），（4.3，−27.3），（2.1，−10），（7.3，5.8），绘制完成后，退出工作台，得到的叶盆曲线如图 2-2-18 所示。

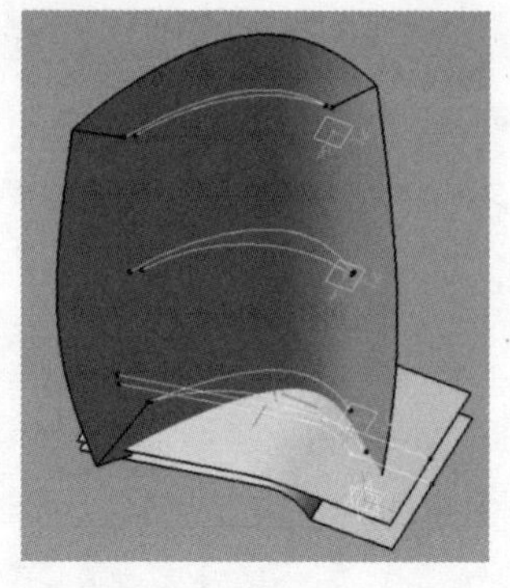

图 2-2-18　叶盆曲线的绘制

（2）创建叶盆曲面实体

1）单击工具栏中的【 】按钮，弹出“多截面曲面定义”对话框，顺次选择三条曲线，箭头方向保持一致，如图 2-2-19 所示，单击【确定】，创建多截面实体，隐藏外插延伸 1，得到叶盆的三个曲面，如图 2-2-20 所示。

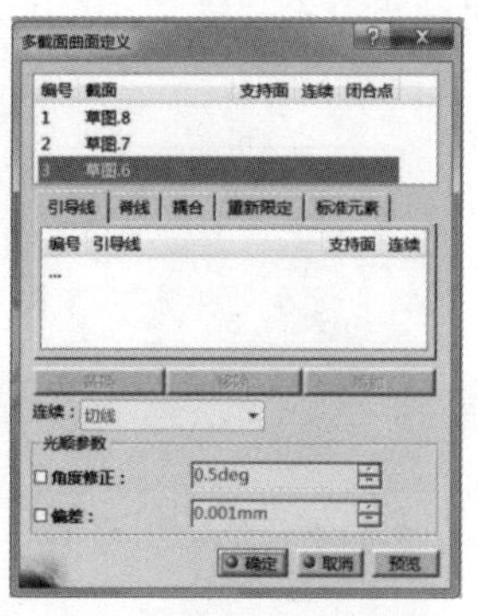

图 2-2-19　“多截面曲面定义”对话框

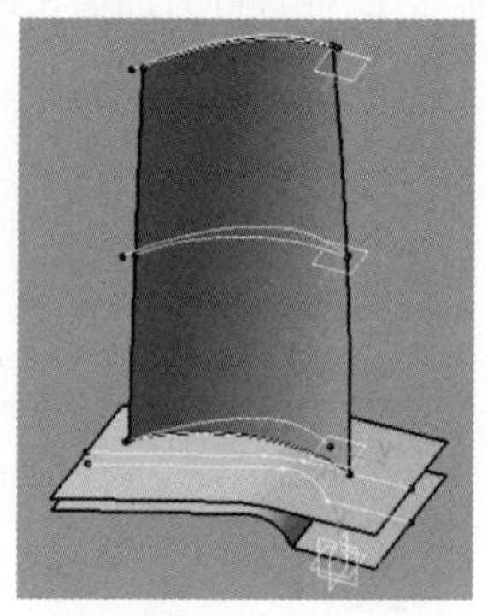

图 2-2-20　叶盆曲面

2）单击工具栏中的【 】按钮，弹出“外插延伸定义”对话框，单击绘制的分界面曲线，修改参数，如图 2-2-21 所示。单击【确定】，完成叶盆曲面实体的创建，如图 2-2-22 所示。

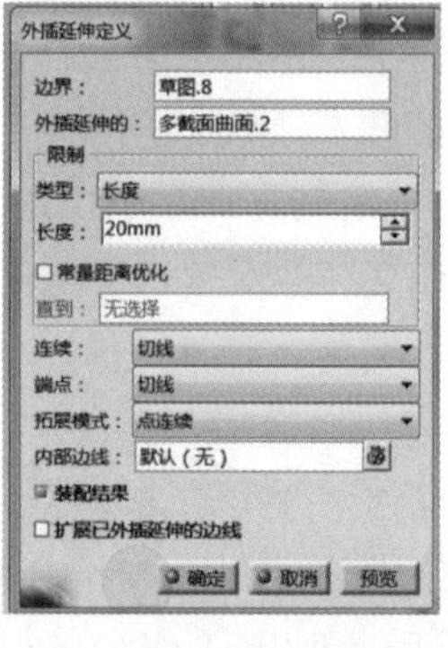

图 2-2-21　“外插延伸定义”对话框

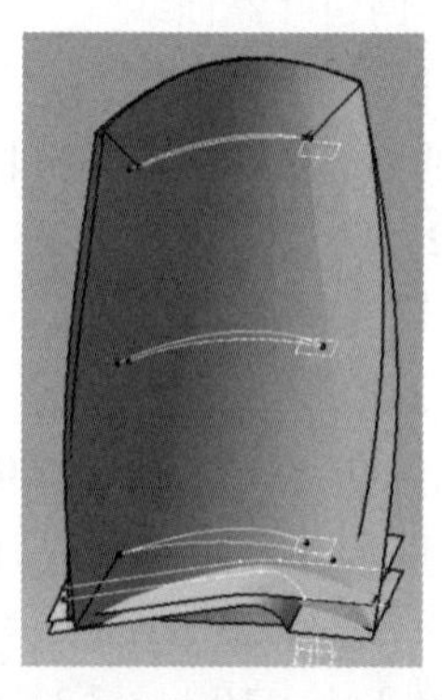

图 2-2-22　叶盆曲面实体的创建

4. 叶片侧表面轮廓的创建

（1）创建轮廓曲线

1）单击工具栏中的草绘【 】按钮，选择 yz 平面，进入草图编辑器。

2）单击【 】按钮，绘制水平直线，如图 2-2-23 所示。

3）单击【 】按钮，通过三点创建样条曲线，三个点的坐标分别为（−36，143），（−39，75.2），（−37.2，−4.9）。

4）单击【 】按钮，通过三点创建另一侧样条曲线，三个点的坐标分别为（−14.3，143），（−4.6，75.2），（−1，−4.9）。

5）单击【 】按钮，修剪多余曲线，如图 2-2-24 所示，退出工作台。

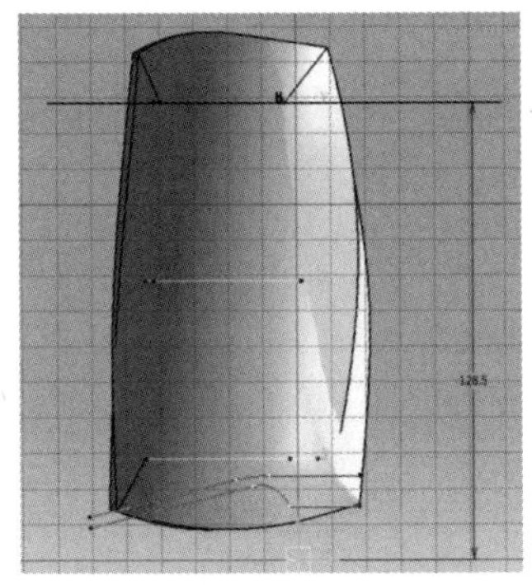

图 2-2-23　水平直线的绘制

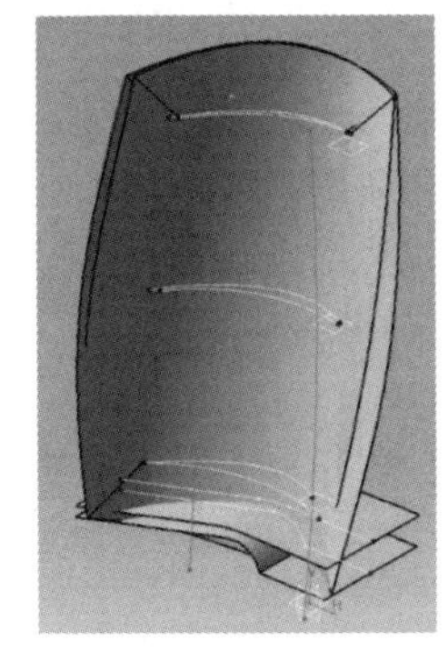

图 2-2-24　样条曲线的绘制

（2）创建叶片侧表面轮廓

1）单击【 】按钮，弹出“拉伸曲面定义”对话框，修改限制尺寸，如图 2-2-25 所示。单击【确定】，得到如图 2-2-26 所示的图形。

修剪叶片侧表面

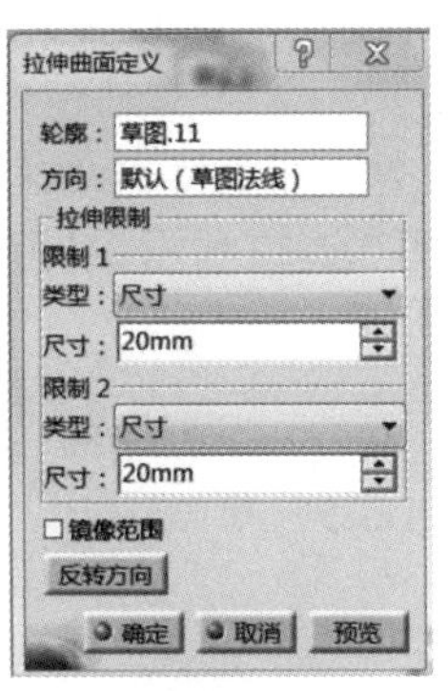

图 2-2-25　“拉伸曲面定义”对话框

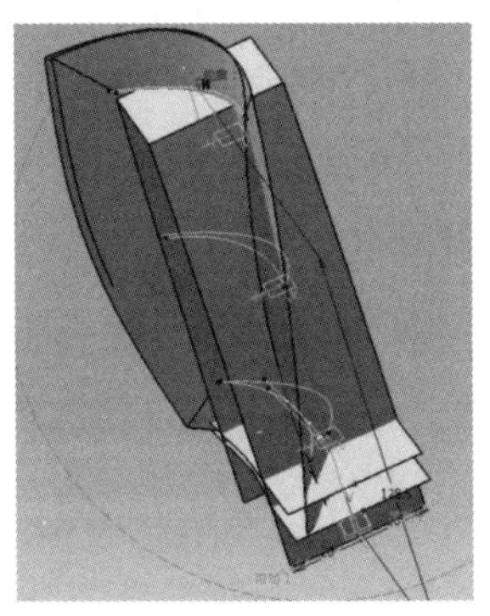

图 2-2-26　拉伸后的曲面效果

2）单击【 】按钮，选择前曲面及侧表面轮廓，如图 2-2-27 所示，单击【确定】。

3）再次单击【 】按钮，对曲面实体进行修剪，如图 2-2-28 所示，单击【确定】。

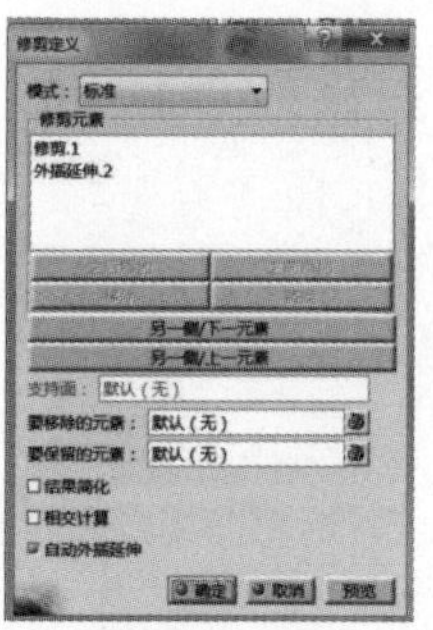

图 2-2-27　修剪前曲面及侧表面轮廓

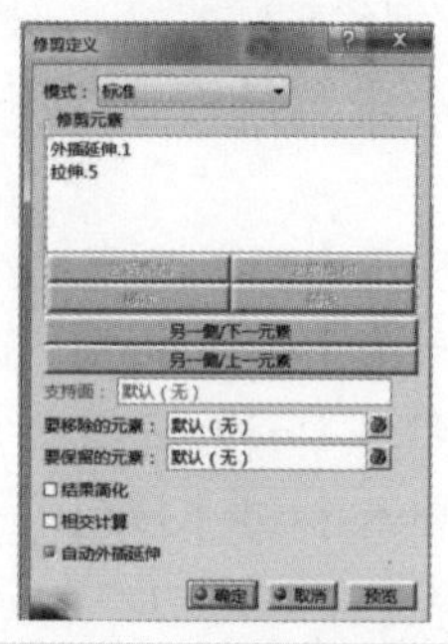

图 2-2-28　修剪曲面实体

4）单击【 】按钮，选择上分界面，如图 2-2-29 所示，单击【确定】，完成叶片曲面的创建，如图 2-2-30 所示。

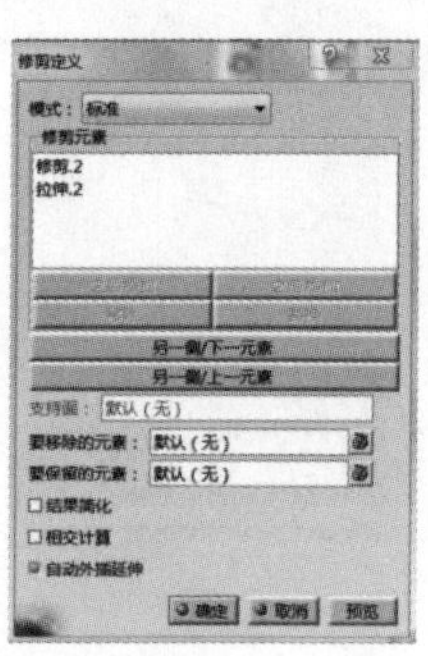

图 2-2-29　修剪上分界面

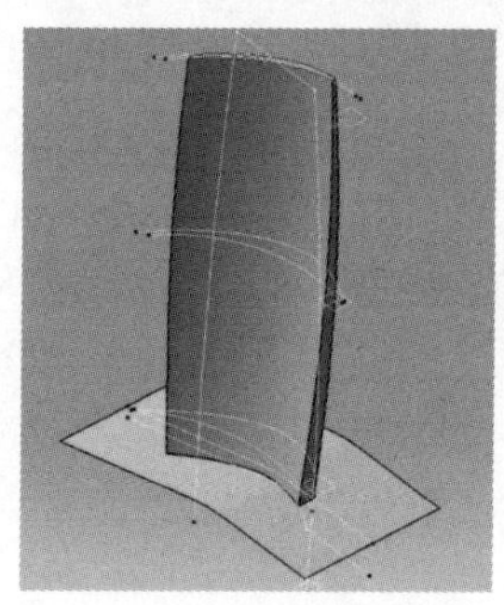

图 2-2-30　叶片曲面的创建

（3）修饰特征

曲面圆角

1）对叶片曲面进行圆角修饰，右侧表面由于轮廓厚度不一致，单击【 】按钮，圆角尺寸分别设置为 0.5mm 和 1.5mm，如图 2-2-31 所示，单击【确定】。其余侧表面，由于轮廓厚度基本一致，单击【 】按钮，圆角尺寸设置为 0.5mm，单击【确定】。

2）单击【 】按钮，选择叶片下表面边界，圆角尺寸设置为 6mm，单击【确定】，完成叶片曲面的圆角修饰，如图 2-2-32 所示。

图 2-2-31　“可变半径圆角定义”对话框

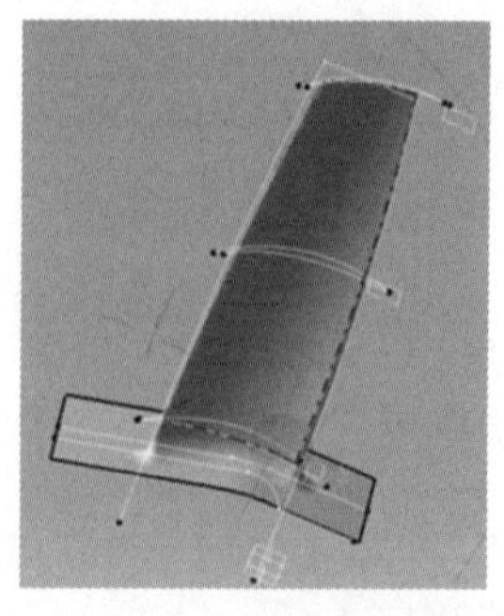

图 2-2-32　叶片曲面的圆角修饰

5. 叶片杉树形底部创建

叶片杉树形底部创建

（1）绘制杉树形底部二维草图

1）隐藏上表面图形，显示下部分曲面，单击工具栏中的草绘【 】按钮，选择 xz 平面，进入草图编辑器。

2）绘制杉树形底部草图，单击【 】按钮，并将其参照对称中心线镜像，如图 2-2-33 所示，退出工作台。单击【 】按钮，修改限制尺寸，如图 2-2-34 所示，单击【确定】，得到杉树形底部图形，如图 2-2-35 所示。

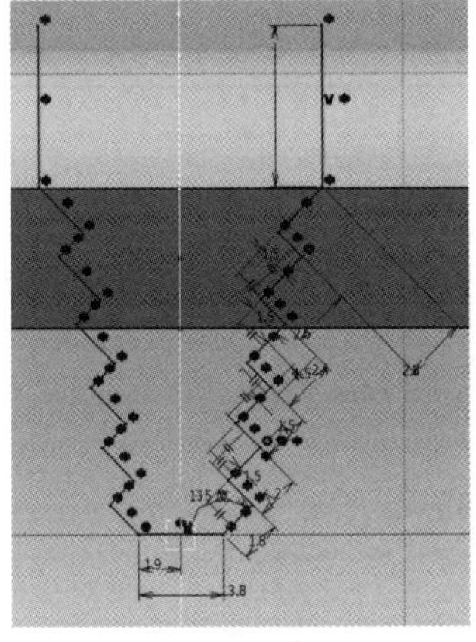

图 2-2-33　杉树形底部草图

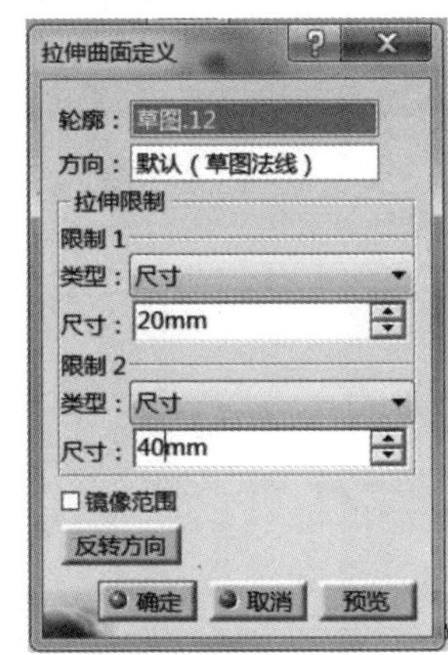

图 2-2-34　“拉伸曲面定义”对话框

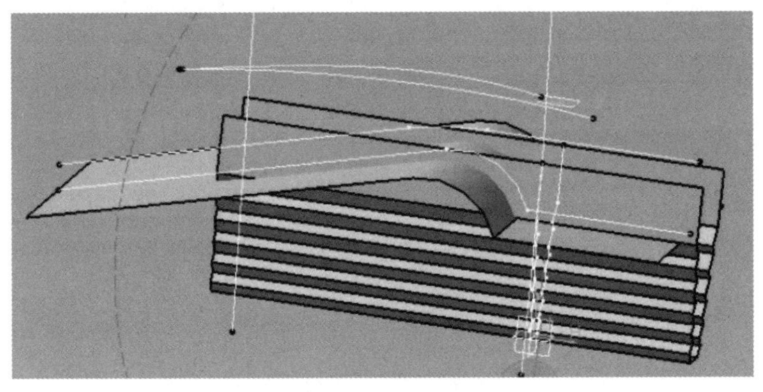

图 2-2-35　杉树形底部图形

（2）创建侧表面轮廓

1）单击工具栏中的草绘【 】按钮，选择 xz 平面，进入草图编辑器。

2）绘制侧表面轮廓草图，如图 2-2-36 所示，退出工作台。

3）单击【 】按钮，修改限制尺寸，如图 2-2-37 所示，单击【确定】，得到侧表面轮廓的拉伸实体图，如图 2-2-38 所示。

4）单击【 】按钮，修剪多余曲面，完成杉树形底部实体的创建，如图 2-2-39 所示。

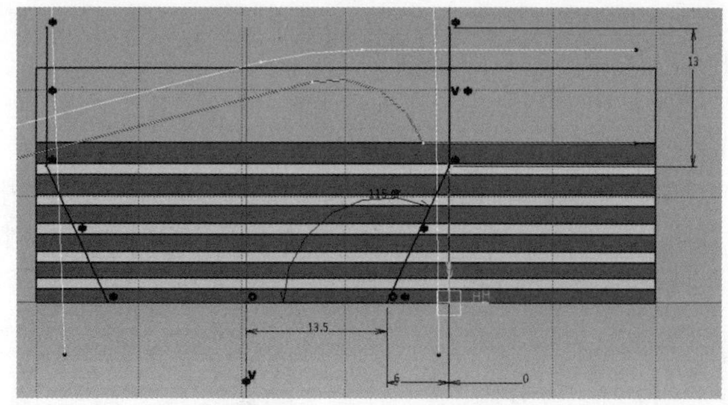

图 2-2-36　侧表面轮廓草图

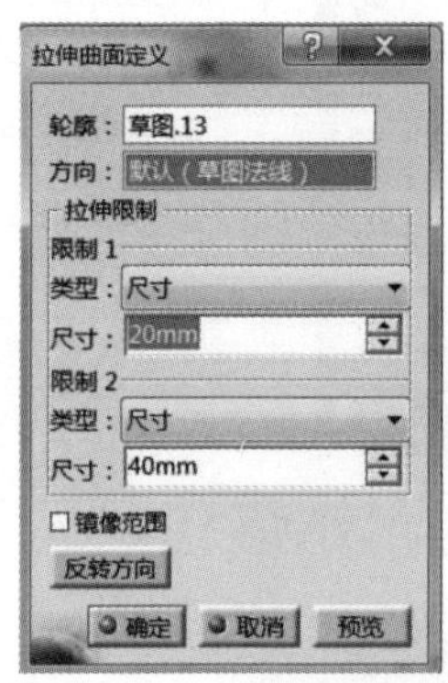

图 2-2-37　“拉抻曲面定义”对话框

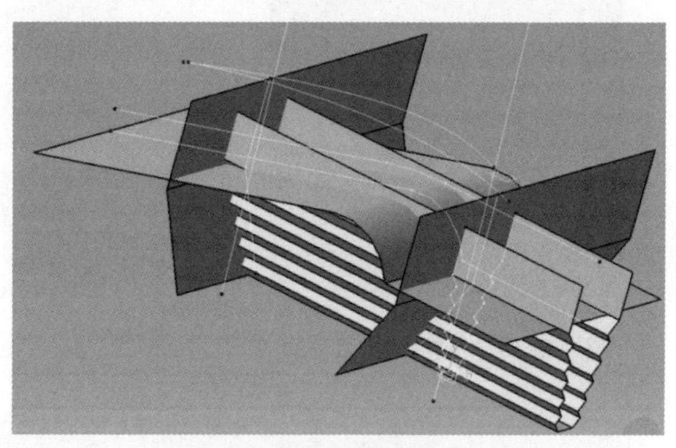

图 2-2-38　侧表面拉伸实体图

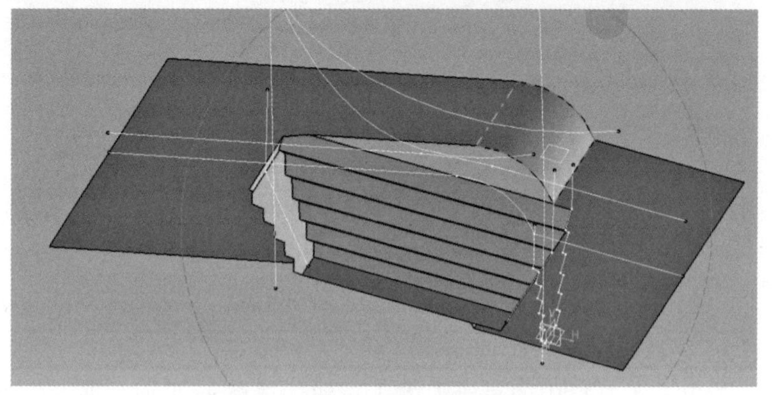

图 2-2-39　杉树形底部实体的创建

6. 叶片合成

（1）创建叶片连接部分

1）选择 xy 平面，单击【 】按钮，将平面偏移 20mm，得到新的基准平面，如图 2-2-40 所示。

2）选择新的基准平面，绘制草图，如图 2-2-41 所示，退出工作台。

3）单击【　】按钮，如图 2-2-42 所示，修改尺寸，单击【确定】。将所绘草图进行拉伸，得到拉伸后的曲面实体，如图 2-2-43 所示。

4）单击【　】按钮，修剪多余曲面，完成叶片连接部分的创建，如图 2-2-44 所示。

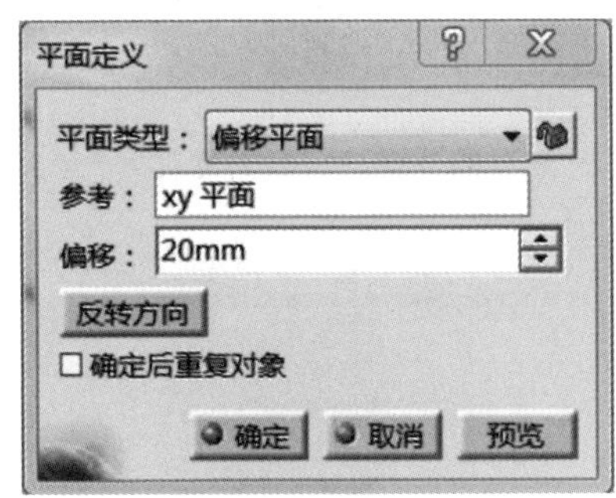

图 2-2-40 “平面定义”对话框

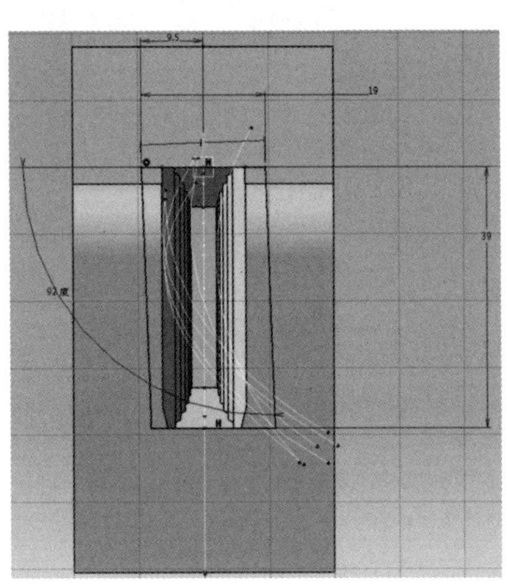

图 2-2-41 草图绘制

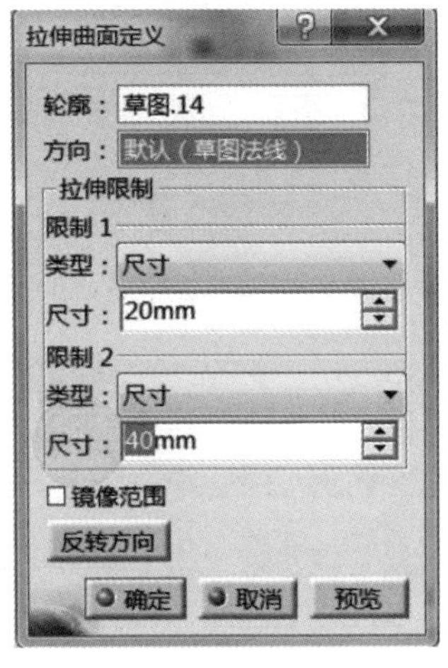

图 2-2-42 “拉伸曲面定义”对话框

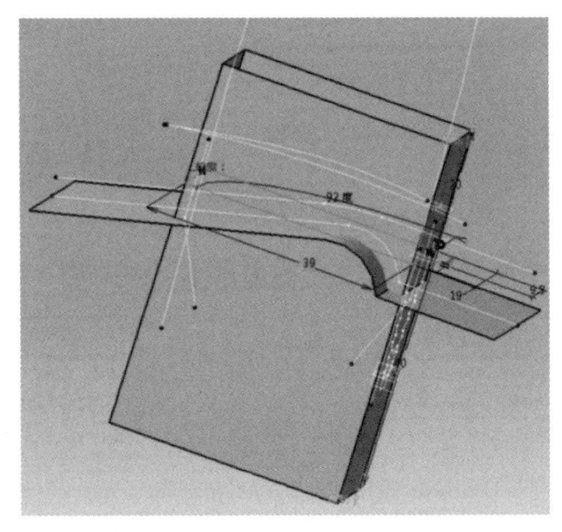

图 2-2-43 拉伸后的曲面实体

（2）修饰特征

1）特征树上显示叶片部分，再次单击【　】按钮，修剪多余曲面，完成叶片创建，如图 2-2-45 所示。

2）对叶片接缝部分进行倒圆修饰，圆角半径选择 2mm。

（3）曲面实体化　圆角处理完成后，单击开始菜单，进入机械设计中的零件设计，单击工具栏中的【　】按钮，弹出“定义封闭曲面”对话框，如图 2-2-46 所示，选择要封闭的对象，单击【确定】，完成实体的封闭，并调整颜色，如图 2-2-47 所示。

封闭曲面叶片合成

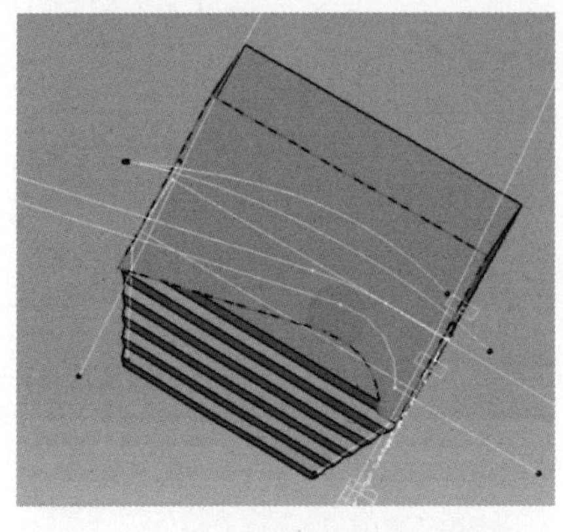

图 2-2-44　叶片连接部分的创建

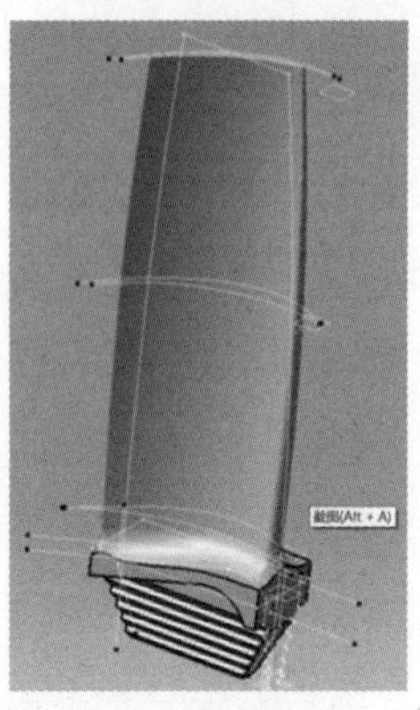

图 2-2-45　叶片实体

曲面叶片

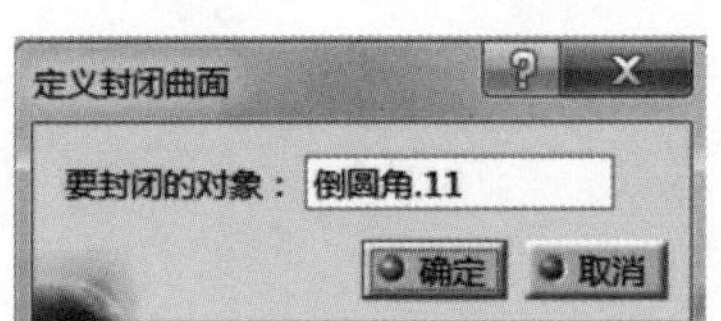
定义封闭曲面

要封闭的对象：倒圆角.11

确定　取消

图 2-2-46　“定义封闭曲面”对话框

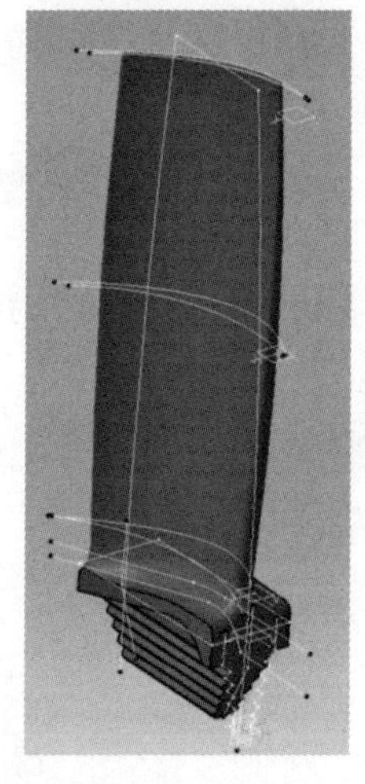

图 2-2-47　修饰后的曲面实体

任务 3　空心叶片模型创建

任务目标

1）熟练掌握二维草图的投影 3D 绘制方法。

2）学会使用旋转体、凸台、阵列等特征建模，掌握其操作步骤。

3）熟练掌握布尔运算特征的操作步骤。

4）了解部件结构特点和工作原理。

资源环境

1）CATIA V5R21。

2）云课堂。

功能介绍

1）调整气流。
2）保护发动机元件。

空心叶片案例导图如图 2-3-0 所示。

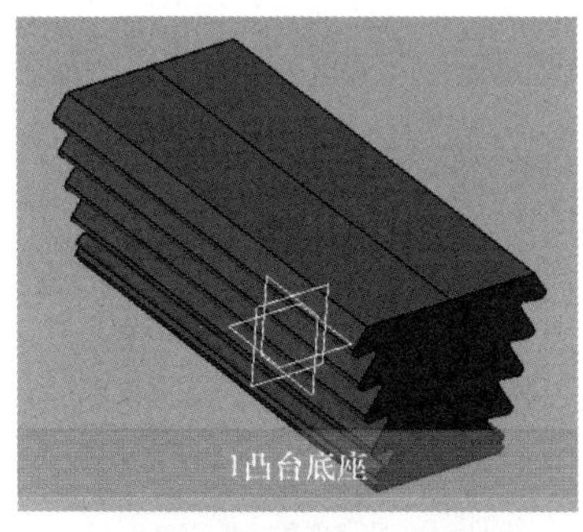
1凸台底座

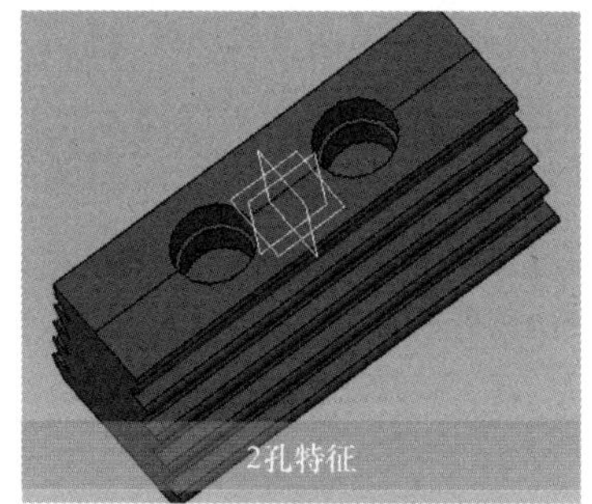
2孔特征

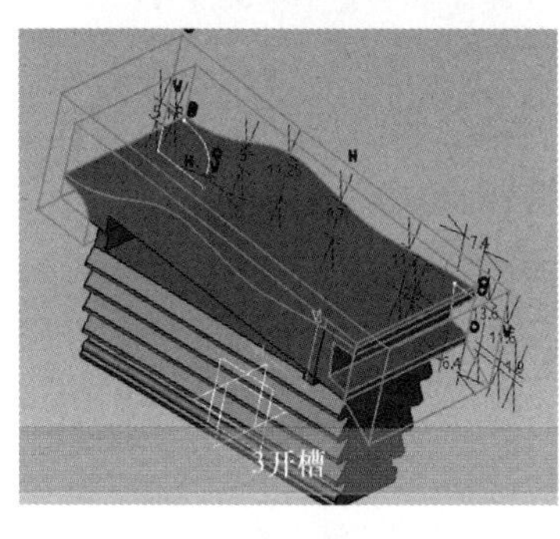
3开槽

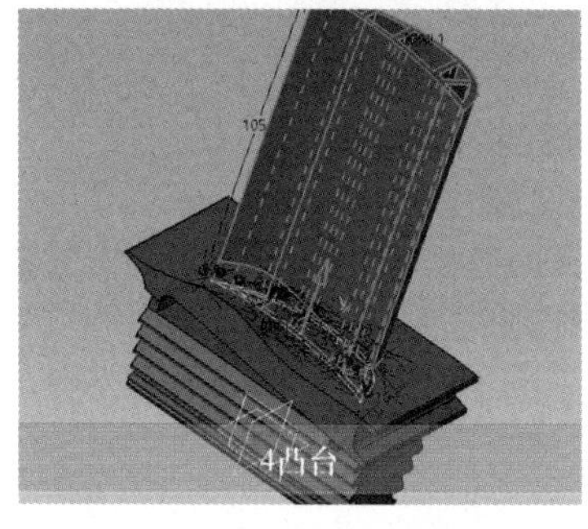
4凸台

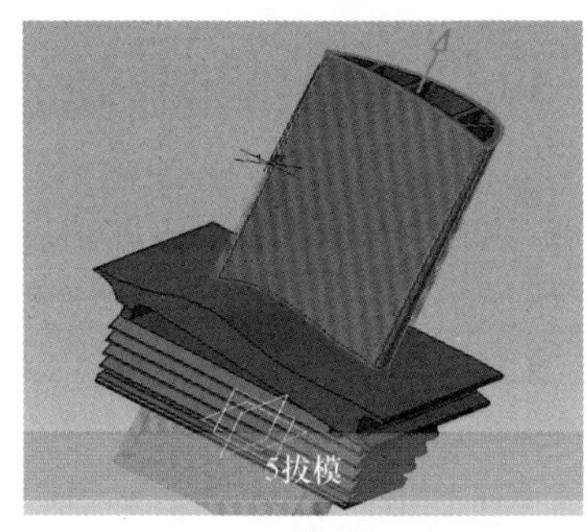
5拔模

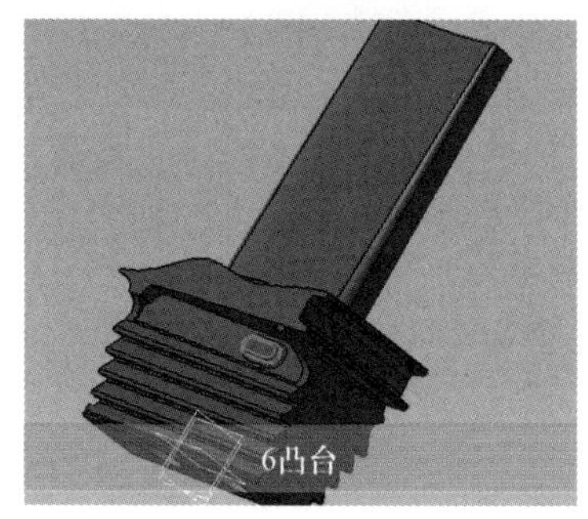
6凸台

7矩形阵列

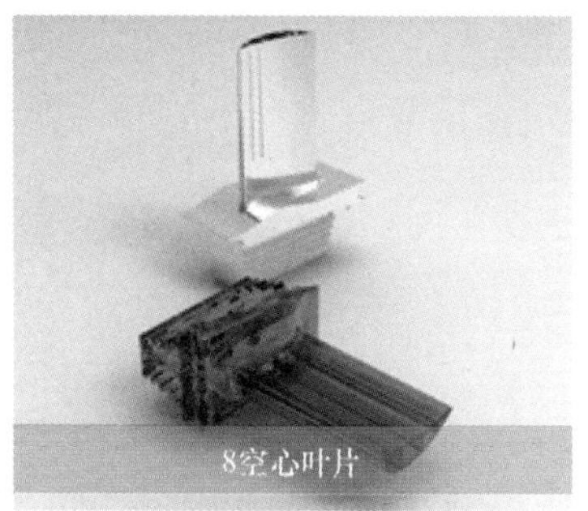
8空心叶片

图 2-3-0 空心叶片案例导图

叶片底座

1. 杉树形底座

（1）二维草图

1）单击 yz 平面后，单击“草图编辑器”工具条中的草绘【】按钮，进入草绘器。

2）使用“轮廓”工具条中的按钮，按照图 2-3-1 所示进行草图绘制。

3）单击“工作台”工具条中的退出工作台【】按钮，退出草图绘制。

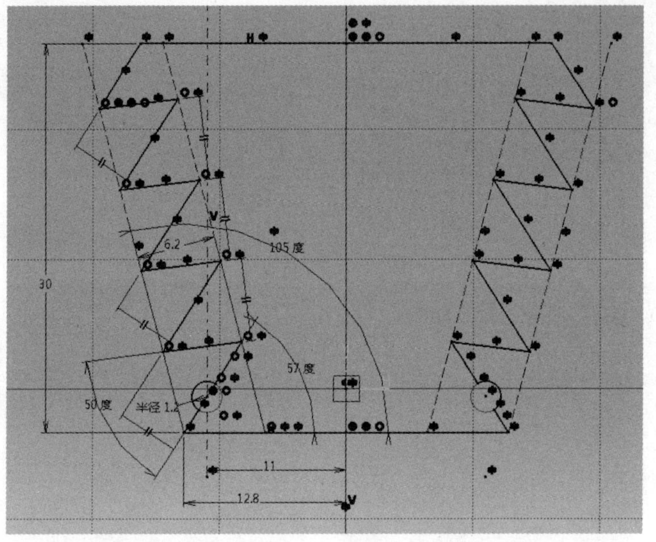

图 2-3-1　草绘图形

（2）凸台实体特征

1）单击“基于草图的特征”工具条中的凸台【】按钮，弹出“定义凸台”对话框，如图 2-3-2 所示。

2）设置“第一限制长度”为 40mm。单击【更多】，设置“第二限制长度”为 40mm。

3）单击【确定】，完成杉树形底座的创建，如图 2-3-3 所示。

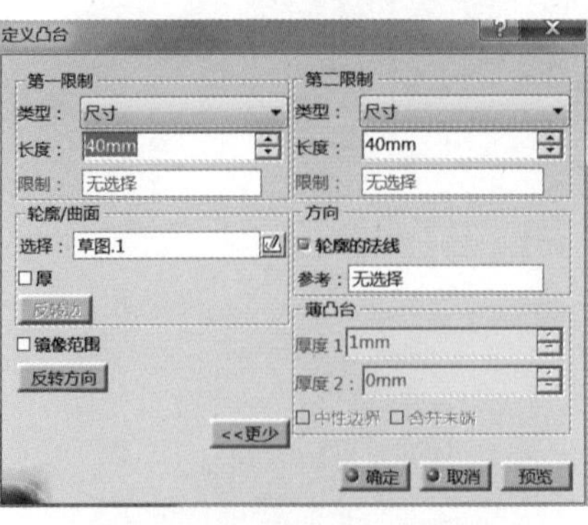

图 2-3-2　“定义凸台”对话框

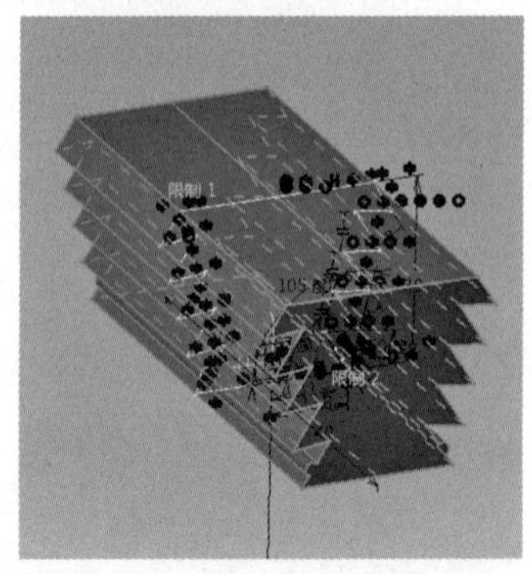

图 2-3-3　杉树形底座的创建

（3）圆角特征

1）单击“修饰”工具条中的圆角【 】按钮，弹出“倒圆角定义”对话框。

2）在对话框中“半径”输入 0.85mm，在绘图区中以图 2-3-4 所示的边线作为圆角的对象，单击【确定】，完成边线圆角 1 的创建。

3）再次单击圆角【 】按钮，在对话框中“半径”输入 0.5mm，以图 2-3-5 所示的边线作为圆角的对象，单击【确定】，完成边线圆角 2 的创建。

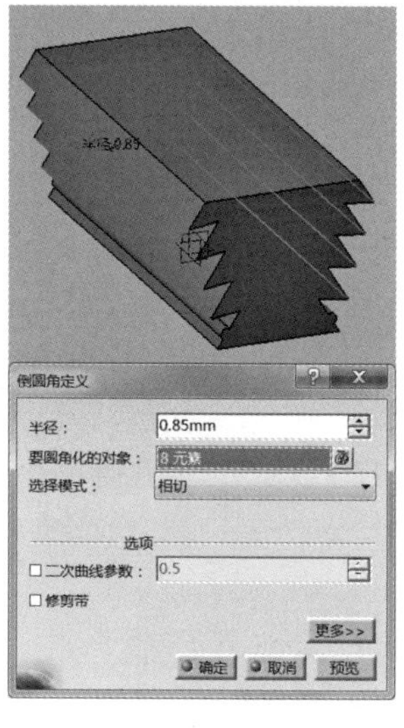

图 2-3-4 边线圆角 1

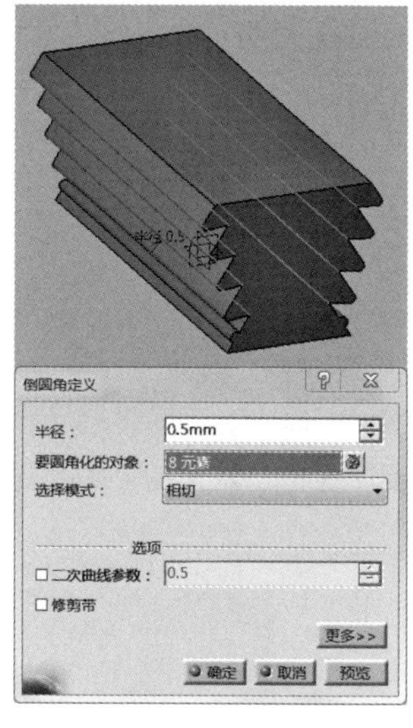

图 2-3-5 边线圆角 2

（4）倒角特征

1）单击“修饰”工具条中的倒角【 】按钮，弹出“定义倒角”对话框，如图 2-3-6 所示。

2）设置“长度 1”为 1mm，“角度”为 45deg，在绘图区中选择底座的边线作为倒角的对象。

3）单击【确定】，完成倒角的创建，如图 2-3-7 所示。

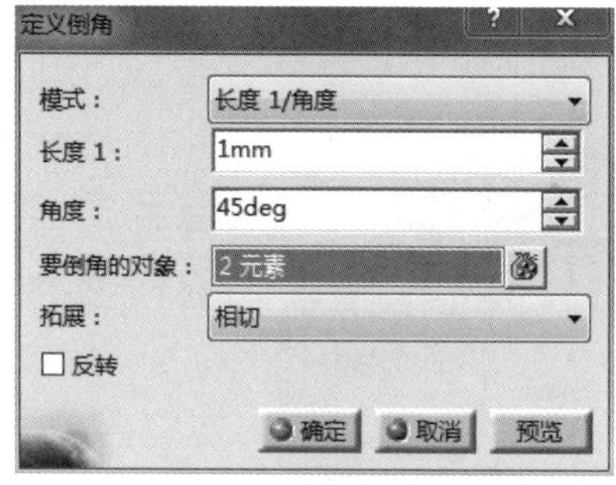

图 2-3-6 “定义倒角”对话框

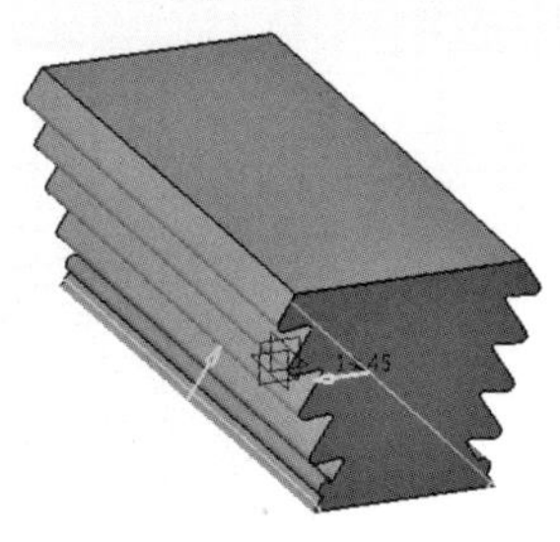

图 2-3-7 倒角的创建

（5）打孔特征

1）单击模型的下底平面，单击“基于草图的特征”工具条中的孔【 】按钮，弹出“定义孔”对话框，设置参数，如图 2-3-8 所示。

2）单击“类型”选项卡，在下拉列表中选择“沉头孔”，设置参数，如图 2-3-9 所示。

3）单击定位草图【 】按钮，设置孔的圆心位置，如图 2-3-10 所示。

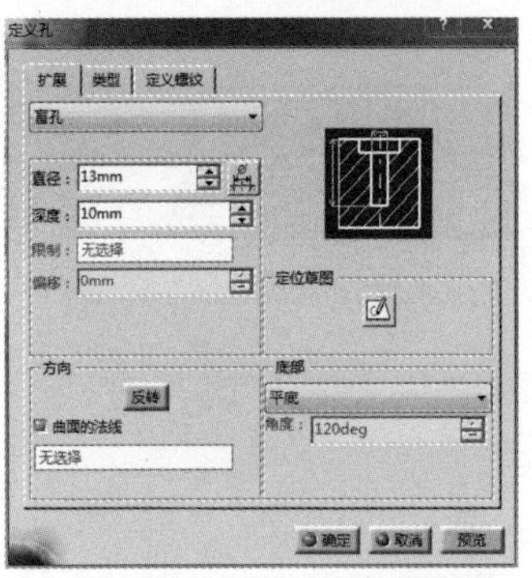

图 2-3-8　“定义孔”对话框

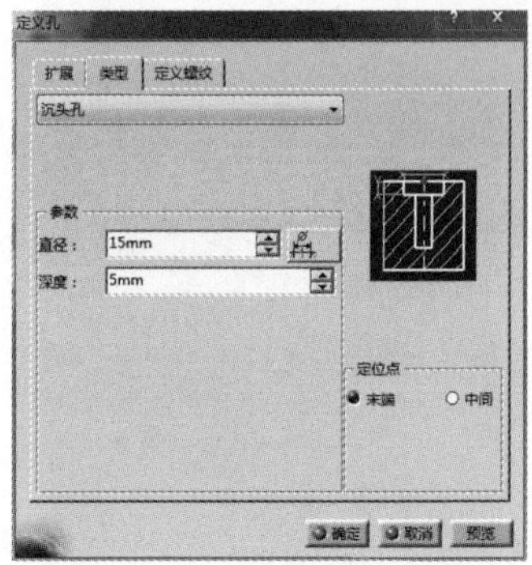

图 2-3-9　“类型”选项卡

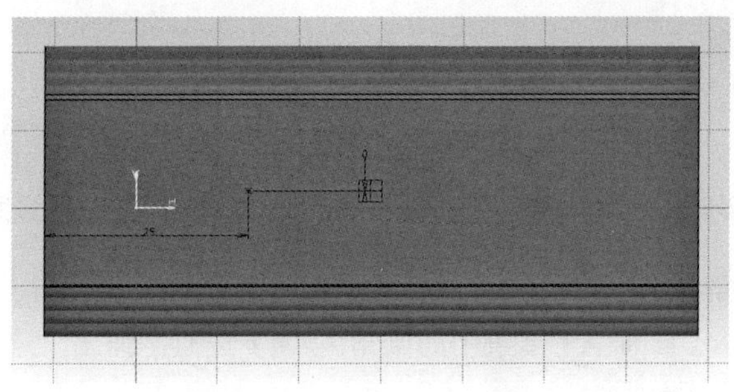

图 2-3-10　孔的圆心位置

（6）镜像特征

1）单击孔模型，单击“变换特征”工具条中的镜像【 】按钮。

2）单击 yz 平面，得到如图 2-3-11 所示的图形。

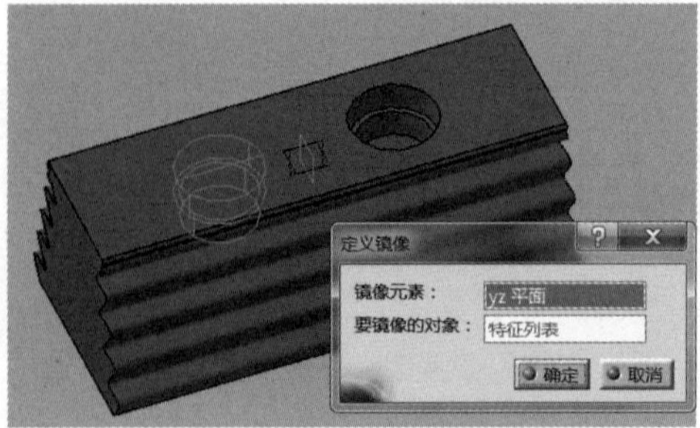

图 2-3-11　镜像孔

2. 支承结构特征（上）

叶片支撑（1）

（1）支承左侧板特征

1）单击模型左侧面，单击“基于草图的特征”工具条中的凸台【 】按钮，进入草绘器，按照图 2-3-12 所示进行草图绘制。单击“工作台”工具条中的退出工作台【 】按钮，退出草图绘制。

2）单击“基于草图的特征”工具条中的凸台【 】按钮，弹出“定义凸台”对话框，设置“第一限制长度”为 3mm，如图 2-3-13 所示，单击【确定】，完成如图 2-3-14 所示的支承左侧板的创建。

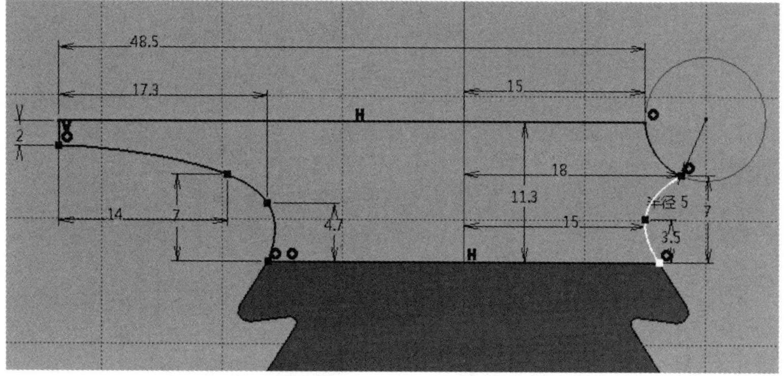

图 2-3-12　草绘图形

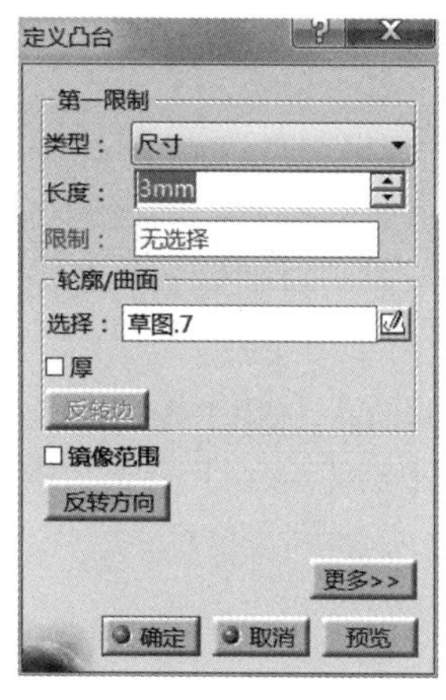

图 2-3-13　“定义凸台”对话框

图 2-3-14　支承左侧板

（2）支承右侧板特征

1）单击模型右侧面，单击“基于草图的特征”工具条中的凸台【 】按钮，进入草绘器。按照图 2-3-15 所示进行草图绘制。单击“工作台”工具条中的退出工作台【 】按钮，退出草图绘制。

2）单击“基于草图的特征”工具条中的凸台【 】按钮，弹出“定义凸台”对话框，设置“第一限制长度”为 3mm，如图 2-3-16 所示，单击【确定】，完成如图 2-3-17 所示的支承右侧板的创建。

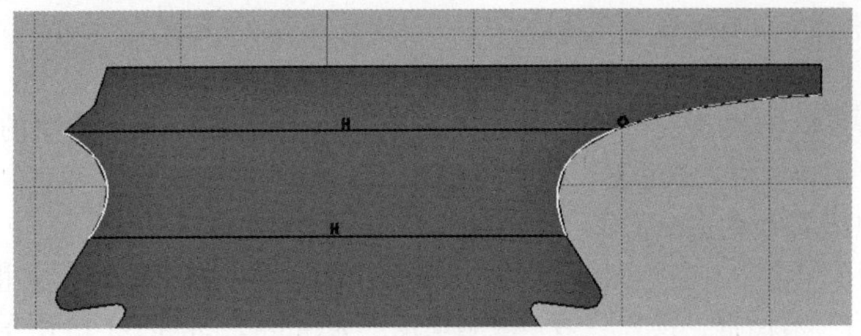

图 2-3-15　草绘图形

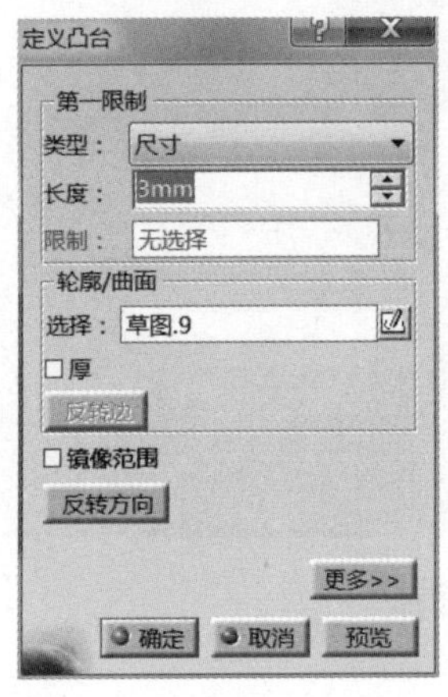

图 2-3-16　“定义凸台”对话框

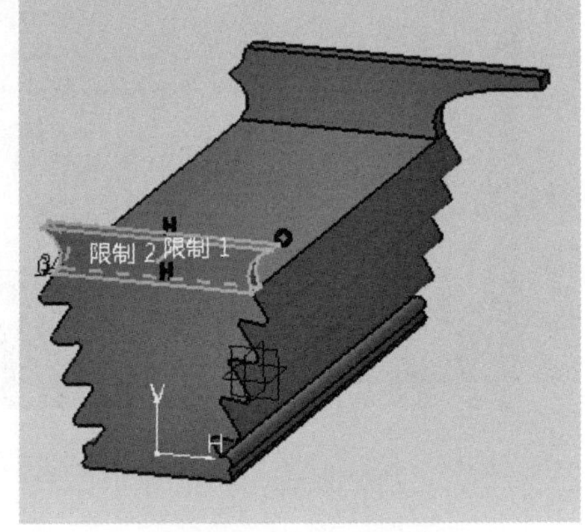

图 2-3-17　支承右侧板

（3）上表面实体特征

1）单击模型左侧上表面，单击“基于草图的特征”工具条中的凸台【 】按钮，进入草绘器。按照图 2-3-18 所示进行草图绘制。单击“工作台”工具条中的退出工作台【 】按钮，退出草图绘制。

2）单击“基于草图的特征”工具条中的凸台【 】按钮，设置“第一限制长度”为 15mm，如图 2-3-19 所示，单击【确定】完成创建。

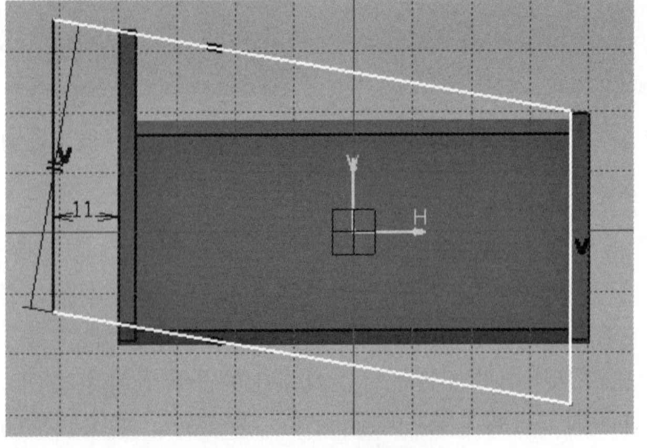

图 2-3-18　草绘图形

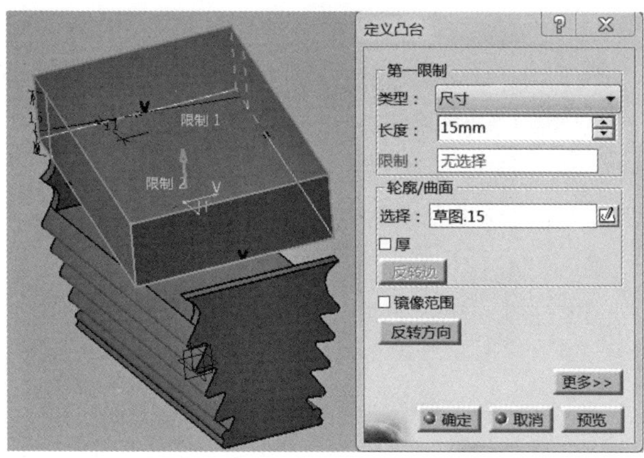

图 2-3-19 “定义凸台”对话框

（4）肋实体

1）单击模型实体前表面，单击“基于草图的特征”工具条中的凸台【 】按钮，进入草绘器。按照图 2-3-20 所示进行草图绘制。单击“工作台”工具条中的退出工作台【 】按钮，退出草图绘制。

2）单击“基于草图的特征”工具条中的肋【 】按钮，弹出“定义肋”对话框。在树模型中单击草图 16 作为轮廓，单击提取边线 8 作为中心曲线，如图 2-3-21 所示，单击【确定】，完成肋的创建。

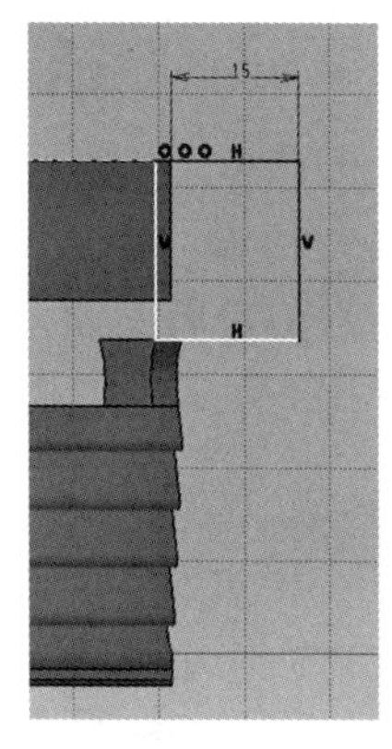

图 2-3-20　草绘图形

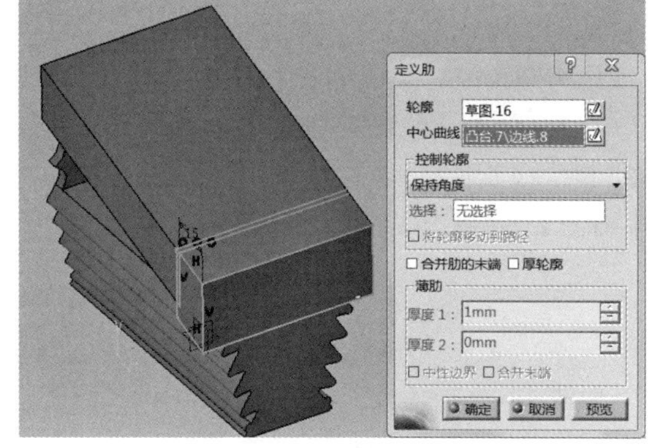

图 2-3-21　参数设置

3. 支撑结构特征（下）

（1）开槽实体特征

1）单击模型实体前表面，单击“草图编辑器”工具条中的草绘【 】按钮，进入草绘器。按照图 2-3-22 所示进行草图绘制。单击“工作台”工具条中的退出工作台【 】按钮，退出草图绘制。

2）单击“基于草图的特征”工具条中的开槽【 】按钮，弹出“定义开槽”对话框，在树模型中单击草图 17 作为轮廓，单击提取边线 9 作为中心曲线，如图 2-3-23 所示，单击【确定】，完成支承上板的创建。

叶片支撑（2）

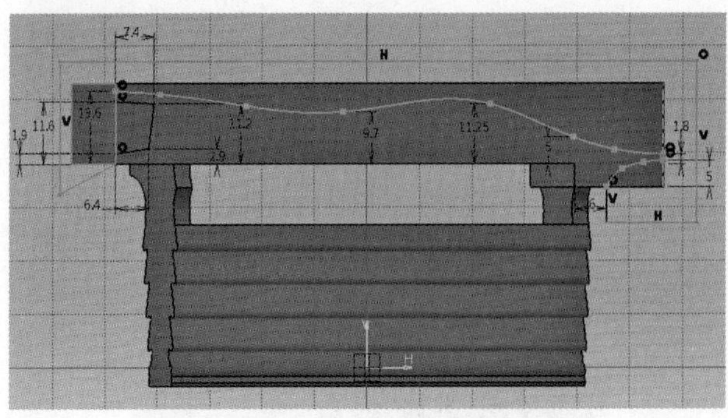

图 2-3-22　草绘图形

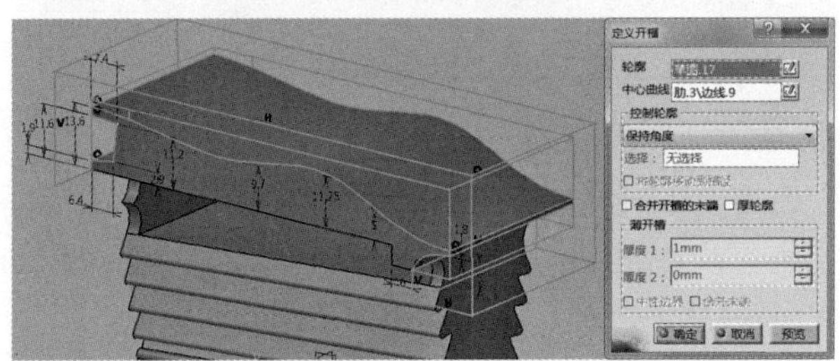

图 2-3-23　“定义开槽”对话框及实体特征

（2）圆角特征

1）单击“修饰”工具条中的圆角【 】按钮，弹出“倒圆角定义”对话框。输入“半径”值为 4mm，在绘图区中单击如图 2-3-24 所示的边线作为圆角的对象，单击【确定】，完成边线圆角 1 的创建。

2）单击“修饰”工具条中的圆角【 】按钮，输入“半径”值为 2mm，在绘图区中单击如图 2-3-25 所示的边线作为圆角的对象，单击【确定】，完成边线圆角 2 的创建。

图 2-3-24　边线圆角 1

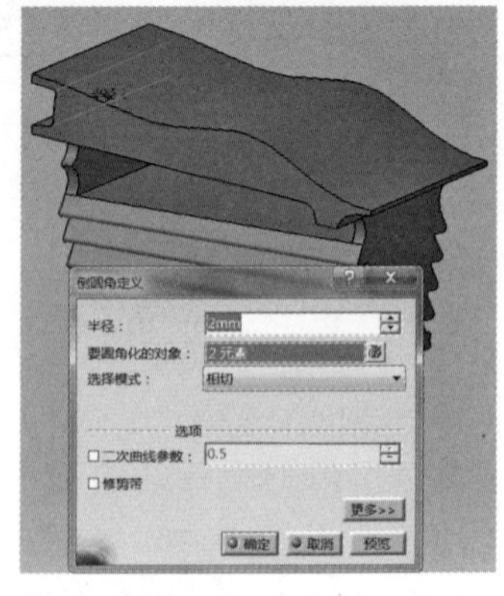

图 2-3-25　边线圆角 2

3）单击“修饰”工具条中的圆角【 】按钮，输入“半径”值为 1mm，在绘图区中单击如图 2-3-26 所示的边线作为圆角的对象，单击

【确定】，完成边线圆角 3 的创建。

4）单击“修饰”工具条中的圆角【 】按钮，输入“半径”值为 0.5mm，在绘图区中单击如图 2-3-27 所示的边线作为圆角的对象，单击【确定】，完成边线圆角 4 的创建。

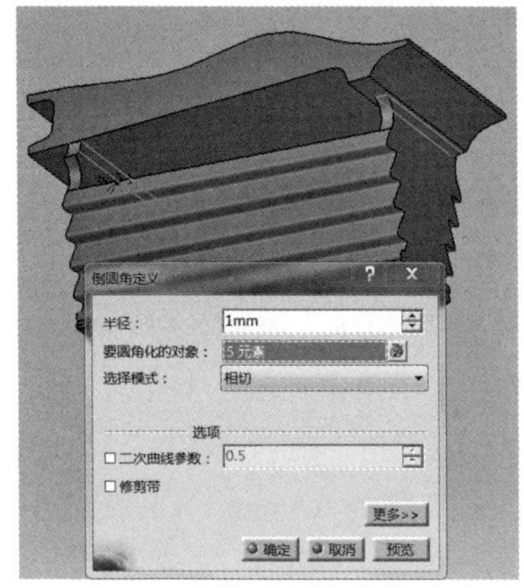

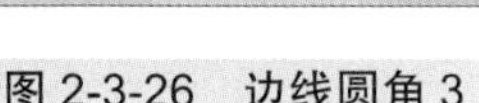
图 2-3-26　边线圆角 3

图 2-3-27　边线圆角 4

4. 叶片结构特征

（1）叶片实体特征

1）单击支承结构的下表面，单击“草图编辑器”工具条中的草绘【 】按钮，进入草绘器。

2）按照图 2-3-28 所示进行草图绘制。单击“工作台”工具条中的退出工作台【 】按钮，退出草图绘制。

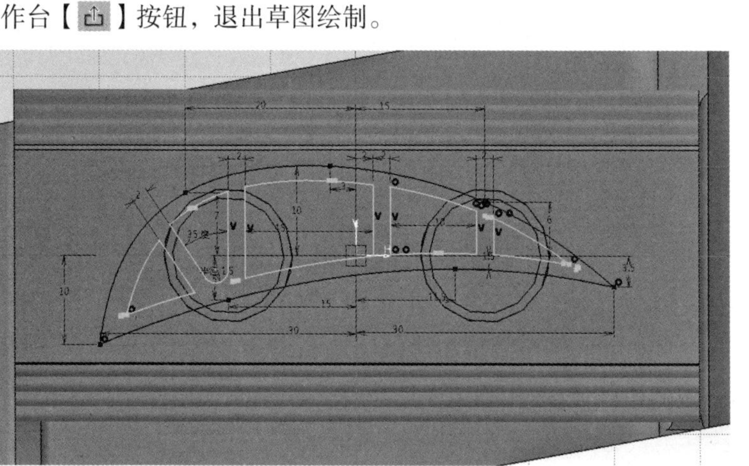

图 2-3-28　草绘图形

3）单击“基于草图的特征”工具条中的凸台【 】按钮，弹出“定义凸台”对话框，设置“第一限制长度”为 105mm。

4）在如图 2-3-29 所示的对话框中单击【确定】，完成叶片实体的创建。

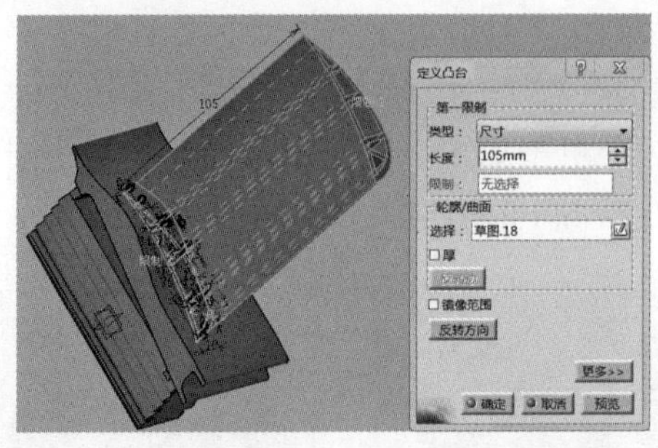

图 2-3-29 “定义凸台”对话框及叶片实体特征

（2）圆角特征

1）单击“修饰”工具条中的圆角【 】按钮，弹出“倒圆角定义”对话框。输入“半径”值为 1mm，在绘图区中单击如图 2-3-30 所示的边线作为圆角的对象，单击【确定】，完成边线圆角 1 的创建。

2）单击圆角【 】按钮，输入“半径”值为 0.5mm，在绘图区中单击如图 2-3-31 所示的边线作为圆角的对象，单击【确定】，完成边线圆角 2 的创建。

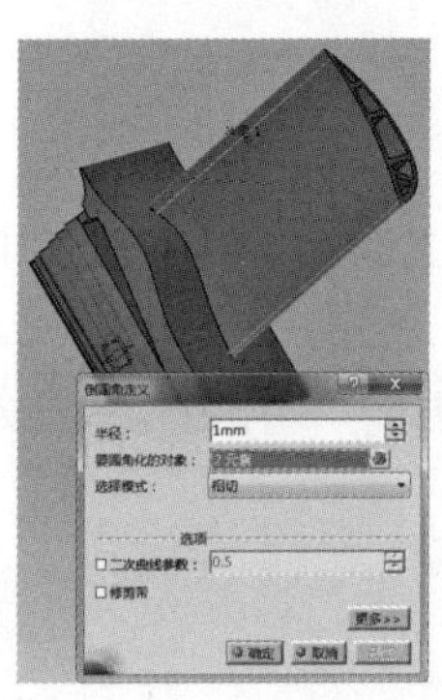

图 2-3-30 边线圆角 1

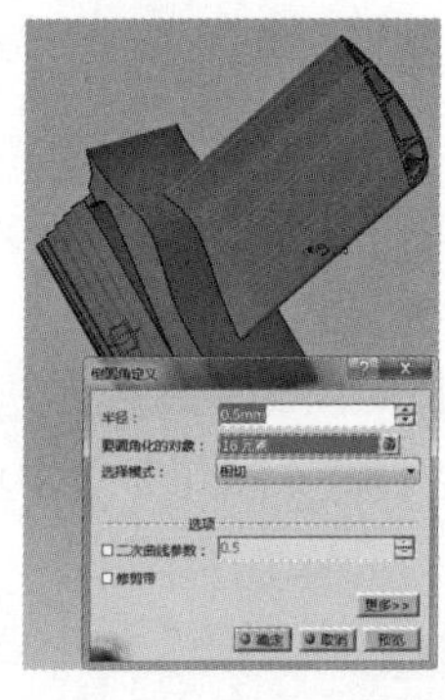

图 2-3-31 边线圆角 2

叶片拔模

（3）拔模斜度特征 单击叶片的外表面，单击“修饰”工具条中的拔模斜度【 】按钮，弹出“定义拔模”对话框。设置“角度”值为 1deg，在“中性元素”中选择上表面作为参考，单击【确定】，完成如图 2-3-32 所示的叶片拔模的创建。

图 2-3-32 “定义拔模”对话框及实体特征

（4）圆角特征

1）单击“修饰”工具条中的圆角【 】按钮，弹出“倒圆角定义”对话框。

2）输入“半径”值为 4.5mm，在绘图区中单击如图 2-3-33 所示的边线作为圆角的对象，单击【确定】，完成边线圆角的创建。

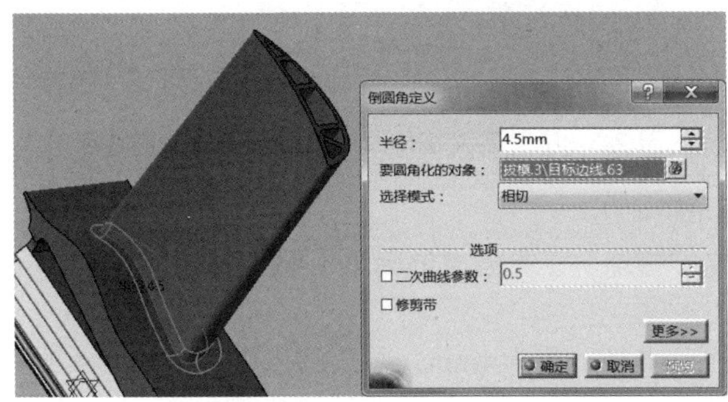

图 2-3-33　边线圆角

5. 叶片基底特征

叶片基底

（1）凸台实体特征 1

1）单击支承结构的下表面，单击“草图编辑器”工具条中的草绘【 】按钮，进入草绘器。按照图 2-3-34 所示进行草图绘制。单击“工作台”工具条中的退出工作台【 】按钮，退出草图绘制。

2）单击“基于草图的特征”工具条中的凸台【 】按钮，弹出“定义凸台”对话框，设置“第一限制类型”为面 15（支承下表面），单击【确定】，完成如图 2-3-35 所示的叶片基底的创建。

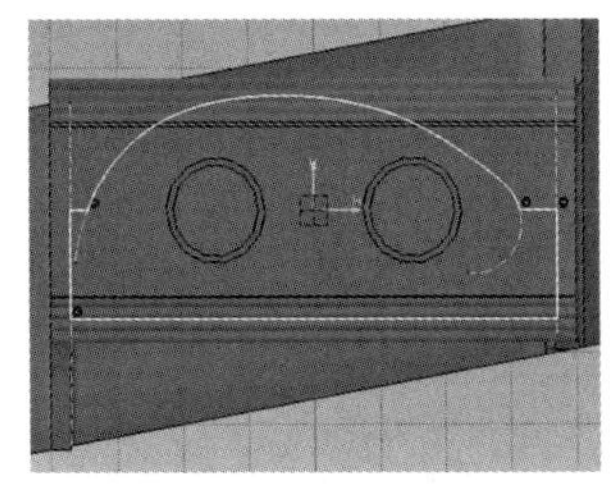

图 2-3-34　草绘图形

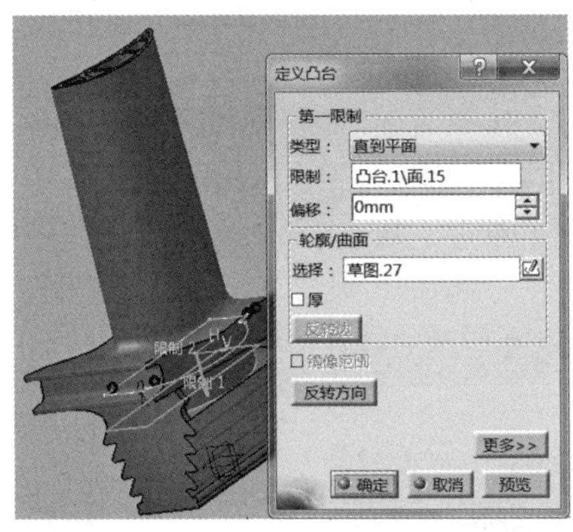

图 2-3-35　“定义凸台”对话框及叶片基底特征

（2）拔模斜度特征　单击叶片基底的外表面，单击“修饰”工具条中的拔模斜度【 】按钮，弹出“定义拔模”对话框。设置“角度”值为 5deg，在“中性元素”中选择上表面作为参考，单击【确定】，完成如图 2-3-36 所示的叶片基底拔模的创建。

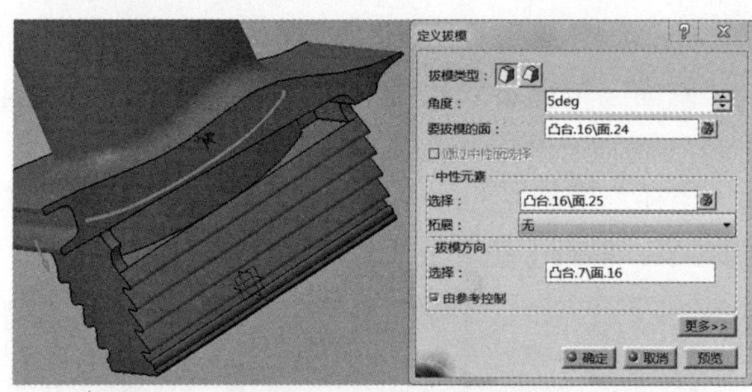

图 2-3-36 “定义拔模”对话框及拔模斜度特征

（3）圆角特征 1

1）单击“修饰”工具条中的圆角【 】按钮，弹出“倒圆角定义”对话框。

2）输入“半径”值为 1mm，在绘图区中单击如图 2-3-37 所示的边线作为圆角的对象，单击【确定】，完成边线圆角 1 的创建。

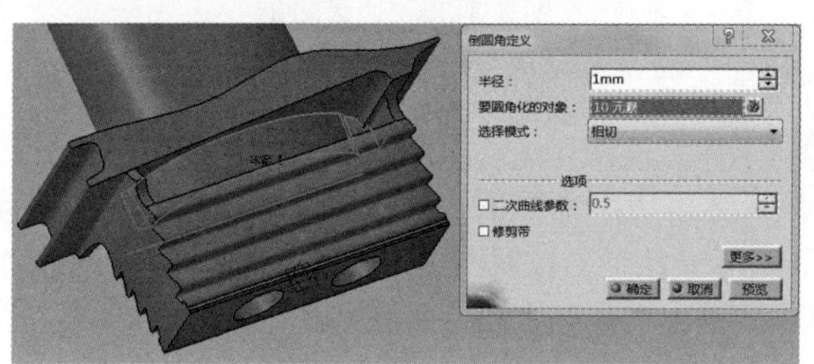

图 2-3-37 边线圆角 1

（4）凸台实体特征 2

1）单击叶片基底的前表面，单击“草图编辑器”工具条中的草绘【 】按钮，进入草绘器。

2）按照图 2-3-38 所示进行草图绘制，单击“工作台”工具条中的退出工作台【 】按钮，退出草图绘制。

3）单击“基于草图的特征”工具条中的凸台【 】按钮，弹出“定义凸台”对话框，设置“第一限制长度”为 3mm，单击【确定】，完成如图 2-3-39 所示的叶片基底凸起的创建。

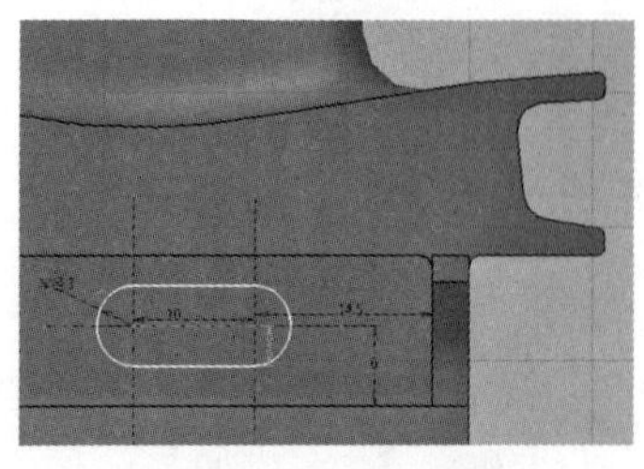

图 2-3-38 草绘图形

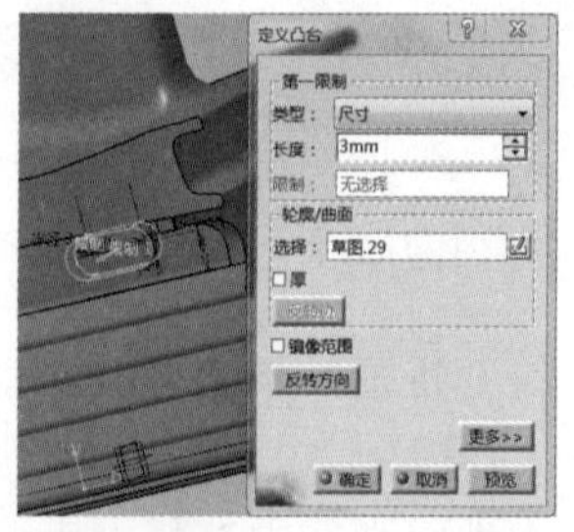

图 2-3-39 “定义凸台”对话框及叶片基底凸起特征

（5）圆角特征 2

1）单击“修饰”工具条中圆角【 】按钮，弹出“倒圆角定义”对话框。

2）输入“半径”值为 1mm，在绘图区中单击如图 2-3-40 所示的边线作为圆角的对象，单击【确定】，完成边线圆角 2 的创建。

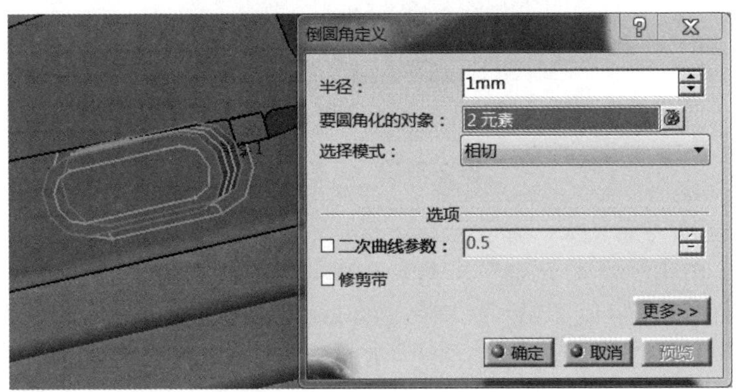

图 2-3-40 边线圆角 2

6. 导流孔特征

（1）参考平面

1）单击“参考元素”工具条中的基准平面【 】按钮，弹出“平面定义”对话框。

2）输入“偏移”值为 3mm，在绘图区中单击如图 2-3-41 所示的平面作为偏移参考的对象，单击【确定】，完成参考平面 13 的创建。

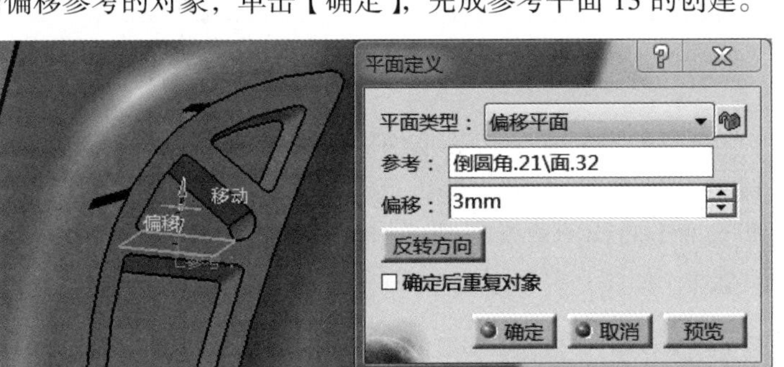

图 2-3-41 参考平面 13 的创建

（2）投影曲线

1）单击偏移的基准平面，单击“草图编辑器”工具条中的草绘【 】按钮，进入草绘器。

2）使用拾取投影 3D 轮廓边线【 】命令，在绘图区中单击叶片的外表面，获得如图 2-3-42 所示的投影曲线。

3）单击“工作台”工具条中的退出工作台【 】按钮，退出草图绘制。

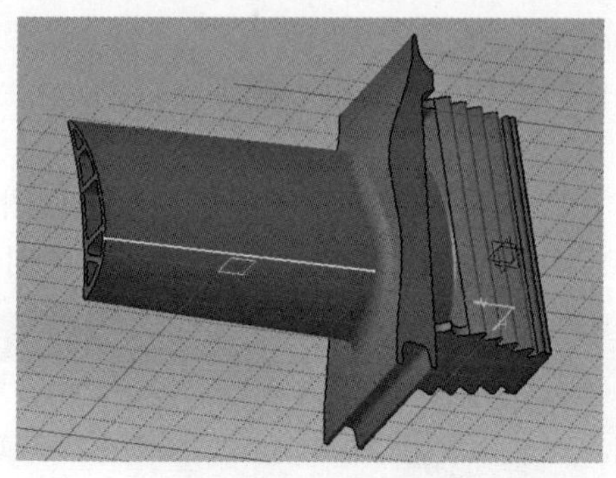

图 2-3-42 投影曲线

（3）参考点、线、面

1）单击“参考元素”工具条中的点【 】按钮，点击第（2）步的投影曲线，距顶部的“长度”为4mm，如图2-3-43所示。再次点击第（2）步的投影曲线，距顶部的“长度”为80mm，如图2-3-44所示。

图 2-3-43 参考点 15

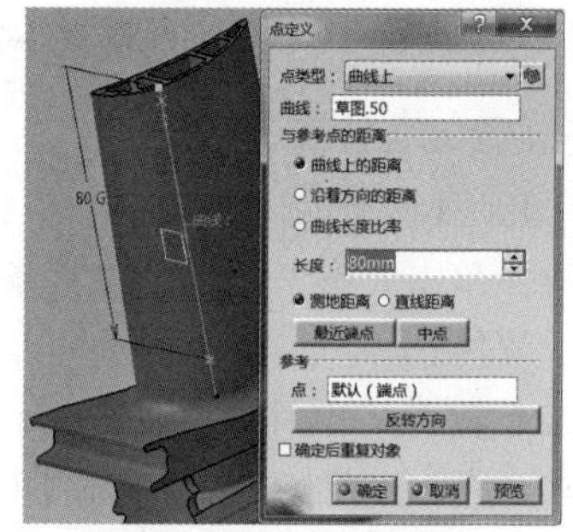

图 2-3-44 参考点 16

2）单击“参考元素”工具条中的直线【 】按钮，顺次连接两个点，完成参考直线7，如图2-3-45所示。再次单击直线【 】按钮，选择“线型”为【曲线的切线】，顺次单击上表面轮廓曲线以及顶点2，创建参考直线8，如图2-3-46所示，两线正交。

图 2-3-45 参考直线 7

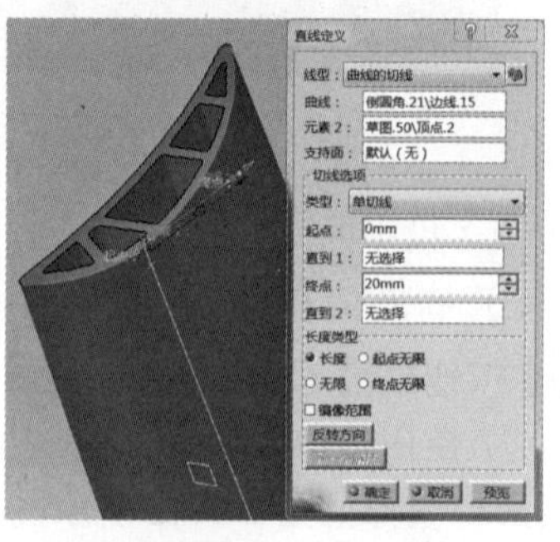

图 2-3-46 参考直线 8

3）单击“参考元素”工具条中的基准平面【 】按钮，弹出“平面定义”对话框，“平面类型”选择【通过两条直线】，顺次单击参考直线 7、8，生成参考平面 14，如图 2-3-47 所示。再次单击参考平面【 】按钮，输入“偏移”值为 −2mm，在绘图区中单击参考平面 14 作为偏移参考的对象，单击【确定】，生成参考平面 15，如图 2-3-48 所示。

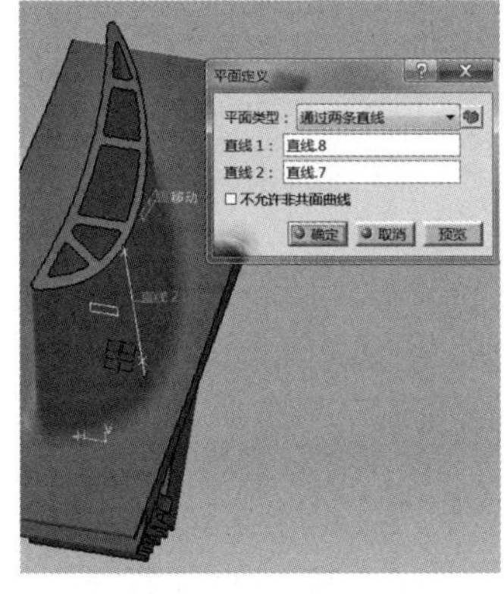

图 2-3-47　参考平面 14

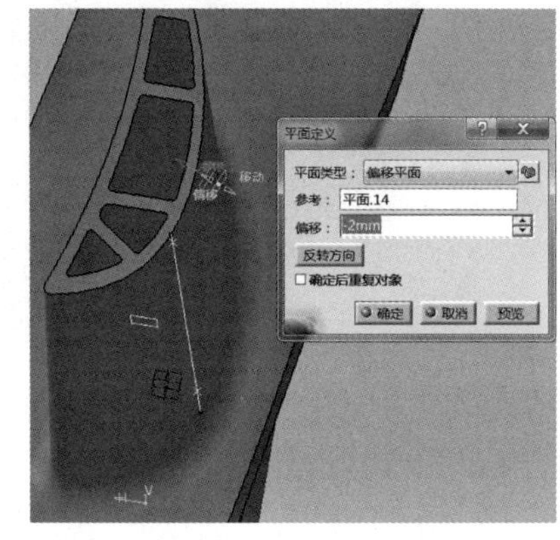

图 2-3-48　参考平面 15

（4）凹槽实体特征

1）单击参考平面 15，单击“草图编辑器”工具条中的草绘【 】按钮，进入草绘器。按照图 2-3-49 所示进行草图绘制，使其圆心的位置与参考点 15 相合。单击“工作台”工具条中的退出工作台【 】按钮，退出草图绘制。

2）单击“基于草图的特征”工具条中的凹槽【 】按钮，弹出“定义凹槽”对话框，设置“第一限制深度”为 6mm，单击【确定】，完成如图 2-3-50 所示的导流孔的创建。

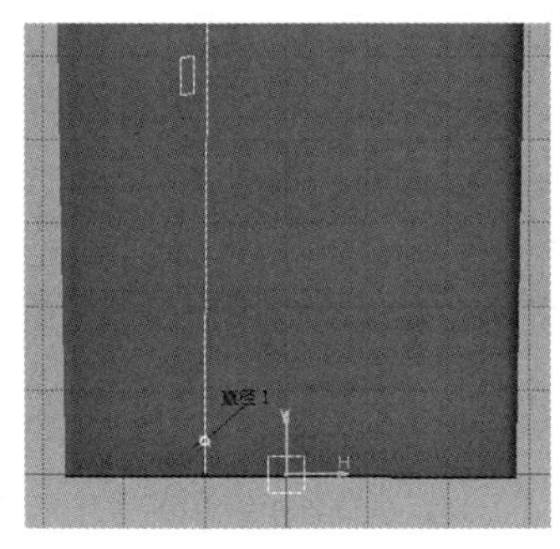

图 2-3-49　草绘图形

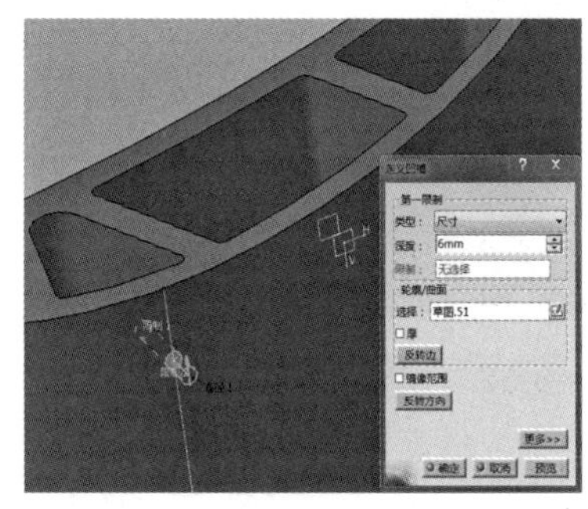

图 2-3-50　“定义凹槽”对话框及实体

（5）阵列特征　单击第（4）步创建的凹槽，单击“变换特征”工具条中的定义矩形阵列【 】按钮，“参考元素”选取直线 7 作为阵列方向，“参数”选择【实例和间距】，输入“实例”为 35，输入“间距”为 2.2mm，得到如图 2-3-51 所示的图形。

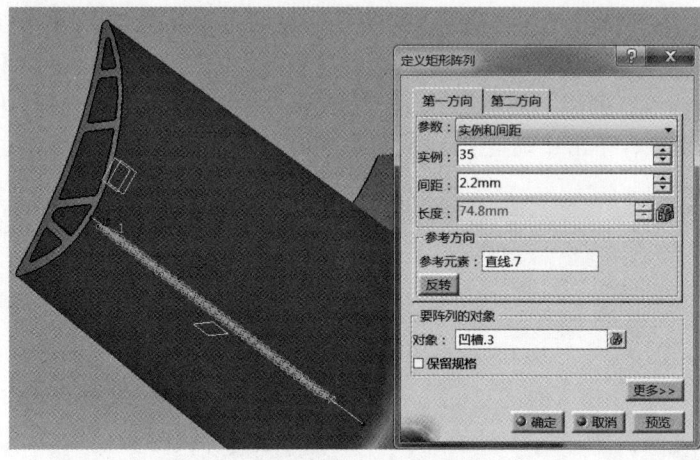

图 2-3-51　阵列凹槽

（6）其他导流孔

1）用相同的方式创建第二排导流孔，单击“基于草图的特征”工具条中的凹槽【 】按钮，设置“第一限制深度”为 6mm，单击【确定】，完成如图 2-3-52 所示的导流孔的创建。

2）单击凹槽，单击“变换特征”工具条中的定义矩形阵列【 】按钮，“参考元素”选取直线 9 作为阵列方向，“参数”选择【实例和间距】，输入“实例”为 20，输入“间距”为 2.2mm，得到如图 2-3-53 所示的图形。

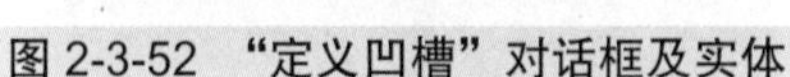
图 2-3-52　“定义凹槽”对话框及实体

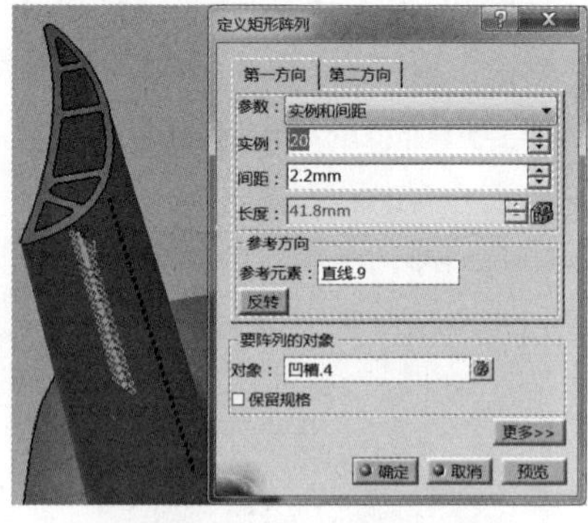

图 2-3-53　阵列凹槽

3）用相同的方式创建内部导流孔，单击“基于草图的特征”工具条中的凹槽【 】按钮，设置“第一限制深度”为 11mm，单击【确定】，完成如图 2-3-54 所示的导流孔的创建。

4）单击凹槽，单击“变换特征”工具条中的定义矩形阵列【 】按钮，“参考元素”选取直线 11 作为阵列方向，“参数”选择【实例和间距】，输入“实例”为 30，输入“间距”为 2.2mm，得到如图 2-3-55 所示的图形。

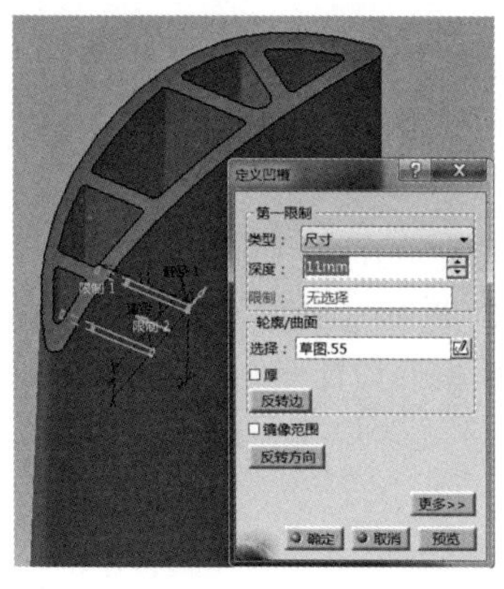

图 2-3-54　“定义凹槽”对话框及实体

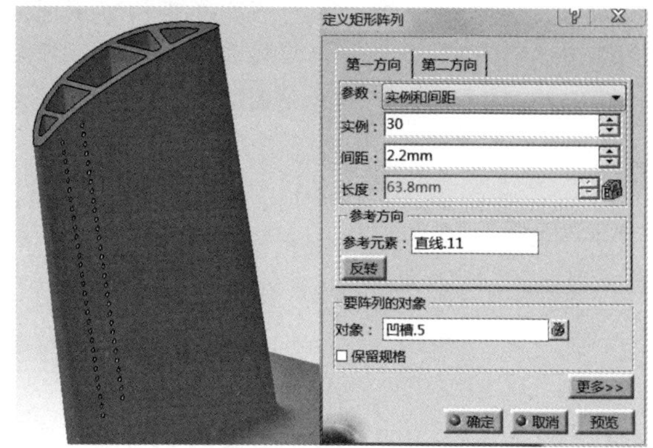

图 2-3-55　阵列凹槽

空心叶片

知识测试与能力训练

1. 单选题

（1）在编辑样条曲线时，最多可以新插入（　　　　）个控制点。

A. 0　　B. 1　　C. 2　　D. 无限制

（2）使用（　　　　）命令可以旋转模型。

A.　　B.　　C.　　D.

（3）（　　　　）几何约束相当于应用草图工具面板中的“镜像”工具。

A. 相等　　B. 共线　　C. 镜像　　D. 对称

（4）创建扫描特征的基本步骤是（　　　　）。

A. 扫描轨迹定义→截面定义

B. 第一条轨迹定义→第二条轨迹定义→截面定义

C. 扫描轨迹定义→第一截面→第二截面

D. 截面定义→扫描轨迹定义

（5）（　　　　）不能作为镜像平面。

A. 工作平面　　B. 模型平面

C. 原始坐标系工作平面　　D. 曲面平面

（6）两个曲面之间必须满足（　　　　），才能进行倒角或倒圆角。

A. 曲面必须在同一平面上

B. 曲面必须邻近并重叠

C. 曲面必须邻近并可能有间隙

D. 曲面必须邻近并有共同的边界

（7）用曲面分割零件必须具备的条件是（　　　　）。

A. 曲面必须是半透明的

B. 曲面必须是构造曲面
C. 曲面必须触及或延伸超过零件的外表面
D. 曲面必须包含在零件外表面的内部

2. 多选题

（1）（　　　　）属于基准曲线的建立方式。

A. 开放轨迹　B. 草绘　C. 投影　D. 两次投影

（2）在可变截面扫描特征中，截面按照设计意图变化，能实现的有（　　　　）。

A. 不顺应轨迹扫描
B. 截面受 X 向量轨迹影响
C. 使用关系式搭配 trajpar 参数控制截面参数变化
D. 使用关系搭配基准图形控制截面参数变化

3. 实体建模

（1）根据图 2-4-1，完成三维实体模型的创建。

压力弹簧

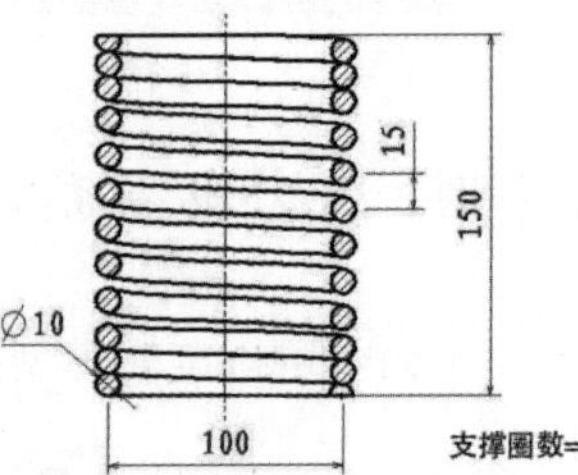

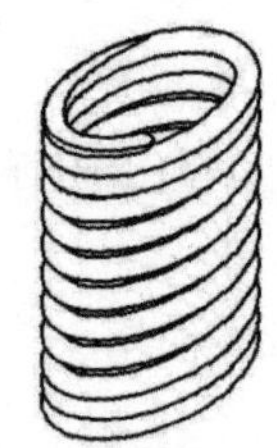

图 2-4-1　建模练习（1）

（2）根据图 2-4-2，完成三维实体模型的创建。

扭力弹簧

图 2-4-2　建模练习（2）

（3）根据图 2-4-3，完成三维实体模型的创建。

叶片

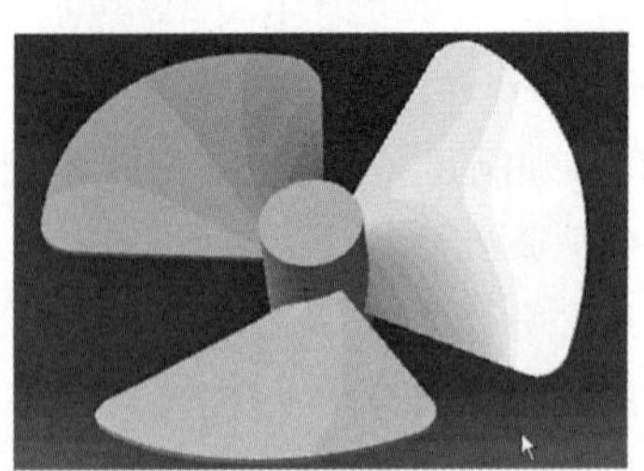

图 2-4-3　建模练习（3）

项目3

燃烧室火焰筒整体设计

图 3-0-1　航空发动机火焰筒

火焰筒是航空发动机燃烧室的主要构件，由涡流器和火焰筒筒体等部分组成。它是航空发动机中局部温度最高的部件，如图 3-0-1 所示。

燃烧室三维动画

知识目标

1）掌握混合设计的理念。
2）掌握曲面建模的操作步骤。
3）熟练运用线框、曲面、修饰等特征。

技能目标

1）能够运用混合设计的理念完成典型零件的建模。
2）能够通过参数优化构建高质量的曲面。
3）能够运用 CATIA 软件辅助进行复杂曲面零部件的设计。

项目导学

素养目标

1）培养精益求精、一丝不苟的工作态度。
2）培养创新设计的思维意识。
3）培养团队意识与精神。

行业拓展园地

航空发动机的燃烧室位于压气机和涡轮之间，燃烧室为燃料与高压气体混合燃烧提供了场所。20 世纪 80 年代初，针对加力燃烧室内部气流紊乱、稳定性差的问题，中国科学家高歌设计出了沙丘驻涡火焰稳定器，解决了困扰世界空气动力学百年之久的“漩涡旋转特性”问题。沙丘驻涡火焰稳定器在涡扇 -10 系列航空发动机中成功应用，该系列航空发动机装备在歼 -10C、歼 -16 以及歼 -20 这三款中国空军主力机型中，助力“空军三剑客”翱翔蓝天。

任务1　草绘火焰筒

任务目标

1）熟练掌握草图绘制操作。
2）掌握线框和曲面设计中的命令与操作。
3）理解线框创建时的混合式设计理念。

资源环境

1）CATIA V5R21。
2）云课堂。

功能介绍

1）燃料燃烧场所。
2）提供高温高压气体，推动涡轮做功。

火焰筒模型导图如图 3-1-0 所示。

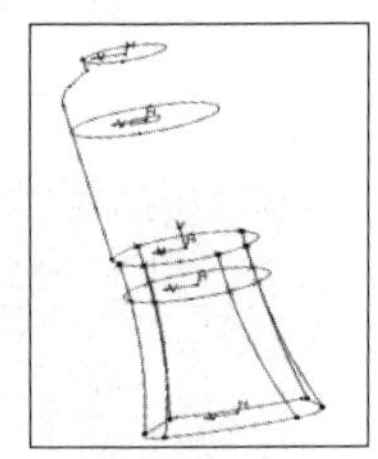

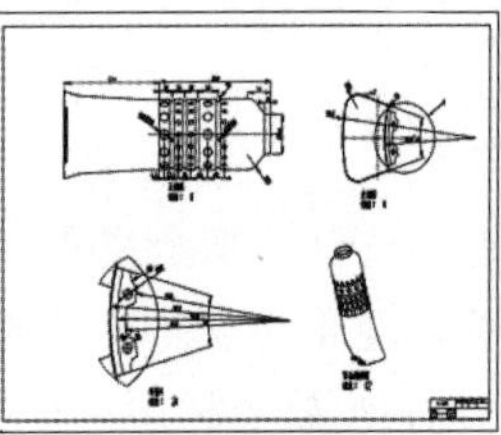
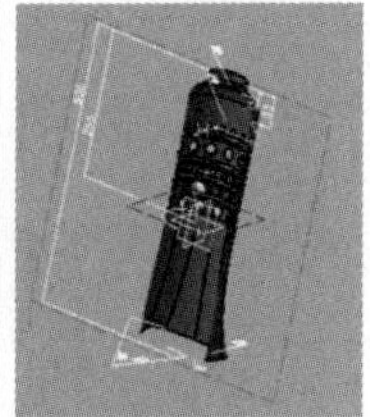

01 线框构建	02 曲面设计	03 实体设计	04 工程图	05 三维标注
草图绘制	多截面曲面	厚曲面	工程图绘图设置	三维标注截面
线框绘制	旋转曲面	凹槽与阵列特征	视图创建	标注平面创建
	接合曲面	几何体构建与布尔运算	尺寸标注	尺寸标注

图 3-1-0　火焰筒模型导图

1. 截面轮廓

1）启动 CATIA 软件，单击“开始”菜单，在下拉菜单中选择“机械设计”模组里的草图编辑器【 】按钮，进入草绘界面，新建零件并命名，如图 3-1-1 所示

2）选择 xy 平面作为绘图平面，绘制草图 1，如图 3-1-2 所示。

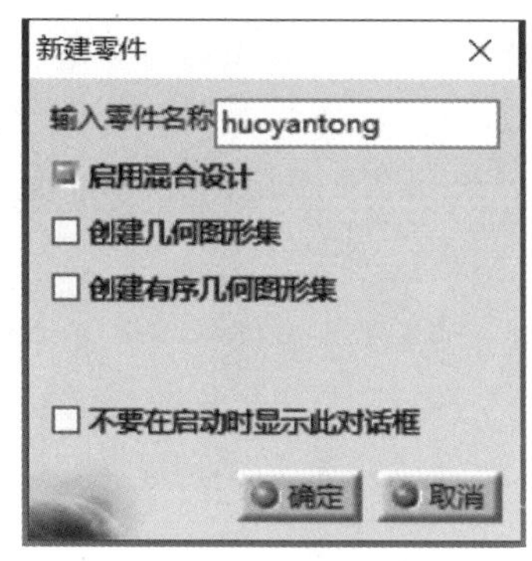

图 3-1-1 文件命名

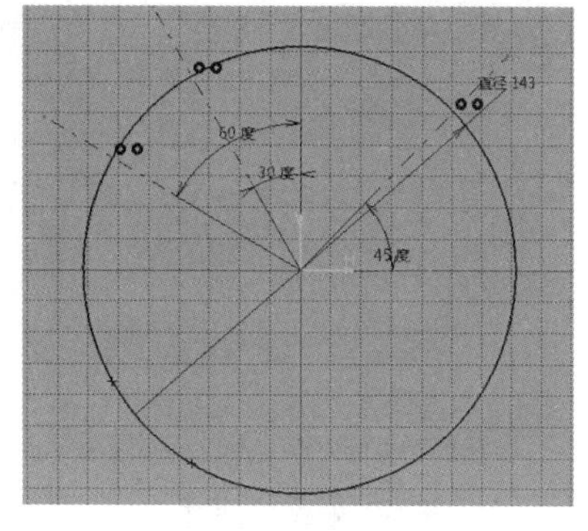

图 3-1-2 绘制草图 1

3）单击“轮廓”工具条中的点绘制【 】按钮，绘制辅助线与圆的交点，得到点 1、点 2、点 3。单击“操作”工具条中的镜像【 】按钮，绘制 6 个点，如图 3-1-3 所示。完成草图 1 的创建，单击退出工作台【 】按钮，退出草图绘制。

4）创建新的绘图平面。单击工具条中“参考元素”中的平面【 】按钮，弹出图 3-1-4 所示的对话框并进行设置，完成平面 1 的创建。

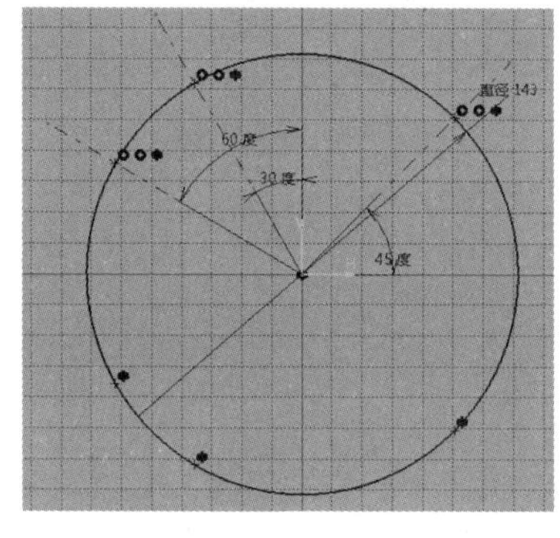

图 3-1-3 绘制草图 1 上的点

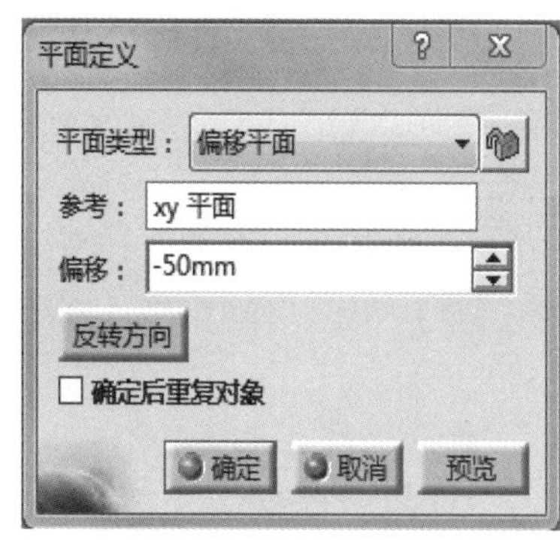

图 3-1-4 创建平面 1

5）绘制草图 2。由于草图 2 与草图 1 轮廓相同，可直接复制。复制草图 1，选择平面 1 作为草绘平面，进入草绘工作台并粘贴，完成草图 2 的绘制，单击退出工作台【 】按钮，退出草图绘制。

6）创建新的绘图平面，绘制草图 3。单击“参考元素”工具条中的平面【 】按钮，弹出图 3-1-5 所示的对话框并进行设置，完成平面 2 的创建。选择平面 2 为草绘平面，绘制草图 3，如图 3-1-6 所示。单击退出工作台【 】按钮，退出草图绘制。

7）创建新的绘图平面，绘制草图 4。单击“参考元素”工具条中的平面【 】按钮，弹出图 3-1-7 所示的对话框并进行设置，完成平面 3 的创建。选择平面 3 作为草绘平面，绘制草图 4，如图 3-1-8 所示。单击退出工作台【 】按钮，退出草图绘制。

图 3-1-5　创建平面 2

图 3-1-6　绘制草图 3

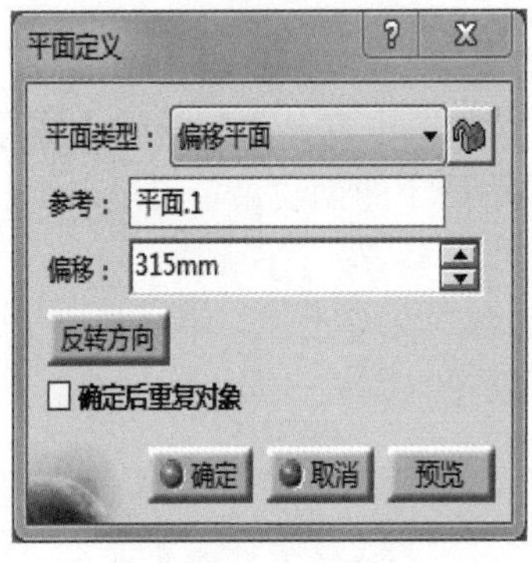

图 3-1-7　创建平面 3

图 3-1-8　绘制草图 4

8）创建新的绘图平面，绘制草图 5。单击“参考元素”工具条中的平面【 】按钮，弹出图 3-1-9 所示的对话框并进行设置，完成平面 4 的创建。

“投影 3D 元素” ：在草图绘制过程中，可以通过将已知实体的边线进行投影，得到所在绘图平面上的新草图。
“投影 3D 元素”命令可从“操作”工具条中或“插入”→“操作”→“3D 几何图形”→“投影 3D 元素”中找到。

2. 侧面轮廓

1）选择 yz 平面作为草绘平面，单击投影 3D 元素【 】按钮，以草图 4 为辅助轮廓，绘制草图 5，如图 3-1-10 所示。

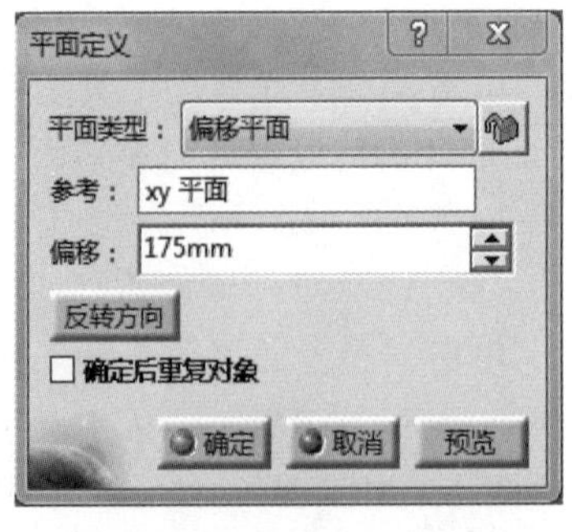

图 3-1-9　平面 4 的创建

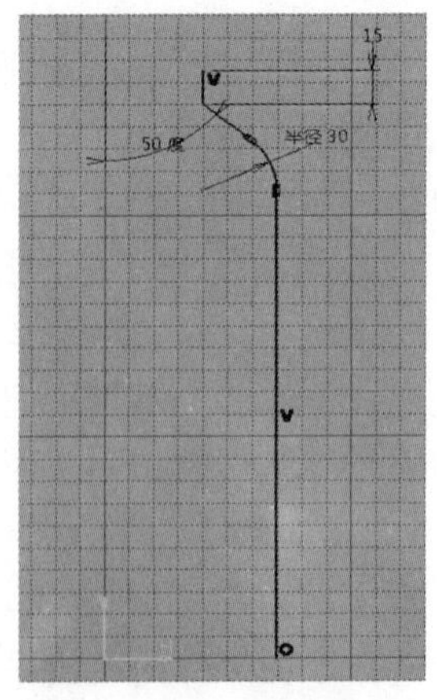

图 3-1-10　绘制草图 5

2）单击“开始”菜单，在下拉菜单中选择“机械设计”模组里的“线框和曲面设计”，进入曲面设计工作台，绘制自由轮廓，单击“线框”工具条中的样条线【】按钮，通过顺次连接草图1、草图2、草图3上的对应点，绘制样条线轮廓，如图3-1-11所示。

空间样条曲线

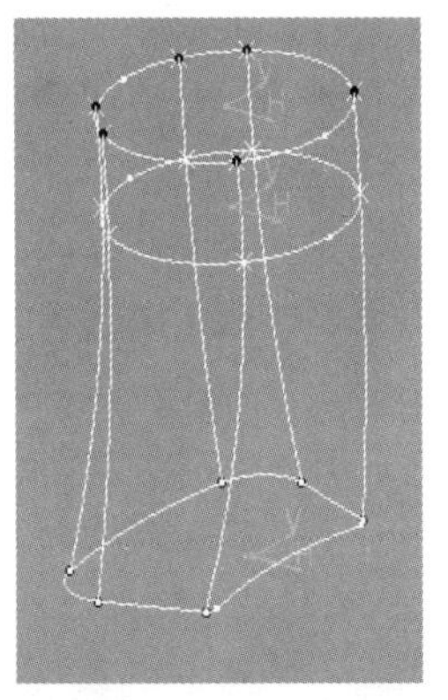

图3-1-11　样条线轮廓

空间样条曲线的构建：在“线框和曲面设计”工作台中，可以在空间先建立一些控制点，通过依次选择控制点构建空间样条曲线。

“样条线”命令可从“线框”工具条中或下拉菜单“插入”→“线框”→“样条线”中找到。

3）选择平面4作为草绘平面，绘制完成草图6的创建，如图3-1-12所示。单击退出工作台【】按钮，退出草图绘制。多角度观察火焰筒草绘图形，如图3-1-13和图3-1-14所示。

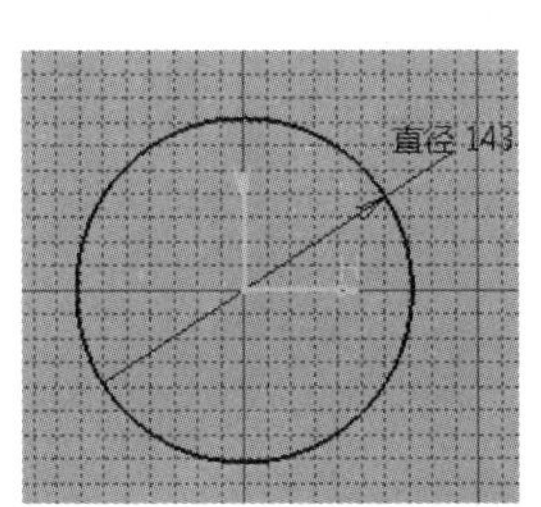

图3-1-12　绘制草图6

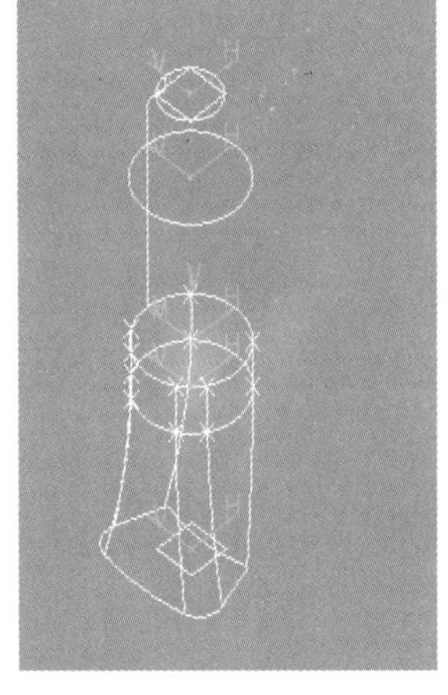

图3-1-13　草绘图形（轴测方向）

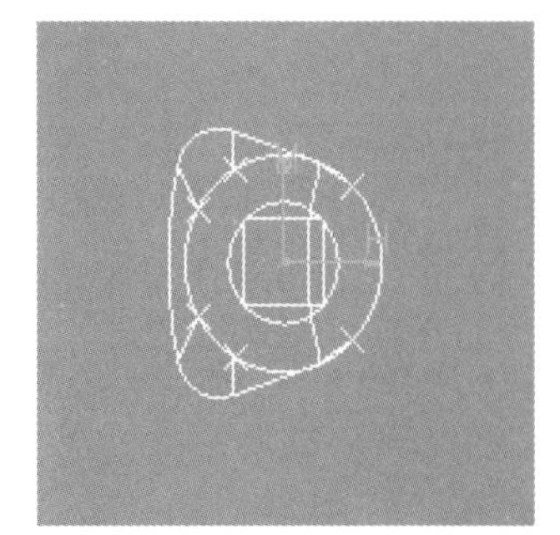

图3-1-14　草绘图形（俯视方向）

任务2　火焰筒模型的创建

任务目标

1）掌握曲面生成实体的零件设计思路。

2）掌握零件设计中凹槽、凸台、旋转、阵列、拔模等特征。

3）了解零件设计中的几何体的插入、布尔运算等操作。

4）能够独立完成火焰筒实体的创建。

资源环境

1）CATIA V5R21。

2）云课堂。

功能介绍

1）燃料燃烧场所。

2）提供高温高压气体，推动涡轮做功。

火焰筒实体案例导图如图 3-2-0 所示。

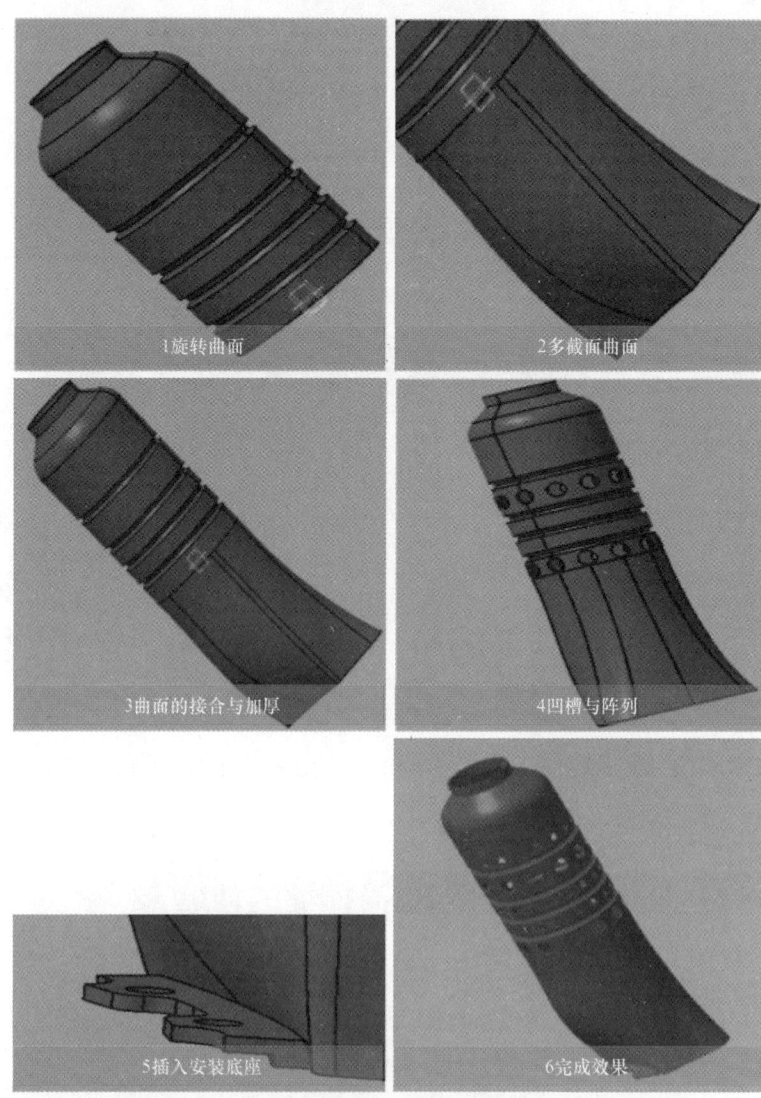

图 3-2-0　火焰筒实体案例导图

1. 曲面的构建

（1）旋转曲面

1）单击“曲面”工具条中的旋转【】按钮，弹出“旋转曲面定义”对话框，选择草图 5 为旋转轮廓，Z 轴为旋转轴，得到旋转曲面 1，如图 3-2-1、图 3-2-2 所示。

旋转曲面

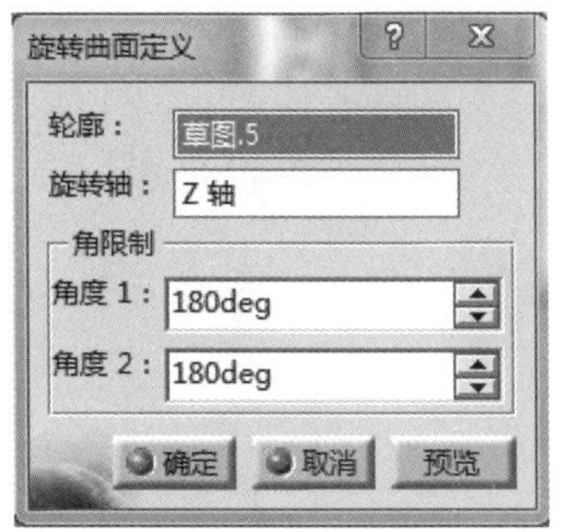

图 3-2-1 “旋转曲面定义”对话框

图 3-2-2 创建旋转曲面 1

2）选择 yz 平面作为草绘平面，单击投影 3D 元素【】按钮，将右侧轮廓投影，绘制草图 7，如图 3-2-3 所示。

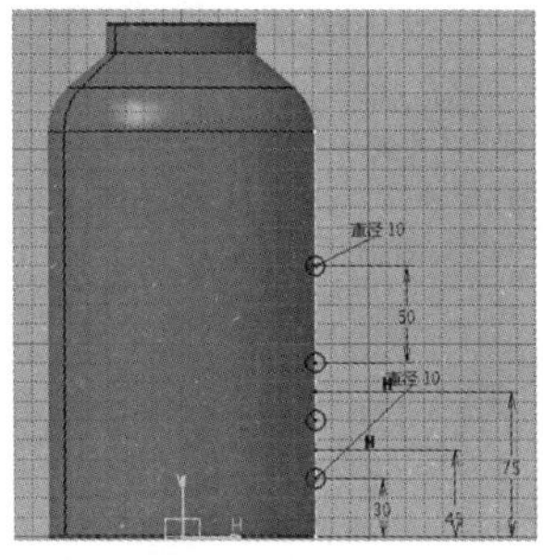
图 3-2-3 绘制草图 7

曲面的修剪：利用线或面等元素对曲面进行裁剪的过程。

“修剪”命令可从“操作”工具条中或下拉菜单“插入”→“操作”→“修剪”中找到。

3）单击“曲面”工具条中的旋转【】按钮，弹出“旋转曲面定义”对话框，选择草图 7 为旋转轮廓，Z 轴为旋转轴，得到旋转曲面 2，如图 3-2-4、图 3-2-5 所示。

修剪曲面

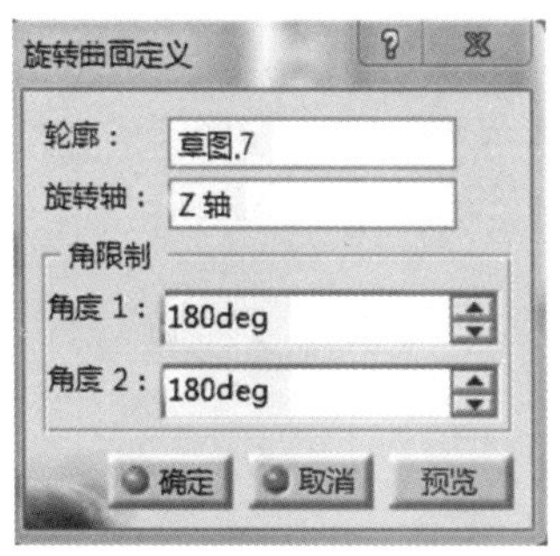

图 3-2-4 “旋转曲面定义”对话框

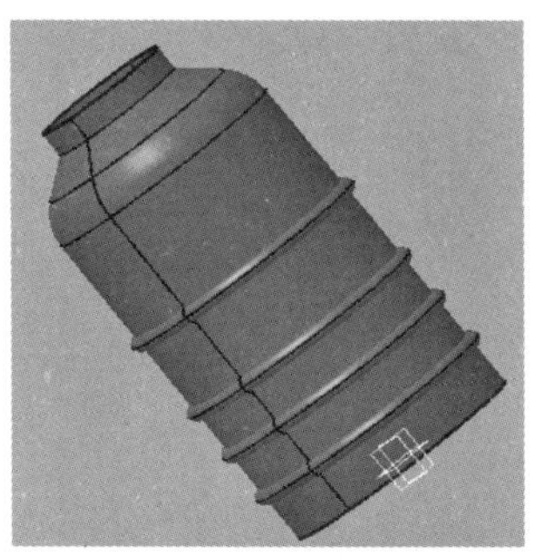
图 3-2-5 创建旋转曲面 2

多截面曲面：利用多个截面轮廓线混合生成的曲面，截面可以是不同的，创建多截面曲面时，可以使用引导线、脊线，也可以设置各种耦合方式。

“多截面曲面”命令，可从“曲面”工具条中或下拉菜单“插入”→“曲面”→“多截面曲面”中找到。

多截面曲面

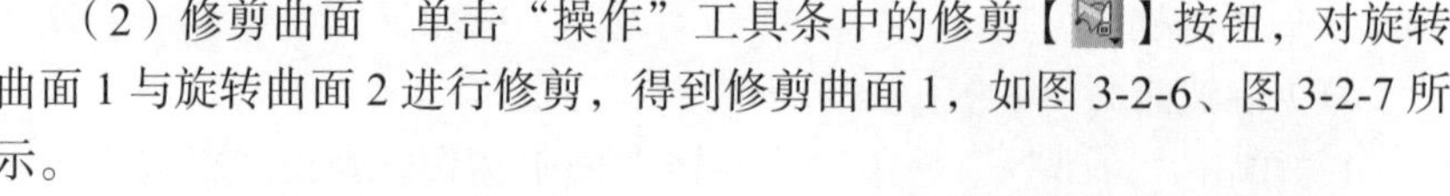
（2）修剪曲面　单击“操作”工具条中的修剪【】按钮，对旋转曲面 1 与旋转曲面 2 进行修剪，得到修剪曲面 1，如图 3-2-6、图 3-2-7 所示。

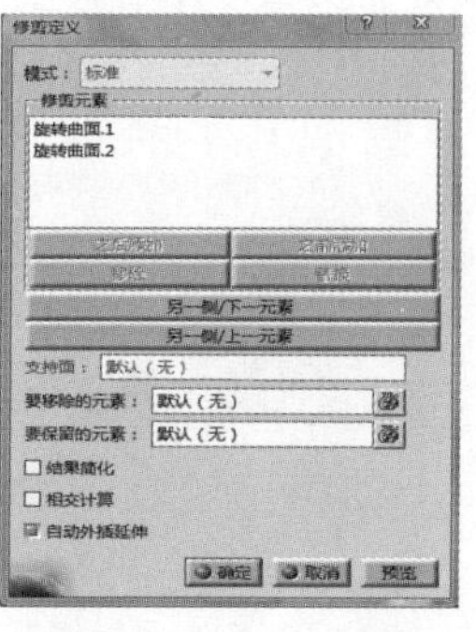
图 3-2-6　定义修剪参数

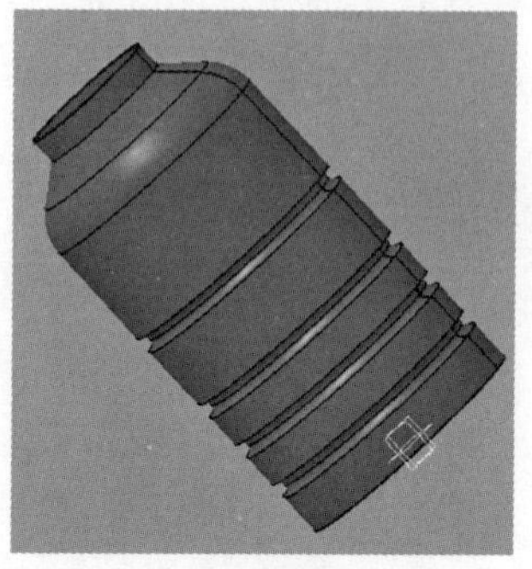
图 3-2-7　修剪曲面

（3）多截面曲面　单击“曲面”工具条中的多截面曲面【】按钮，选择草图 1~ 草图 3 作为界面，样条线 1~ 样条线 6 作为引导线，注意闭合点和方向保持一致，绘制多截面曲面 1，如图 3-2-8、图 3-2-9 所示。

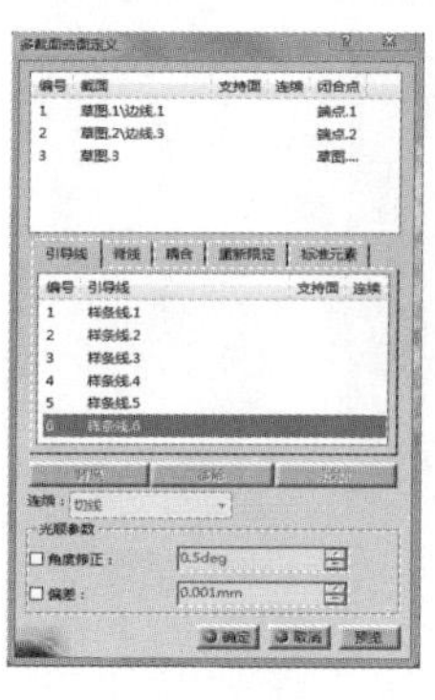
图 3-2-8　定义多截面曲面创建参数

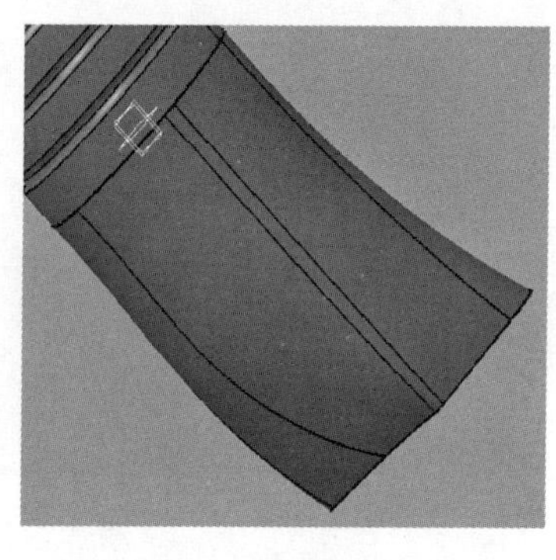
图 3-2-9　创建多截面曲面 1

（4）曲面的接合　单击“操作”工具条中的接合【】按钮，选择修剪 1、多截面曲面 1 进行接合，如图 3-2-10、图 3-2-11 所示。

曲面的接合：将多个独立元素（曲线或者曲面）连接成为一个元素。

“曲面接合”命令可从“操作”工具条中或下拉菜单“插入”→“操作”→“接合”中找到。

图 3-2-10　定义接合参数

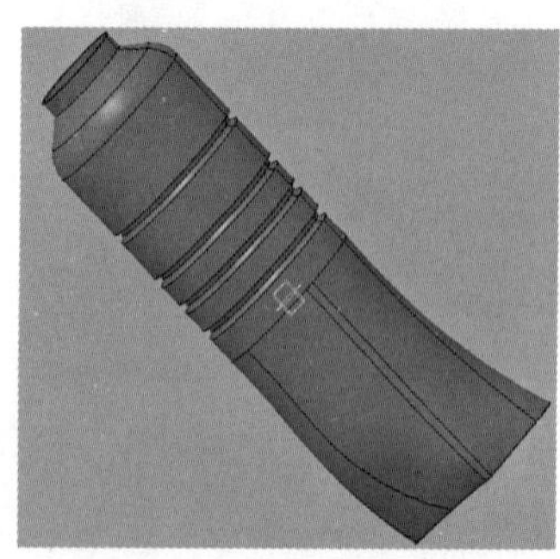
图 3-2-11　创建曲面的接合

2. 基于曲面的特征

（1）厚曲面特征　单击【开始】菜单，在下拉菜单中选择“机械设计”模组里的“零件设计”，切换至零件设计工作台，单击“基于曲面的特征”工具条中的厚曲面【 】按钮，对曲面进行加厚形成实体，如图 3-2-12、图 3-2-13 所示。

曲面接合

定义厚曲面
第一偏移：2mm
第二偏移：0mm
要偏移的对象：接合.1
反转方向
更多>>
确定 取消 预览

图 3-2-12　定义加厚参数

图 3-2-13　创建加厚曲面

厚曲面：将曲面（或面组）转化为薄板实体的特征。

“厚曲面”命令，可从下拉菜单“插入”→“基于曲面的特征”→“厚曲面”中找到。

（2）凹槽特征与阵列特征

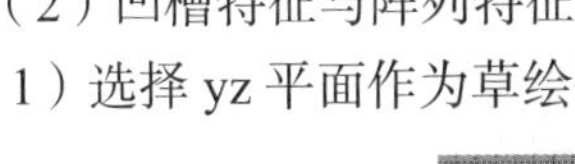

1）选择 yz 平面作为草绘平面，绘制草图 8，如图 3-2-14 所示。

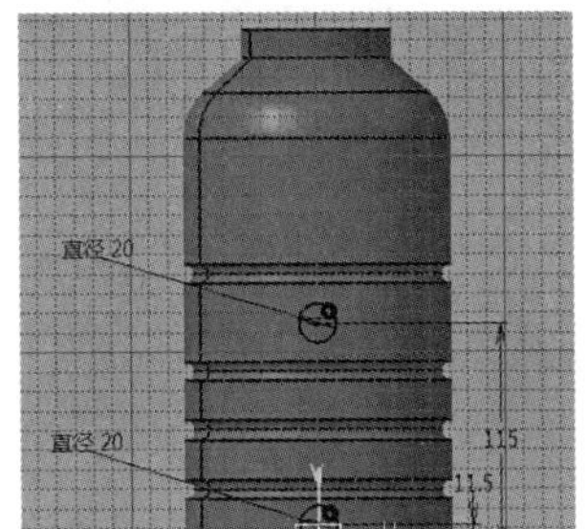

图 3-2-14　绘制草图 8

厚曲面

孔结构创建

2）单击“基于草图的特征”工具条中的凹槽【 】按钮，定义凹槽参数，创建凹槽 1，如图 3-2-15、图 3-2-16 所示。

定义凹槽
第一限制
类型：尺寸
深度：100mm
限制：无选择
轮廓/曲面
选择：草图.8
厚
反转边
镜像范围
反转方向
更多>>
确定 取消 预览

图 3-2-15　定义凹槽参数

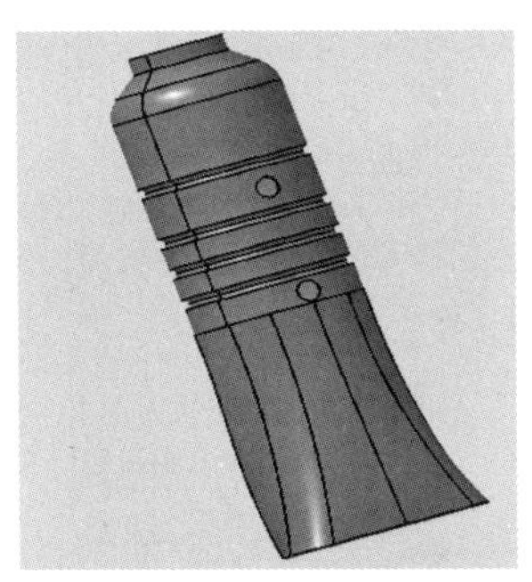

图 3-2-16　创建凹槽 1

3）单击“变换特征”工具条中的圆形阵列【】按钮，对凹槽 1 进行圆形阵列，如图 3-2-17、图 3-2-18 所示。

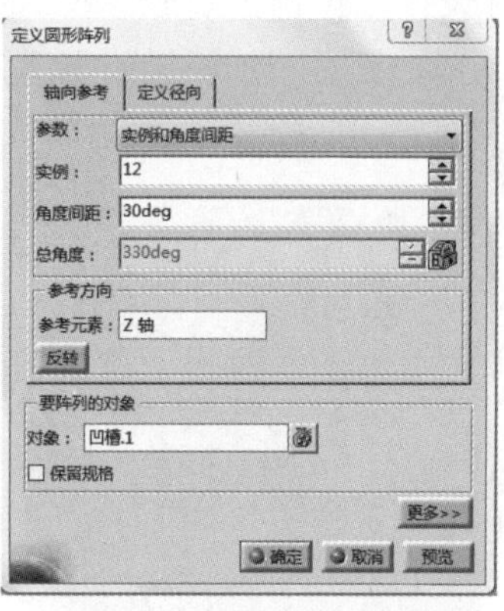

图 3-2-17　定义阵列参数

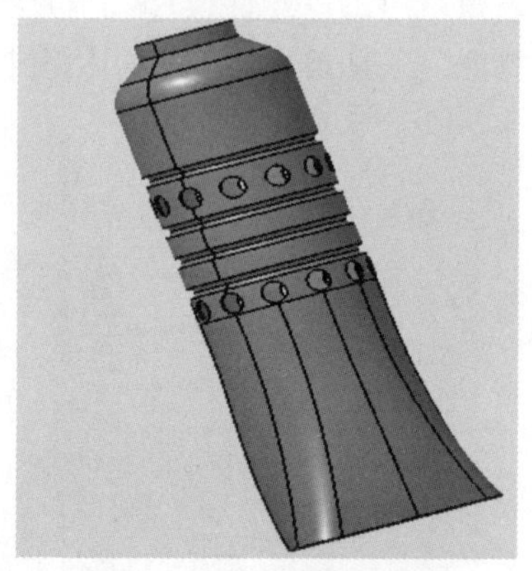

图 3-2-18　创建阵列 1

4）选择 yz 平面作为草绘平面，绘制草图 9，如图 3-2-19 所示。

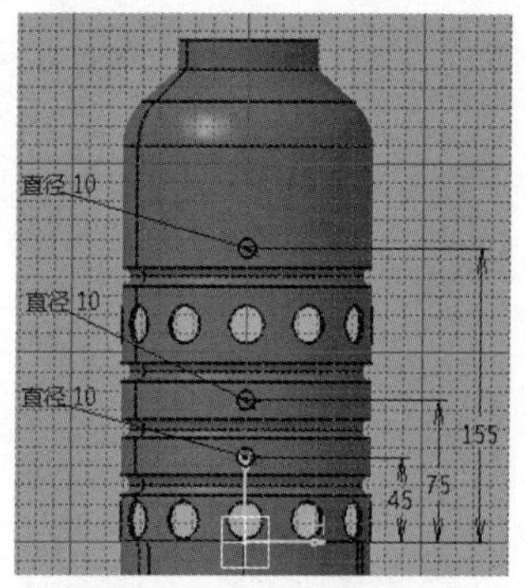

图 3-2-19　绘制草图 9

5）单击“基于草图的特征”工具条中的凹槽【】按钮，定义凹槽参数，创建凹槽 2，如图 3-2-20、图 3-2-21 所示。

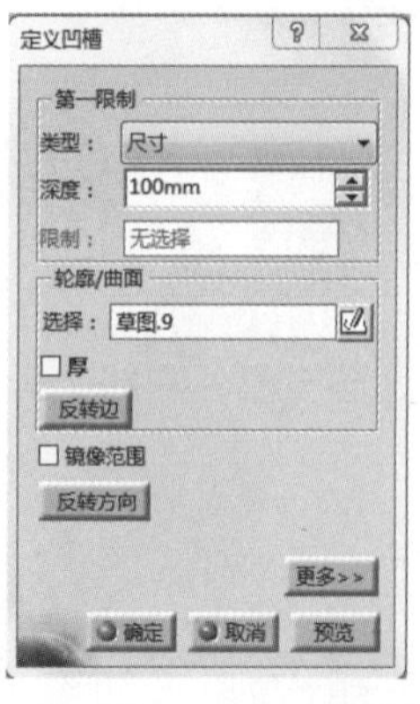

图 3-2-20　定义凹槽参数

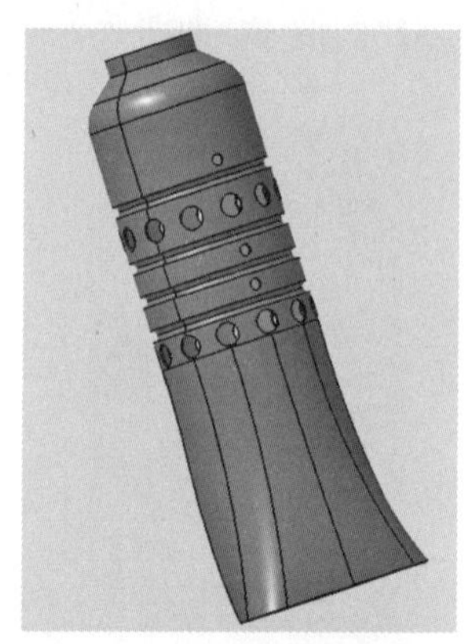

图 3-2-21　创建凹槽 2

6）单击“变换特征”工具条中的圆形阵列【 】按钮，对凹槽 2 进行圆形阵列，创建圆形阵列 2，如图 3-2-22、图 3-2-23 所示。

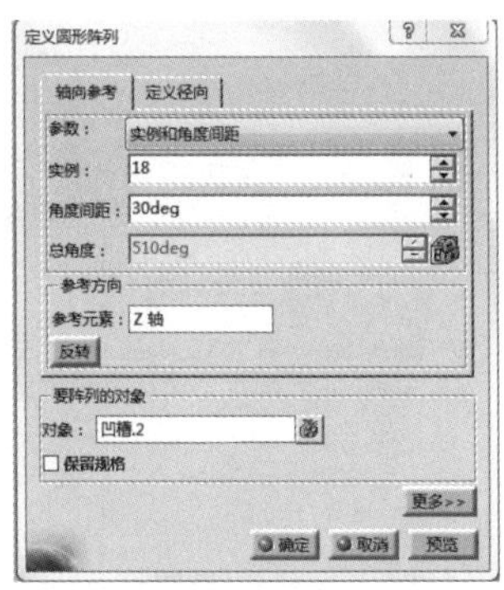

图 3-2-22　定义圆形阵列 2

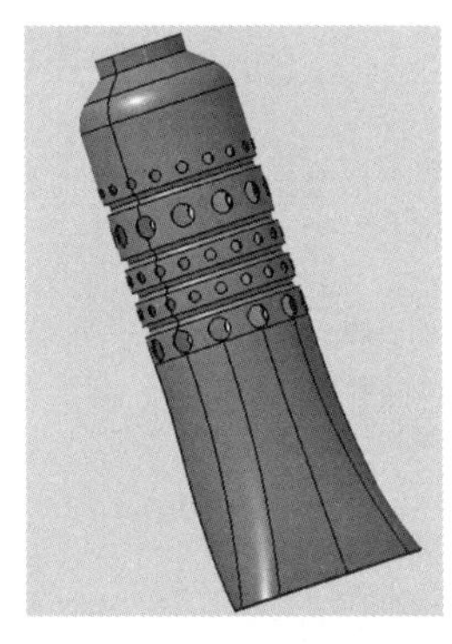

图 3-2-23　创建圆形阵列 2

几何体：CATIA 可以通过插入几何体的方式或者布尔运算来创建零件体，产品在零件下进行设计，通过插入几何体的方式分别进行每个部分的创建，过程中也可以用“布尔操作”对几何体实现添加、移除或者相交操作。

当需要使用“几何体”命令时，可从下拉菜单“插入”→“几何体”找到。

3. 新几何体的插入与布尔运算

1）单击下拉菜单区中的【插入】，在下拉菜单中单击几何体【 】按钮，在特征树中插入新的几何体，选中新几何体，单击右键→属性→特征属性，将其重命名为“anzhuang”，如图 3-2-24 所示。

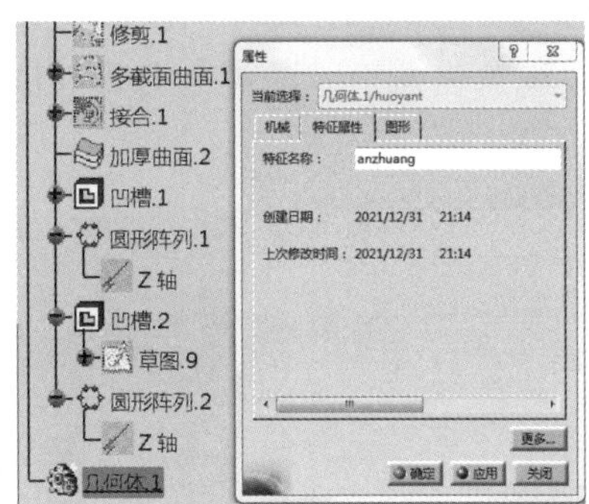

图 3-2-24　创建“anzhuang”几何体

插入几何体

2）选择底面，即平面 3 为绘图平面，绘制草图 10，如图 3-2-25 所示。

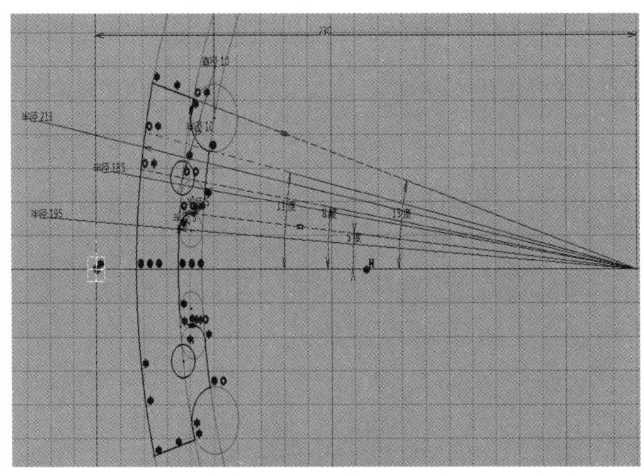

图 3-2-25　绘制草图 10

布尔操作：布尔操作是零件设计模块下重要命令，常用的有装配、添加、移除、联合修剪，是以加减法的形式对零件里的几何体进行计算。

“几何体”命令可从“布尔操作”工具条或下拉菜单“插入”→“布尔操作”找到。

3）单击“基于草图的特征”工具条中的凸台【】按钮，设置凸台参数，创建凸台1，如图3-2-26、图3-2-27所示。

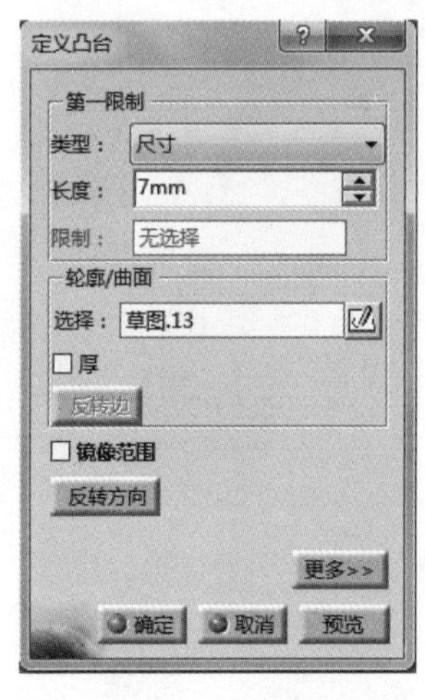

图 3-2-26　定义凸台 1 参数

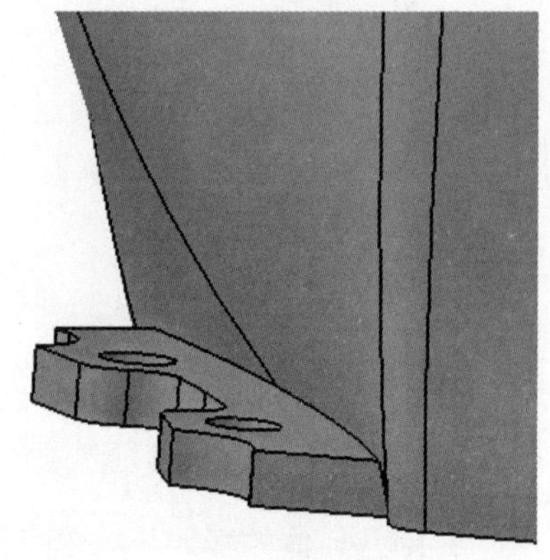

图 3-2-27　创建凸台 1

4）单击“修饰”工具条中的拔模【】按钮，设置拔模参数，对凸台进行拔模。选择凸台的侧面（面5）为要拔模的面，底面（面6）为中性元素，设置拔模角度向下，设置角度为-10deg，完成拔模，如图3-2-28、图3-2-29所示。

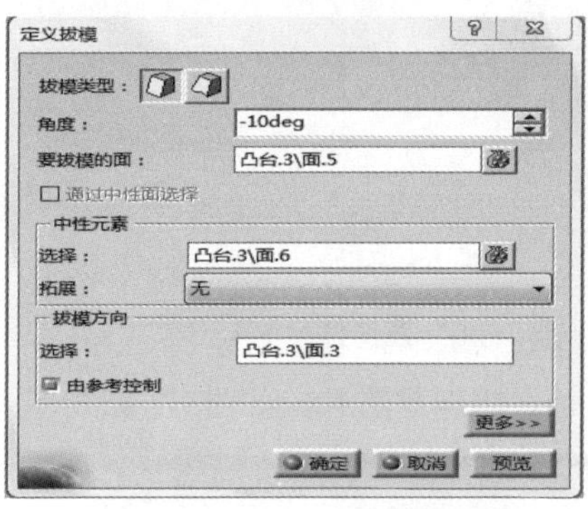

图 3-2-28　定义拔模 1 参数

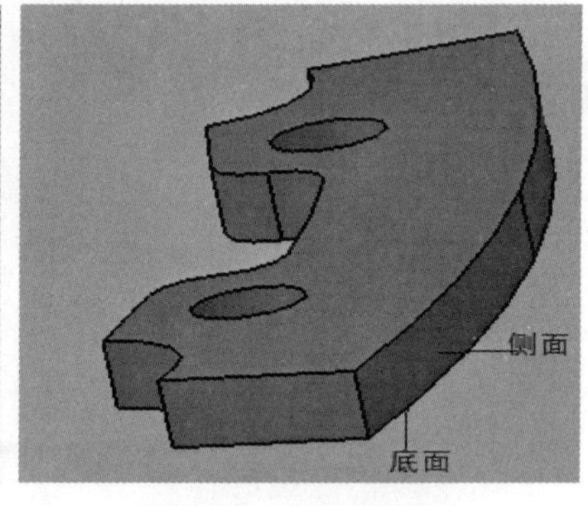

图 3-2-29　创建拔模 1

5）单击下拉菜单区中的【插入】，在下拉菜单中单击几何体【】按钮，在特征树中插入新的几何体，选中新几何体，单击右键→属性→特征属性，将其重命名为“quchu”。

6）打开“零件几何体”特征树，移动鼠标至“多截面曲面1”，单击右键→复制。

7）移动鼠标至“quchu”，单击右键→定义工作对象→粘贴，在“quchu”下创建“多截面曲面2”，同时对“多截面曲面2”加厚，设置加厚距离为4.5mm，方向朝内。

8）单击下拉菜单区中的【插入】，在下拉菜单中单击“布尔操作”中的移除【 】按钮，定义移除实体，得到“移除 1”，如图 3-2-30、图 3-2-31 所示。

图 3-2-30　定义移除 1 参数

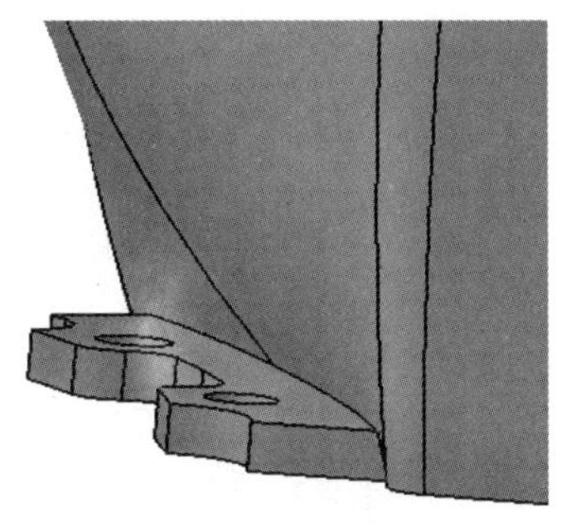

图 3-2-31　创建移除 1

9）选择凸台 1 的底面为绘图平面，绘制草图 11，如图 3-2-32 所示。单击“基于草图的特征”工具条中的凹槽【 】按钮，设置凹槽深度为 3mm，创建凹槽 3，如图 3-2-33 所示，完成火焰筒实体的创建。

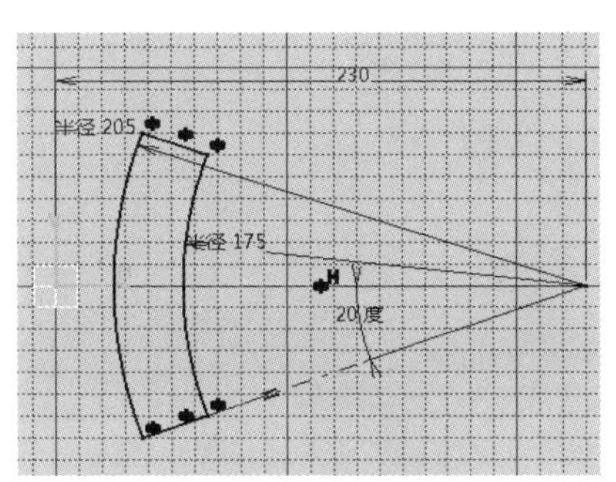

图 3-2-32　绘制草图 11

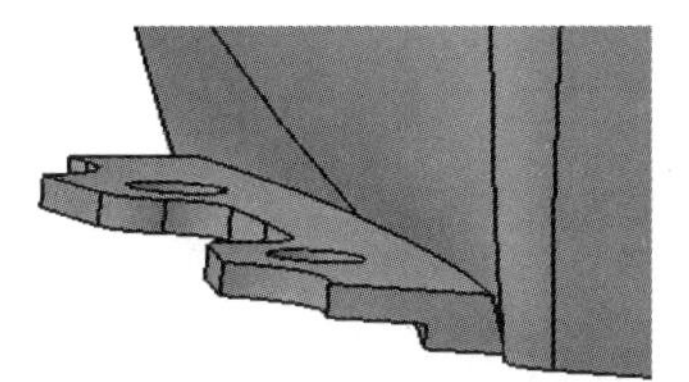

图 3-2-33　创建凹槽 3

火焰筒轮廓

任务 3　火焰筒工程图

任务目标

1）掌握工程图中视图创建与尺寸标注的方法。

2）能够选用合理的表达方法清楚地表达零件的结构。

3）能够独立完成火焰筒的工程图。

资源环境

1）CATIA V5R21。

2）云课堂。

功能介绍

1）燃料燃烧场所。

2）提供高温高压气体，推动涡轮做功

火焰筒工程图案例导图如图 3-3-0 所示。

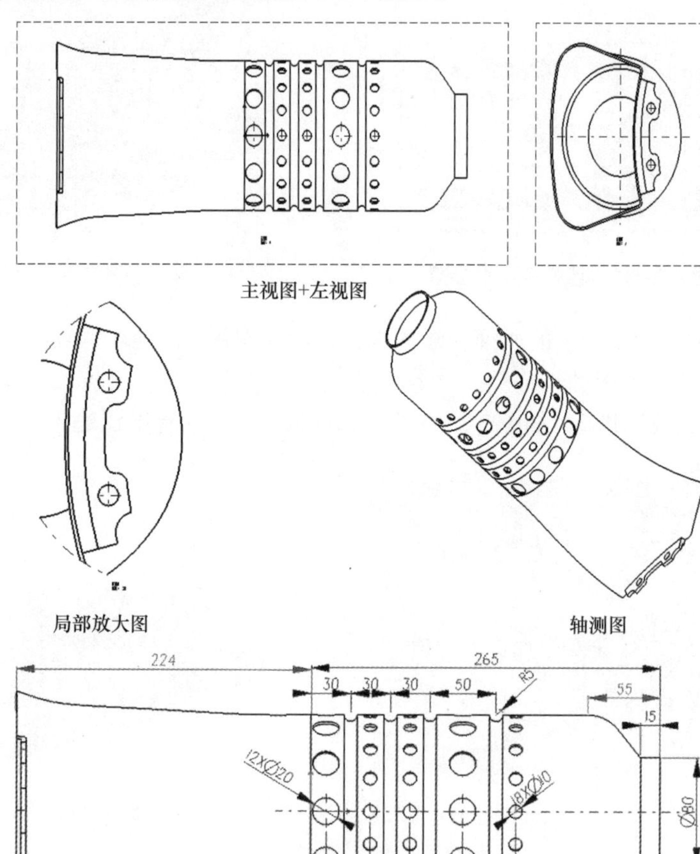

图 3-3-0　火焰筒工程图案例导图

1. 设置绘图环境

工程图工作台

1）启动 CATIA，单击【开始】菜单，在下拉菜单中选择“机械设计”模组里的“工程制图”，弹出“创建新工程图”对话框，如图 3-3-1 所示。单击对话框中的【修改】按钮，设置绘图图纸的标准、图纸样式、图纸方向等参数，如图 3-3-2 所示，进入工程图工作台。

2）双击“huoyantong”文件，打开零件模型。

3）单击【窗口】下拉菜单，可以切换零件模型与工程图。进入工程图工作台，设置图框和标题栏。

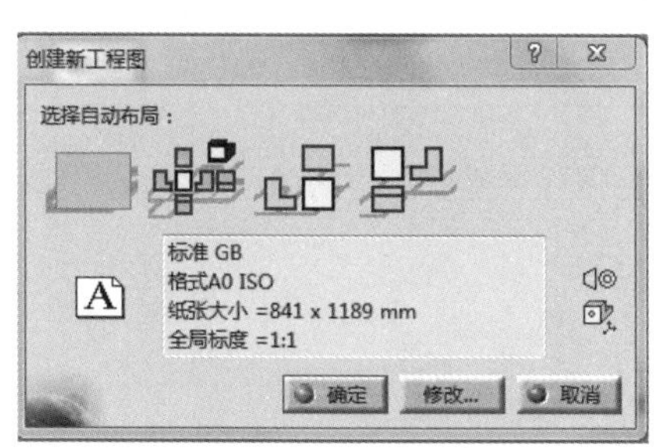

图 3-3-1 创建新工程图

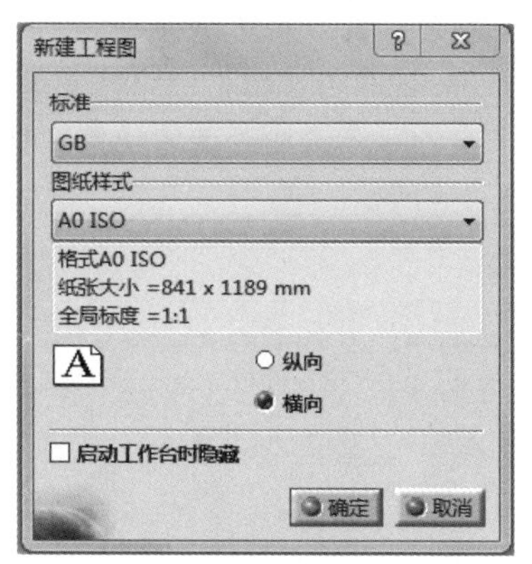

图 3-3-2 设置绘制图纸

4）单击下拉菜单区中的【编辑】，在下拉菜单中选择“图纸背景”，进入“图纸背景”编辑环境，如图 3-3-3 所示。运用“几何图形创建与修改”工具条，绘制图框，同时可以在“工程图”中调用标题栏，如图 3-3-4 所示。绘制结束后单击“编辑”→“工作视图”。

图 3-3-3 进入图纸背景模式

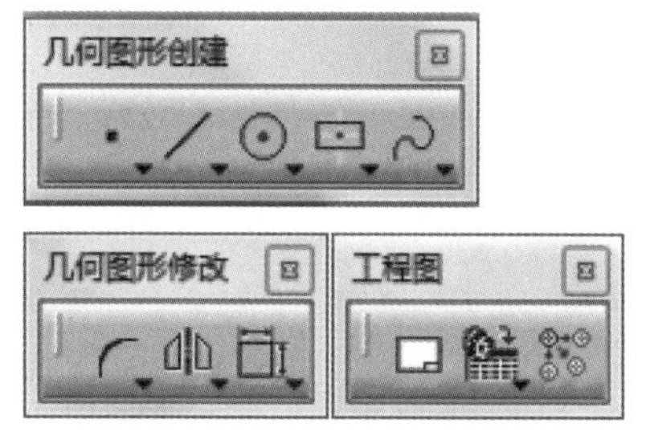

图 3-3-4 图纸背景模式常用工具条

图框和标题栏的设置：图框和标题栏是绘图过程中必不可少的内容，CATIA 工程图中，用户可以根据实际需求，在图纸背景中绘制图框和标题栏。

5）由于 CATIA 提供的标题栏格式有限，可采用绘制表格的方法创建标题栏。单击“标注”工具条中的表格【▦】按钮，设置表格的列数为 7，行数为 4，如图 3-3-5 所示。创建表格并将其放置在图纸的右下角，如图 3-3-6 所示。选中表格，单击右键→属性，设置表格中文本的字体为“Fangsong”，字体大小为“7”。

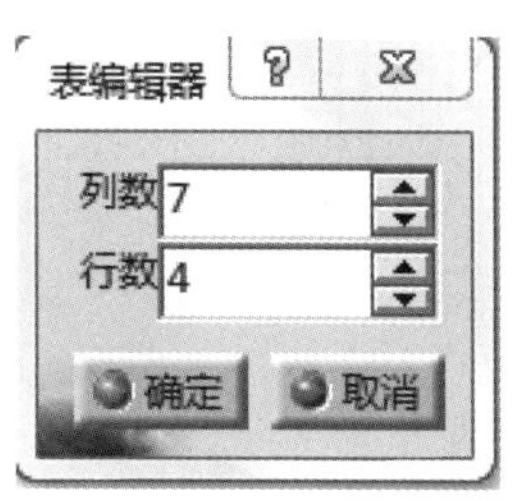

图 3-3-5 设置表格参数

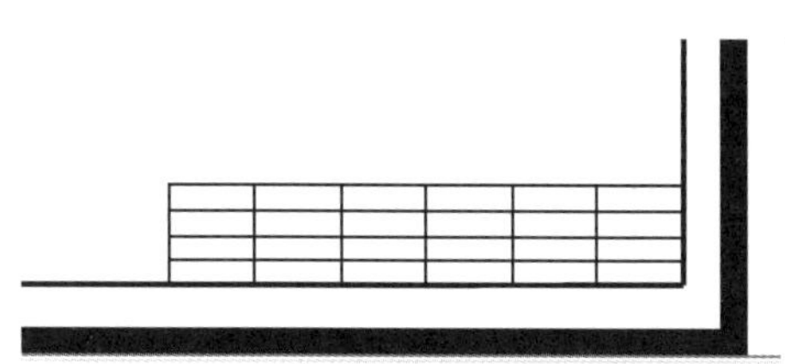

图 3-3-6 创建表格

图框标题栏

6）编辑表格，将鼠标移动到单元格、行、列处，单击右键编辑行宽、列宽、合并单元格等。

7）双击单元格，进行文本编辑。选中单元格，单击右键→属性，修改文本的字体大小与放置位置，如图 3-3-7 所示。完成标题栏的绘制，如图 3-3-8 所示。

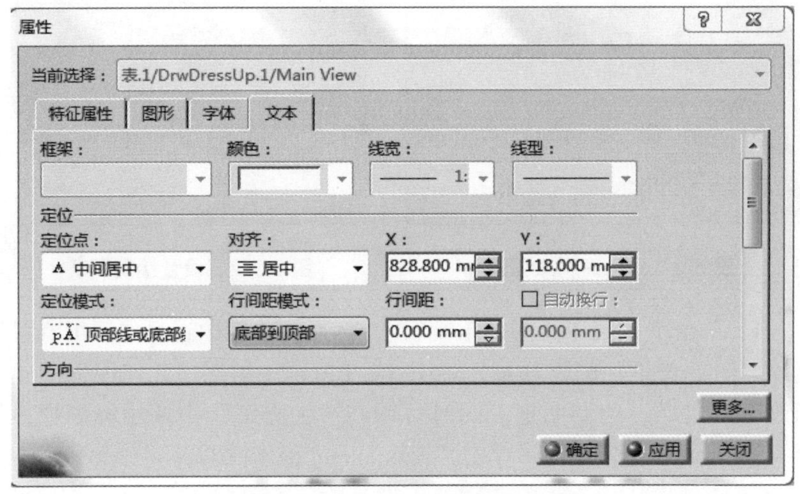

图 3-3-7　设置表格中文字放置

火焰筒			比例	数量	材料	图号
制图		年月日				
校核		年月日				

图 3-3-8　火焰筒标题栏示例

视图的创建：基本视图包括主视图和投影视图，主视图是工程图中最主要的视图，通过主视图可以生成其他投影视图。

基本视图的创建

2. 工程图视图创建

1）单击“视图”工具条中的正视图【 】按钮，单击【窗口】下拉菜单，切换至“huoyantong”零件设计工作台，选择主视图的投影平面为 yz 平面，进入工程图工作台，通过右上角的方向控制器上调整主视图的放置位置，生成以下主视图，如图 3-3-9 所示。

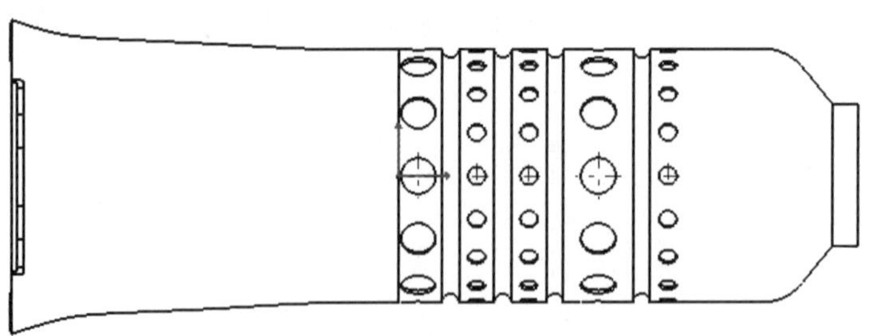

图 3-3-9　绘制主视图

注意：主视图创建过程中，需要在零件文件和工程图文件中切换窗口，并调整方向控制器以确定主视图最终放置位置。

2）单击“视图”工具条中的投影视图【 】按钮，沿主视图方向向右移动鼠标，生成左视图，如图 3-3-10 所示。

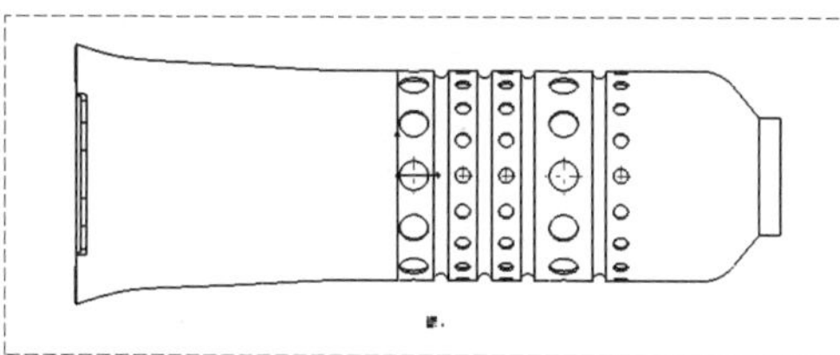
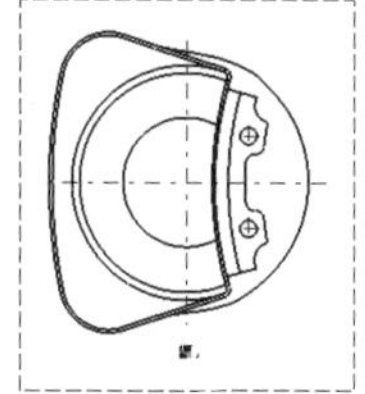

图 3-3-10　绘制左视图

局部放大图：将零件的部分结构用大于原图形所采用的比例画出的图形，放置在被放大部位的附近。

3）为了清楚表达安装底座的结构，对其局部放大，放大比例为 2∶1，右键单击左视图→激活视图，使得左视图的框架呈红色。单击“视图”→详细视图【　】按钮，在左视图的安装底座区域定义放大区域（定义放大区域的圆心和半径），选择合适的位置放置并单击，得到安装底座的局部放大图，如图 3-3-11、图 3-3-12 所示。

局部放大图

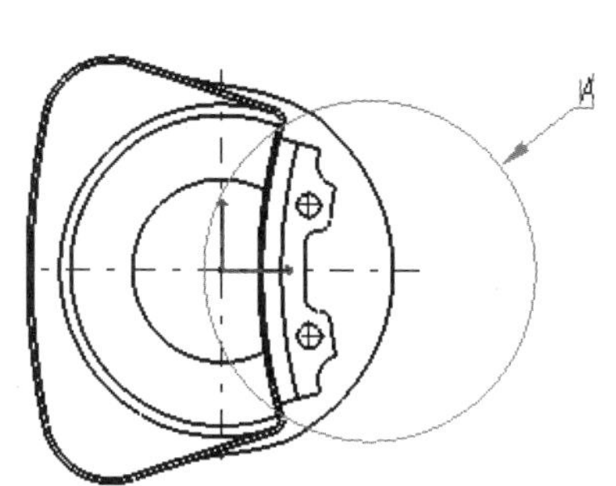

图 3-3-11　标注局部放大图

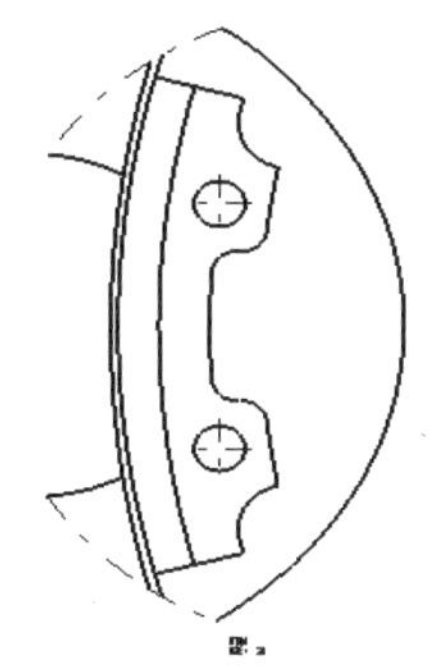

图 3-3-12　绘制局部放大图

轴测图的创建：创建轴测图的目的是方便读图，轴测图的创建与主视图的创建方法类似。

轴测图的创建

4）单击“视图”工具条中的等轴测视图【　】按钮，单击【窗口】下拉菜单，切换至“huoyantong”零件设计工作台，选择 yz 平面作为投影平面，调整零件的观测方向并单击，得到火焰筒的轴测图，如图 3-3-13、图 3-3-14 所示。

视图的编辑操作

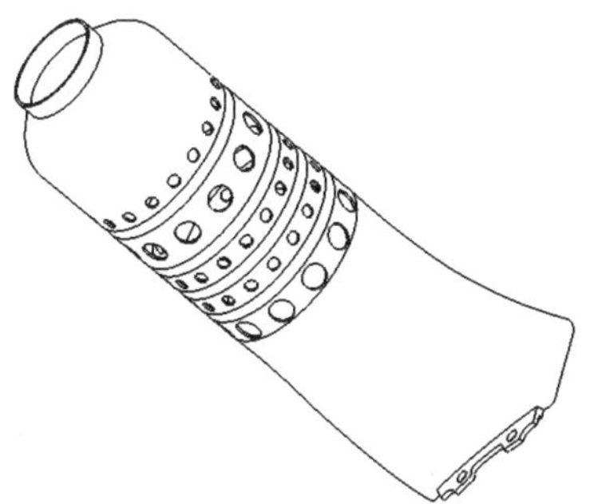

图 3-3-13　轴测图

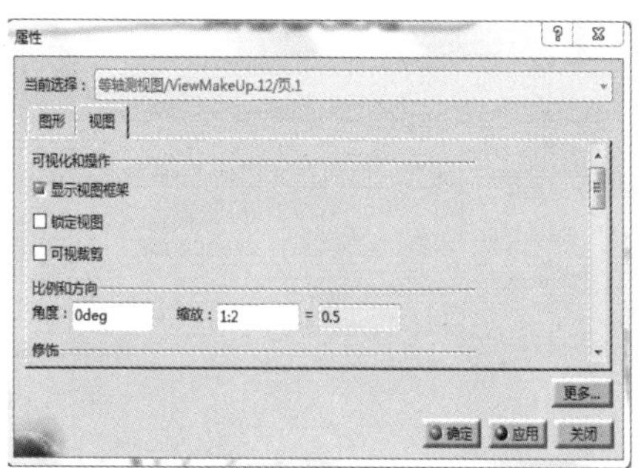

图 3-3-14　轴测图比例设置

5）完成工程图视图的创建，右键单击→属性，取消选中“显示视图框架”，得到工程图视图，如图 3-3-15 所示。

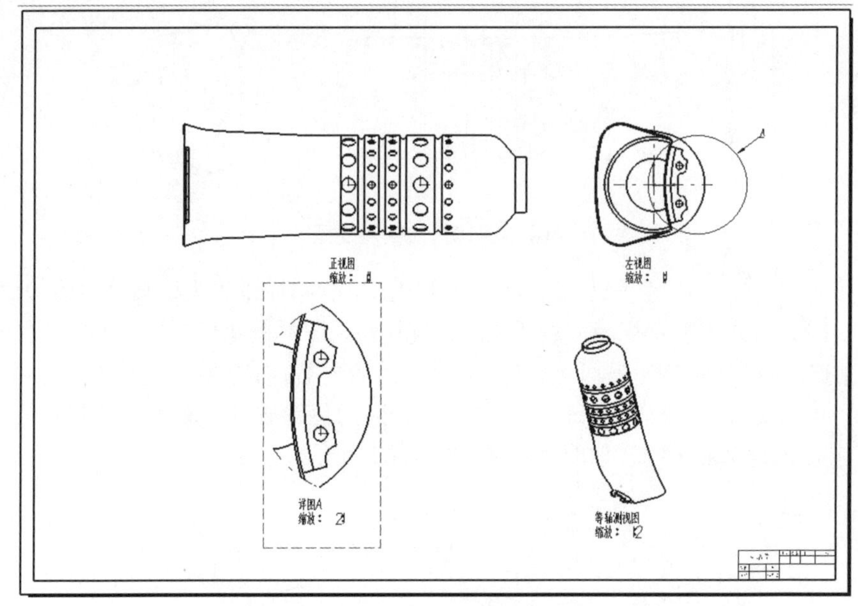

图 3-3-15　工程图视图

尺寸的标注

3. 尺寸的标注

1）单击“尺寸标注”工具条中的尺寸【】按钮以及扩展项目中的不同类型的尺寸标注，如图 3-3-16 所示。完成主视图的尺寸标注，如图 3-3-17 所示。

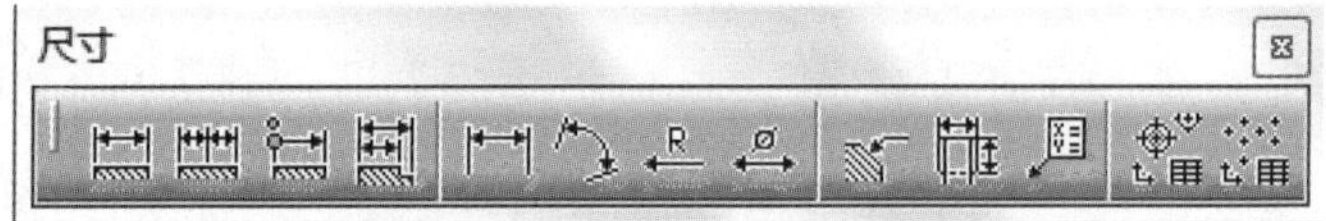

图 3-3-16　尺寸标注扩展项目工具条

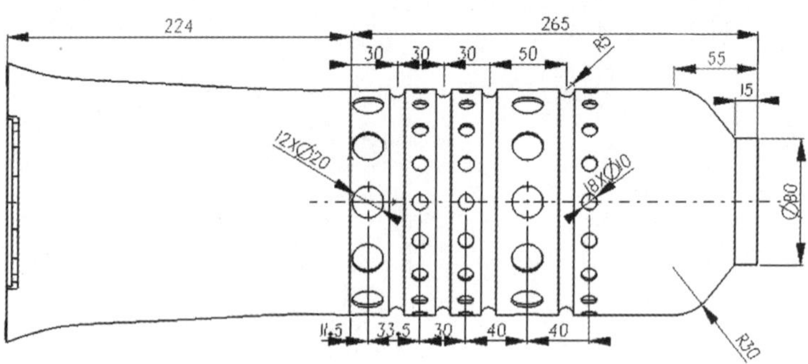

图 3-3-17　主视图的尺寸标注

2）由于左视图主要是表达火焰筒底面结构，因此选中圆筒的轮廓线，单击右键→属性→隐藏 / 显示，简化左视图，单击“尺寸标注”工具条中的尺寸【】按钮以及扩展项目中的不同类型的尺寸标注，完成左视图的尺寸标注，如图 3-3-18 所示。

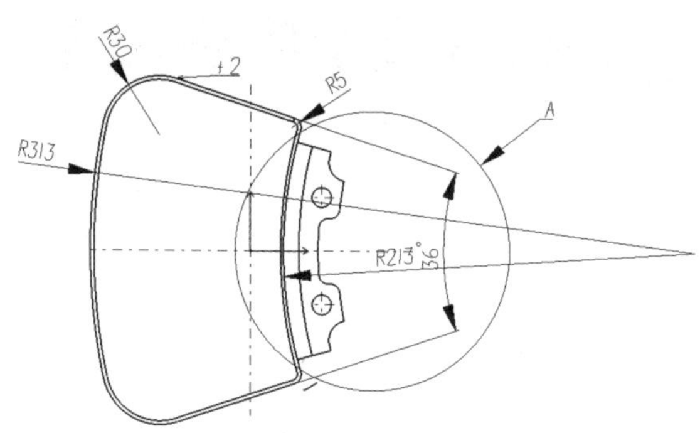

图 3-3-18 左视图的简化及尺寸标注

3）单击“尺寸标注”工具条中的尺寸【】按钮以及扩展项目中的不同类型的尺寸标注，完成局部放大图的尺寸标注，如图 3-3-19 所示。

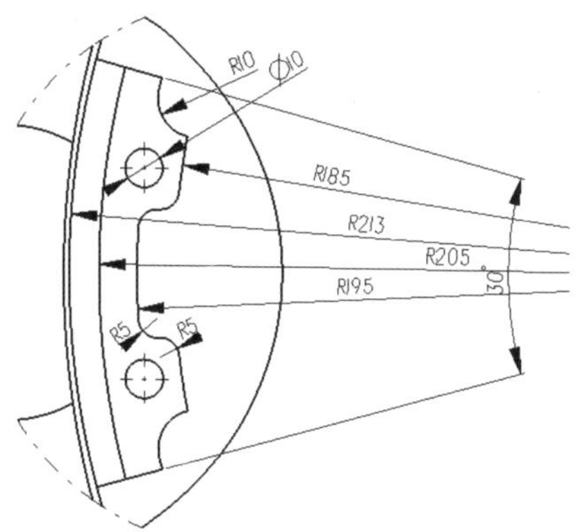

图 3-3-19 局部放大图的尺寸标注

4）单击下拉菜单区中的【文件】，在下拉菜单中选择“另存为”，选择存储格式为 jpg 或 PDF，生成火焰筒的工程图，如图 3-3-20 所示。

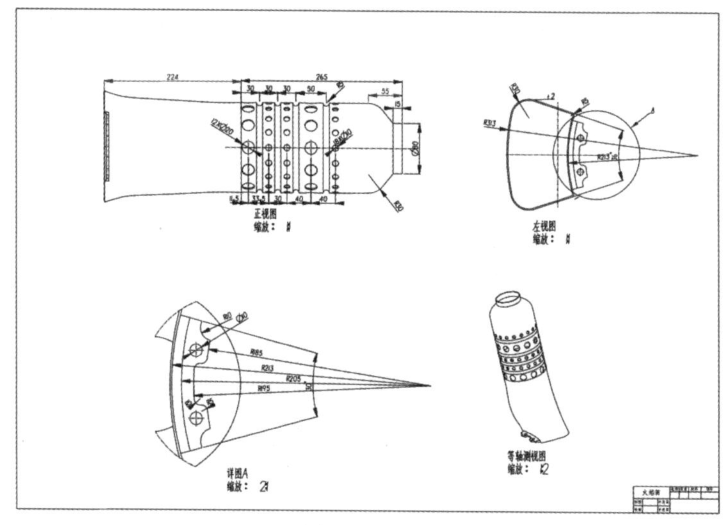

图 3-3-20 火焰筒工程图

任务4　三维尺寸标注

任务目标

1）掌握工程图中视图创建与尺寸标注。

2）能够选用合理的表达方法清楚地表达零件的结构。

3）能够独立完成火焰筒的工程图并提交。

资源环境

1）CATIA V5R21。

2）云课堂。

火焰筒
三维尺寸标注

功能介绍

1）燃料燃烧场所。

2）提供高温高压气体，推动涡轮做功。

随着数字化设计与制造技术在航空制造业中的广泛应用，为了满足“快速设计、快速生产”的市场要求，运用三维标注方法，将几何信息和非几何信息通过产品三维模型由设计过程传递至生产加工过程，打通设计、工艺和制造的三维数据链，是现代企业迫切的技术需求。三维标注是在三维模型表面或剖面上直接进行尺寸标注，能够直观地表达设计意图，满足数字化设计的要求。

1. 进入三维功能公差与标注工作台

1）启动CATIA，打开“huoyant”文件，单击【开始】菜单，在下拉菜单中选择“机械设计”模组里的“Functional tolerancing Annotation”，进入三维功能公差与标注工作界面（以下简称“FT&A”），如图3-4-1所示。

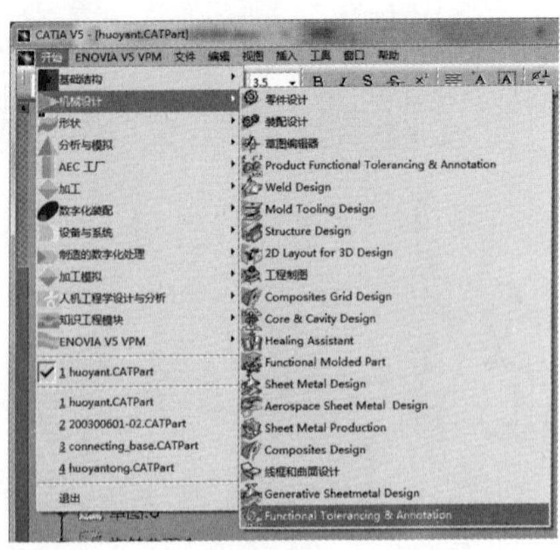

图3-4-1　进入三维尺寸标注工作台

2）单击下拉菜单区中的【工具】，单击【选项】，选择“机械设计”→“Functional Tolerancing Annotation”，可以对三维标注中的尺寸、公差等标注参数进行设置，如图 3-4-2 所示。

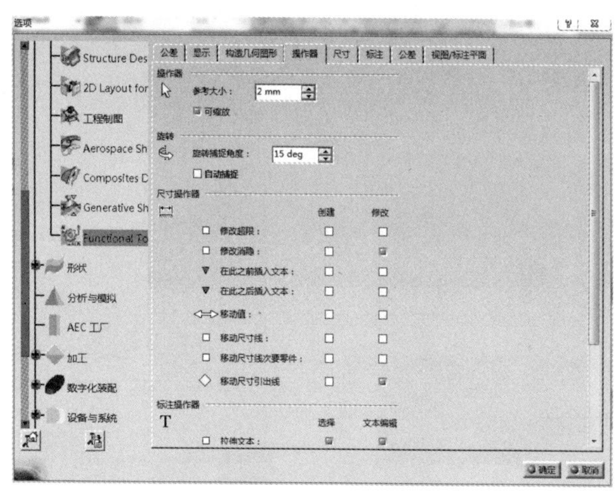

图 3-4-2 标注参数设置

2. 三维尺寸标注

1）单击下拉菜单区中的【文件】→【打开】，打开“huoyant”文件。单击“Views”工具条中的创建视图【 】按钮，在特征树上选取 xy 平面为标注平面，如图 3-4-3 所示。

2）单击特征树中“标注集”→“视图”→“正视图 1”，图形区显示 xy 平面截面，如图 3-4-4 所示。

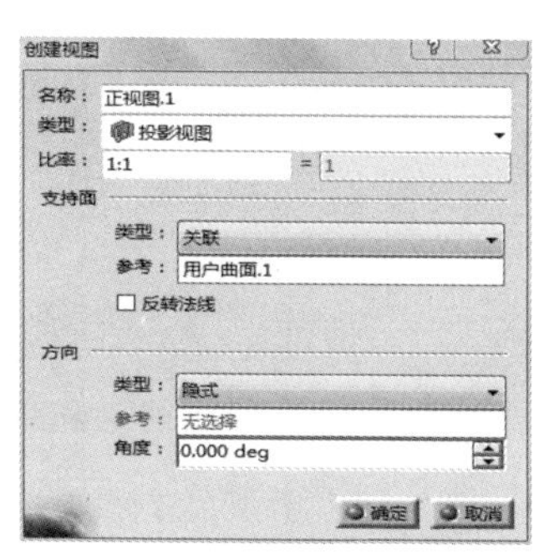

图 3-4-3 创建标注平面

图 3-4-4 标注平面 xy

3）单击下拉菜单区中的【插入】，在下拉菜单中选择“Annotation”→“Dimension”→“Dimensions”，在图形区选择要图形，即完成标注，如图 3-4-5 中的 $\phi80$，继续选择与 xy 平面平行方向的其他图形，进行尺寸标注。

4）单击下拉菜单区中的【插入】，在下拉菜单中选择“Views/Annotation Planes”→“创建视图”，在特征树上选取 yz 平面为标注平面，如图 3-4-6 所示。

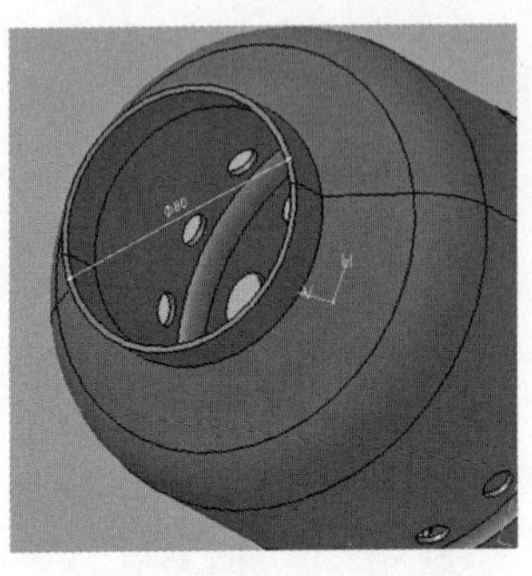
图 3-4-5　创建标注平面

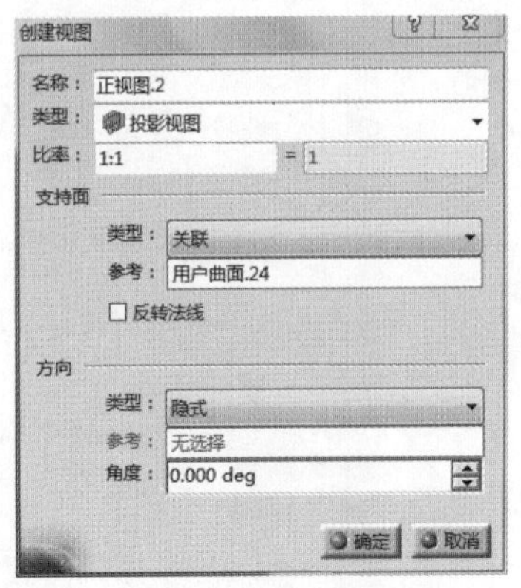

图 3-4-6　创建平面 yz

5）单击特征树中“标注集”→“视图”→“正视图 2”，图形区显示 yz 平面截面，如图 3-4-7 所示。

6）单击下拉菜单区中的【插入】，在下拉菜单中选择“Annotation”→“Dimension”→“Dimensions”，在图形区选择上底面与下底面，即完成火焰筒高度尺寸标注，如图 3-4-8 所示。

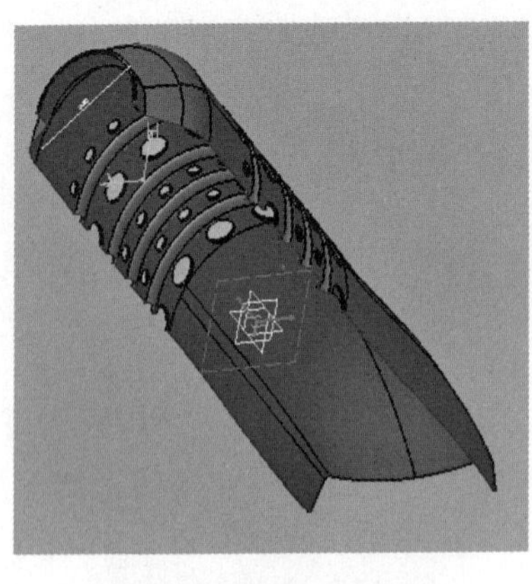
图 3-4-7　标注平面 yz

图 3-4-8　高度尺寸标注

任务 5　齿轮轴模型创建

任务目标

1）熟练掌握肋特征、多截面实体、参数化建模等基本操作。
2）能够完成典型零部件的设计与建模。

资源环境

1）CATIA V5R21。
2）云课堂。

功能介绍

1）传递动力。
2）转速和力矩调节。

齿轮轴案例导图如图 3-5-0 所示。

1 参数化齿轮

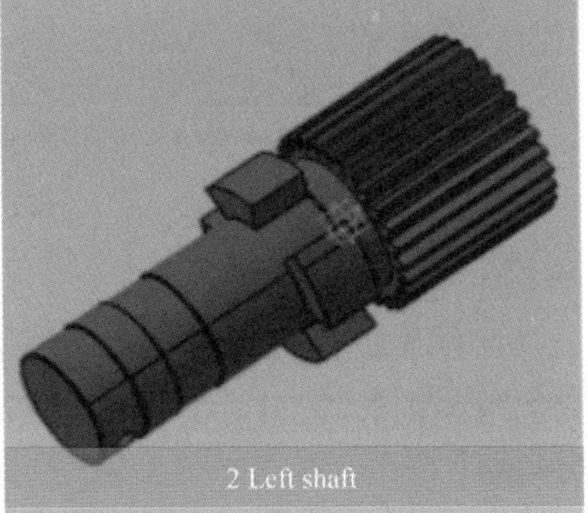

2 Left shaft

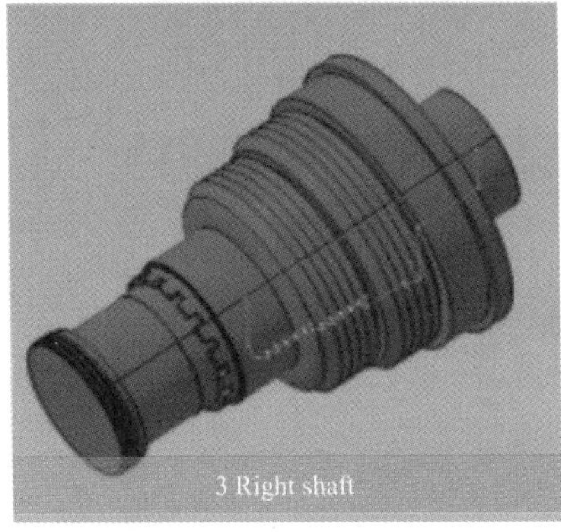

3 Right shaft

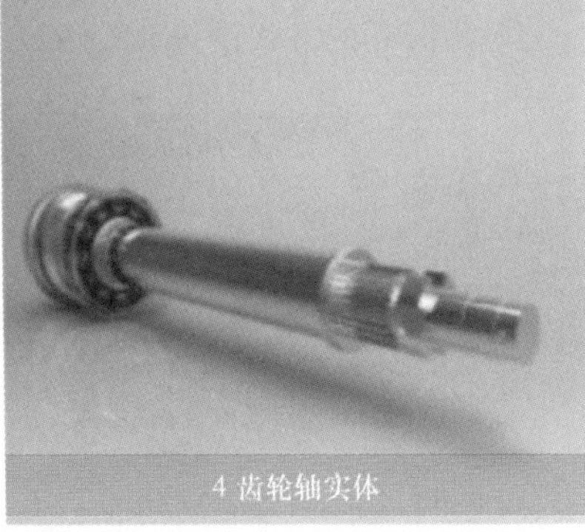

4 齿轮轴实体

图 3-5-0　齿轮轴案例导图

参数化设计：参数化设计是先创建参数及关系，再利用参数创建模型，用户修改参数值即可改变模型形状。这是一种典型的系列化产品设计方法，使得产品的更新换代更加快捷方便。

齿轮参数定义

1. 齿轮特征

（1）定义参数

1）单击【开始】菜单，在下拉菜单中选择“形状”模组里的创成式外形设计【 】按钮。

2）单击【工具】菜单，在下拉菜单中单击公式【 】按钮，系统弹出如图 3-5-1 所示的“公式：gear”对话框。

3）在“新类型参数”右侧的下拉菜单中选择“长度”，单击“新类型参数”，在当前参数名称中输入模数“m”，将值设为 2，单击【应用】。用同样的方式设置齿数 z（整数 30）、压力角 alpha（角度 20°）、齿厚 b（长度 20）。

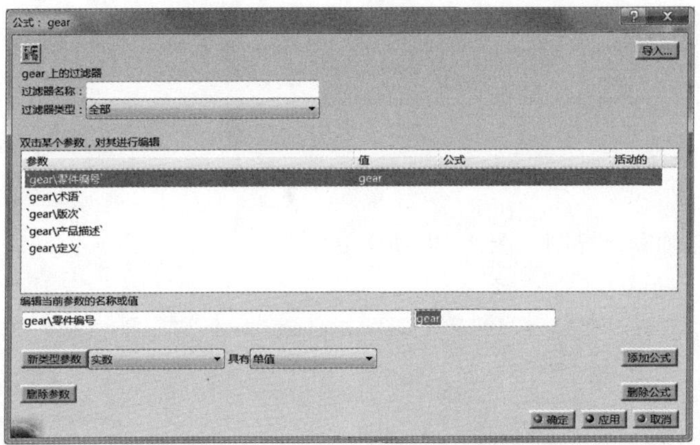

图 3-5-1 “公式：gear”对话框

（2）定义公式

1）在“新类型参数”右侧的下拉菜单中选择“长度”，然后单击【新类型参数】，在当前参数名称中输入分度圆半径“R”，单击添加公式【 添加公式 】按钮，弹出如图 3-5-2 所示的公式编辑器，输入公式 m*z/2，单击【确定】，关闭编辑器，单击【应用】按钮。

2）用同样的方式设置 Rb、Ra、Rf，详细参数见表 3-5-1。

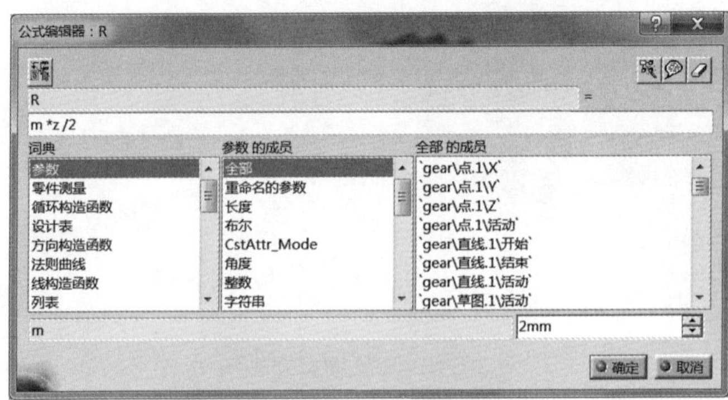

图 3-5-2 公式编辑器

表 3-5-1　参数列表

参数类型	参数单位	参数名称	参数值或公式	参数意义
长度	mm	m	2	齿轮模数
整数	个	z	28	齿轮齿数
角度	deg	alpha	20	齿轮压力角
长度	mm	B	20	齿轮齿厚
长度	mm	R	m*z/2	分度圆半径
长度	mm	Rb	R*cos（alpha）	基圆半径
长度	mm	Ra	R+m	齿顶圆半径
长度	mm	Rf	R−1.25m	齿根圆半径

（3）二维草图 1

1）单击 zx 平面，单击右侧工具栏按钮区的草绘【 】按钮，进入草图绘制。

2）单击“轮廓”工具条中的圆【 】按钮，绘制 4 个同心圆。标注半径尺寸，双击最大圆尺寸，弹出如图 3-5-3 所示的“约束定义”对话框，在半径尺寸上单击右键，在弹出菜单中选择“编辑公式 ...”。

齿轮参数圆绘制

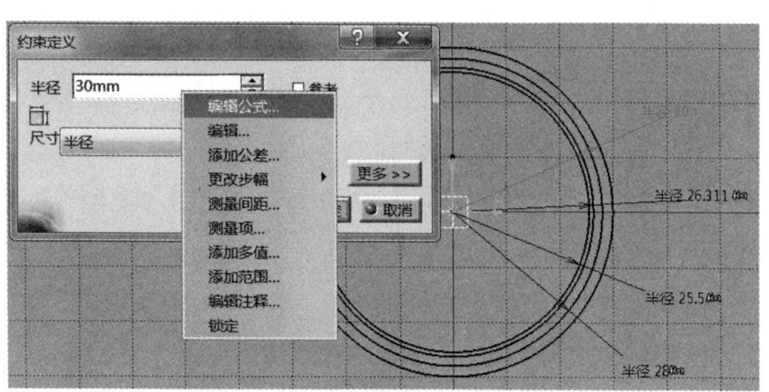

图 3-5-3　“约束定义”对话框

3）在公式编辑器中单击 Ra，使外圆半径与 Ra 相等，如图 3-5-4 所示。使用相同的方式设置另外三个圆的半径分别等于 R、Rb、Rf，如图 3-5-5 所示。单击退出工作台【 】按钮，退出草图绘制。

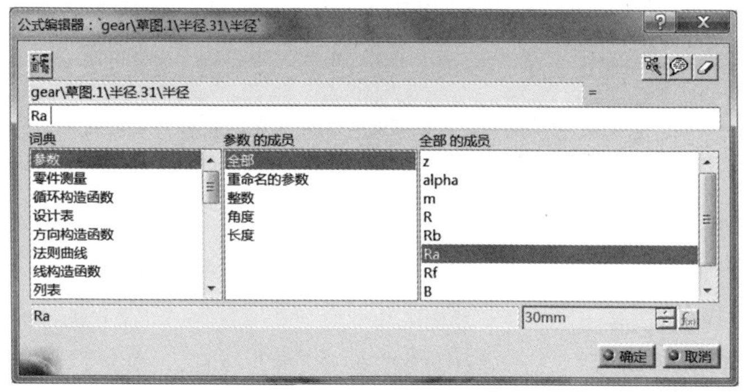

图 3-5-4　公式编辑器

提问：请大家思考渐开线齿轮的定义。

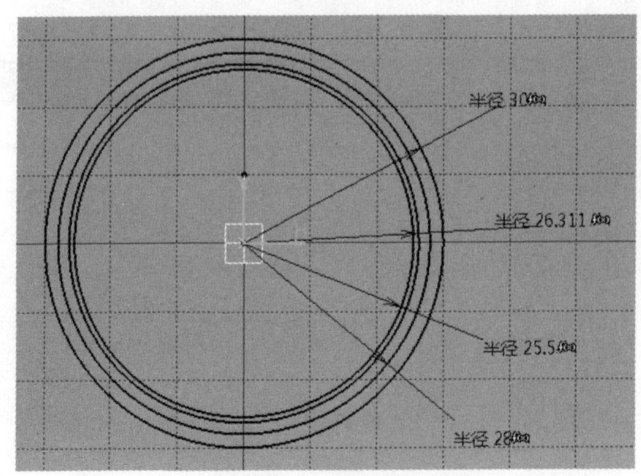

图 3-5-5　草绘图形

（4）二维草图 2

1）单击 zx 平面，单击右侧工具栏按钮区的草绘【 】按钮，进入草图绘制。

2）单击“轮廓”工具条中的构造线【 】按钮，先绘制一条基准线，设置夹角为 f（x）=90deg/z。再绘制一个基准圆，圆心为 R 与基准线的交点，半径为 f（x）=R/3。

齿轮参数圆绘制

3）绘制第二个圆，圆心为第一个圆与 Rb 的交点，半径位置为第一个圆的圆心。使用【镜像】按钮绘制对称圆，再次单击构造线【 】按钮，退出构造线模式，使用弧【 】按钮创建如图 3-5-6 所示的图形。单击退出工作台【 】按钮，退出草图绘制。

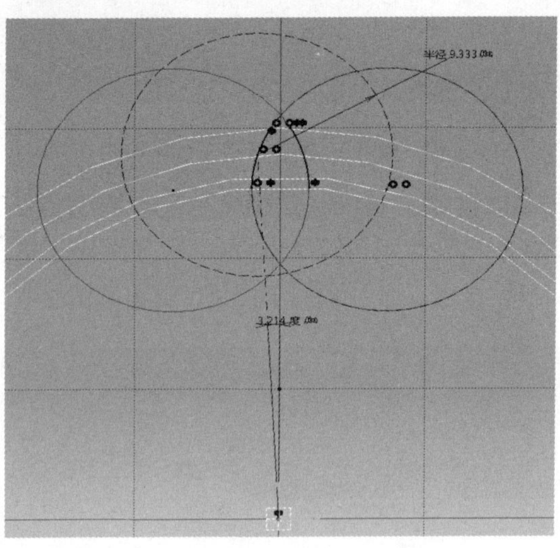

图 3-5-6　草绘图形 2

（5）拉伸曲面

1）单击“曲面”工具条中的拉伸【 】按钮，弹出“拉伸曲面定义”对话框，在类型的下拉列表中设置第一限制长度尺寸为 f（x）=B，如图 3-5-7 所示，单击【确定】。

拉伸曲面：将曲线、直线和曲面边线沿着指定方向进行拉伸而形成的曲面。

“拉伸”命令可从“曲面”工具条中或下拉菜单“插入”→“曲面”→“拉伸”中找到。

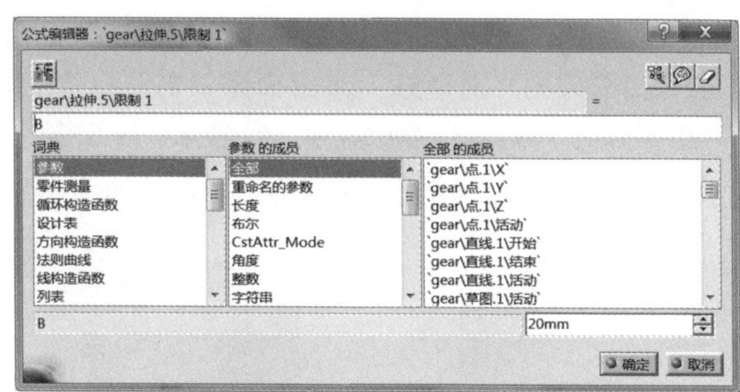

图 3-5-7 公式编辑器

曲面拉伸分界面

2）再次单击【确定】，完成齿廓曲面的创建，如图 3-5-8 所示。

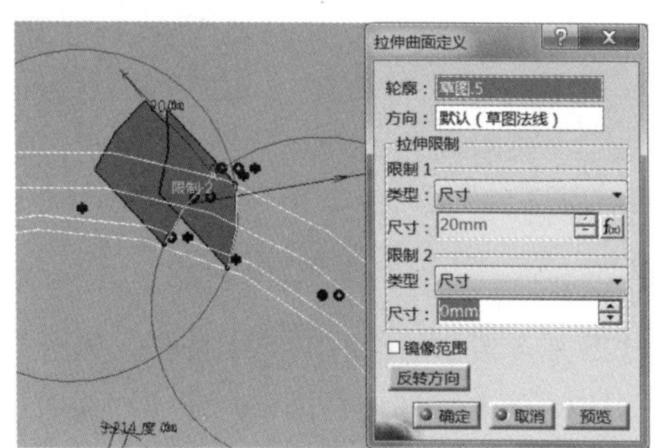

图 3-5-8 拉伸齿廓曲面

（6）二维草图 3

1）单击 zx 平面，单击右侧工具栏按钮区的草绘【 】按钮，进入草图绘制。

2）单击投影 3D 元素【 】按钮，拾取半径最小的圆，如图 3-5-9 所示。单击退出工作台【 】按钮，退出草图绘制。

（7）拉伸曲面

1）单击“曲面”工具条中的拉伸【 】按钮，弹出“拉伸曲面定义”对话框，在类型的下拉列表中设置第一限制长度尺寸为 f（x）=B，单击【确定】。

2）再次单击【确定】，完成齿根圆曲面的创建，如图 3-5-10 所示。

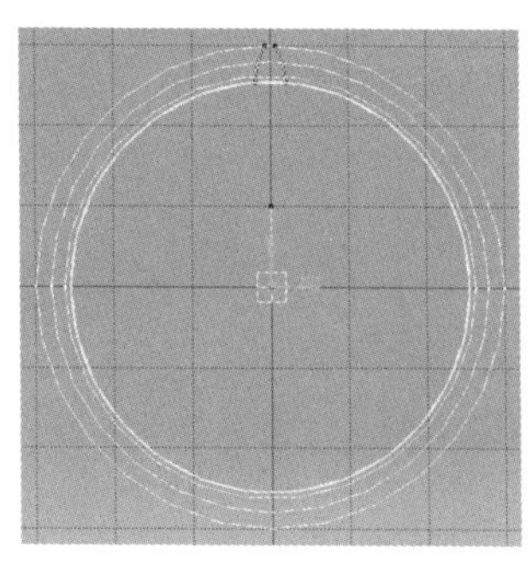

图 3-5-9 草绘图形 3

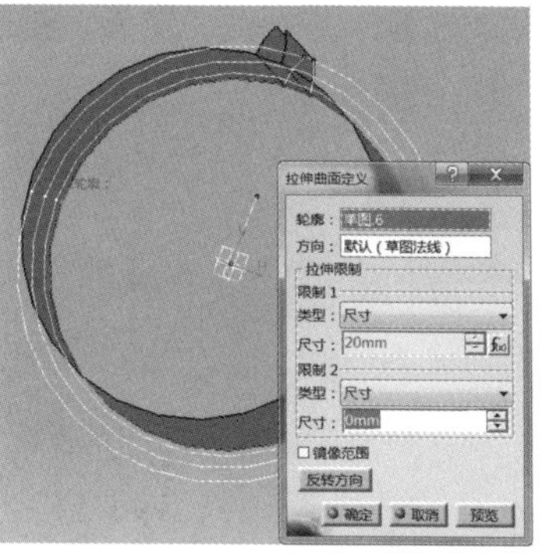

图 3-5-10 拉伸齿根圆曲面

（8）阵列特征　定义工作对象为齿廓曲面，单击定义圆形阵列【 】按钮，弹出“定义圆形阵列”对话框，参数选择“实例和角度间距”，实例输入 f(x)=z，角度间距为 f(x)=360deg/z，如图 3-5-11 所示。“参考元素”为基准轴，选择 Y 轴。单击【确定】，完成实体创建，如图 3-5-12 所示。

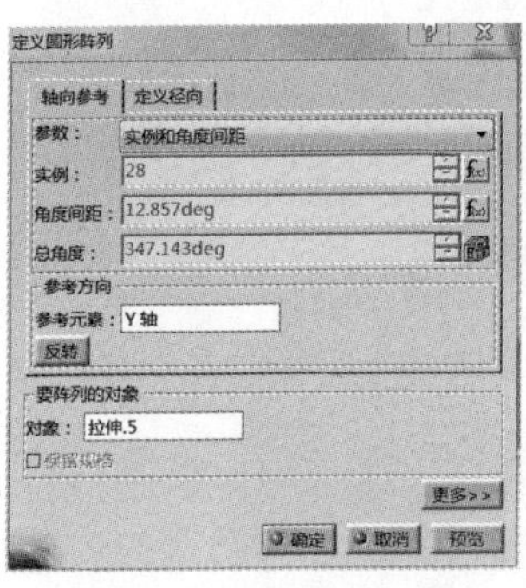

图 3-5-11　定义圆形阵列

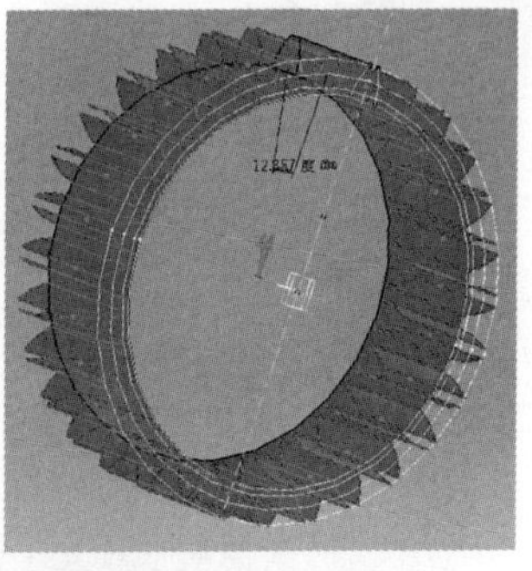

图 3-5-12　阵列曲面

（9）修剪曲面

1）单击“操作”工具条中的修剪【 】按钮，弹出“修剪定义”对话框，在修剪元素列表中点选阵列曲面与齿根圆曲面，如果方向不对，可以单击【另一侧 / 下一元素】按钮，得到如图 3-5-13 所示的结果，单击【确定】。

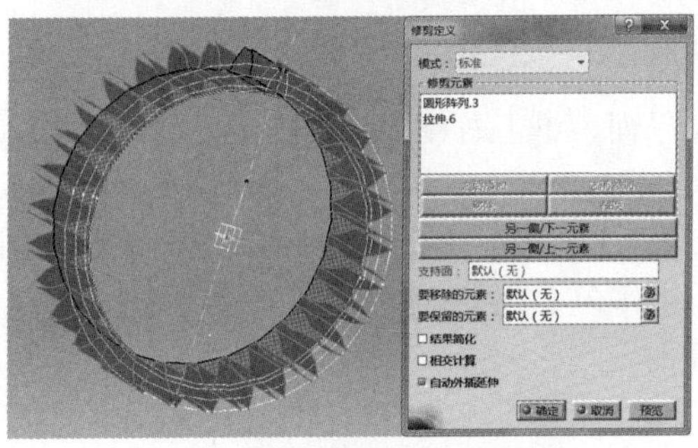

图 3-5-13　修剪曲面 1

2）再次单击“操作”工具条中的修剪【 】按钮，弹出“修剪定义”对话框，在修剪元素列表中点选拉伸齿廓与齿根圆曲面，调整方向，得到如图 3-5-14 所示的结果，单击【确定】。

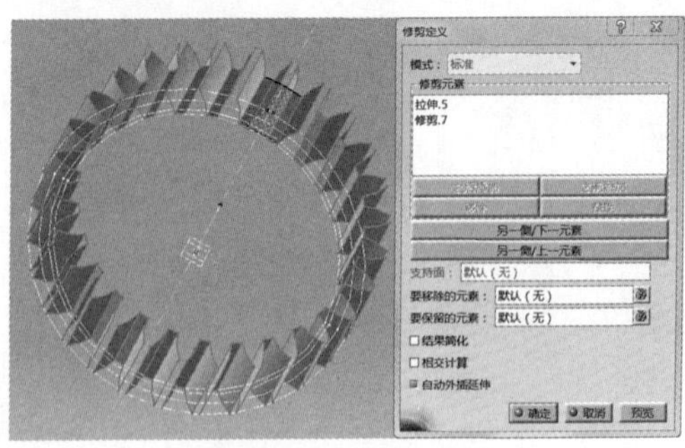

图 3-5-14　修剪曲面 2

（10）拉伸曲面

1）单击 zx 平面，单击右侧工具栏按钮区的草绘【 】按钮，进入草图绘制工作台。单击投影 3D 元素【 】按钮，拾取半径最大的圆。单击退出工作台【 】按钮，退出草图绘制。

2）单击“曲面”工具条中的拉伸【 】按钮，弹出“拉伸曲面定义”对话框，在类型的下拉列表中设置第一限制长度尺寸为 f（x）=B，单击【确定】，完成齿顶圆曲面的创建，如图 3-5-15 所示。

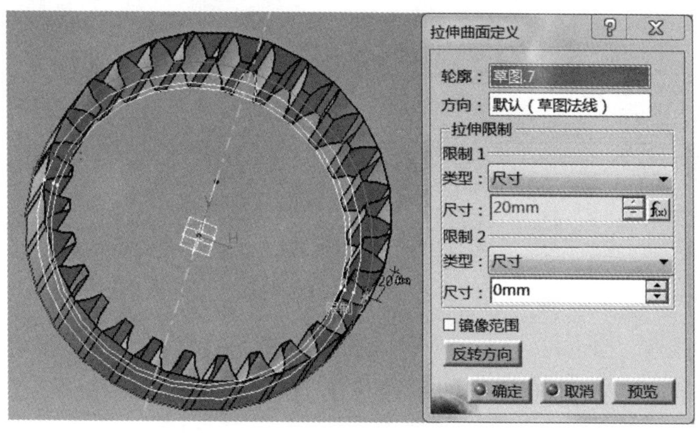

图 3-5-15 拉伸齿顶圆曲面

（11）修剪曲面 单击“操作”工具条中的修剪【 】按钮，弹出“修剪定义”对话框，在修剪元素列表中点选修剪曲面与齿顶圆曲面，如果方向不对，可以单击【另一侧 / 下一元素】按钮，得到如图 3-5-16 所示的结果，单击【确定】。

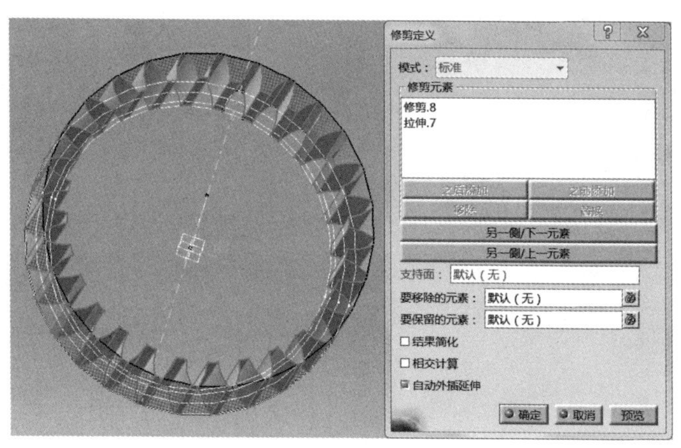

图 3-5-16 修剪曲面 3

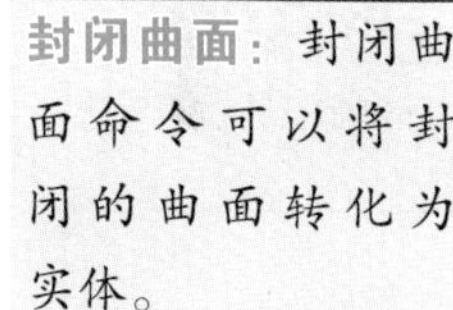

封闭曲面：封闭曲面命令可以将封闭的曲面转化为实体。

当需要使用“封闭曲面”命令时，首先切换至零件设计工作台，然后从下拉菜单“插入”→“基于曲面的特征”→“封闭曲面”中找到该命令。

（12）实体化

1）选择回到“零件设计”模式，单击封闭曲面【 】按钮，弹出“定义封闭曲面”对话框，修剪曲面，如图 3-5-17 所示，单击【确定】。将修剪曲面隐藏，得到如图 3-5-18 所示的结果。

齿轮封闭曲面

2）完成参数化齿轮后，可根据设计所需的参数进行修改。

图 3-5-17　选择曲面

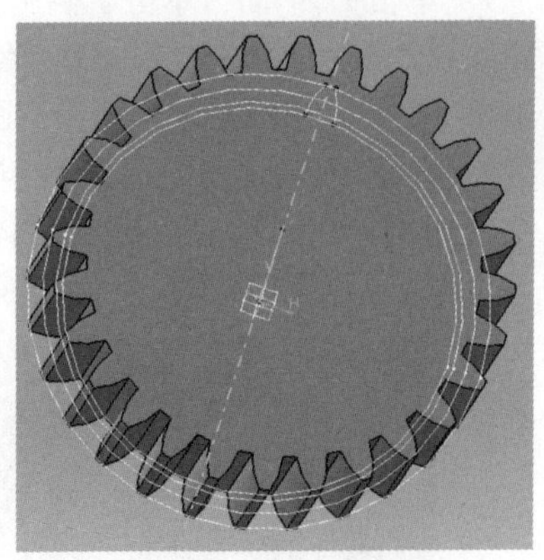
图 3-5-18　齿轮实体

2. 左端轴

（1）插入几何体

1）单击下拉菜单区中的【插入】，在下拉菜单中选择几何体【 】按钮。

齿轮轴左端（1）

2）右键单击几何体 2，在弹出的快捷菜单中选择“定义工作对象”，激活几何体 2，如图 3-5-19 所示，单击“属性”。

3）修改“属性”对话框中的特征名称为“left shaft”，如图 3-5-20 所示。

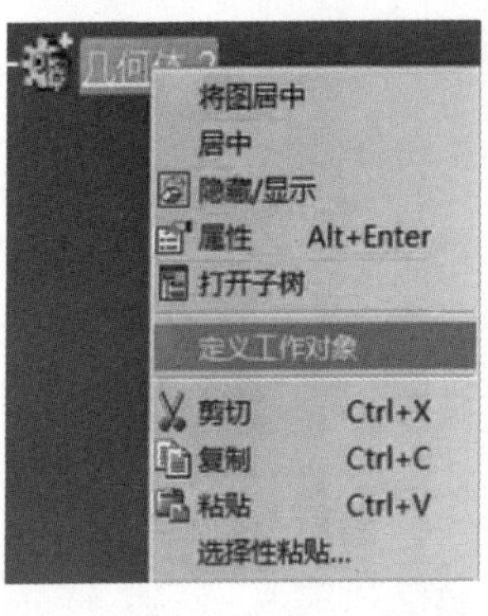

图 3-5-19　右键单击快捷菜单

图 3-5-20　属性对话框

（2）旋转特征

1）单击“基于草图的特征”工具条中的旋转【 】按钮，弹出“定义旋转体”对话框，如图 3-5-21 所示，设置“第一角度”为 360deg。

2）在“定义旋转体”对话框中单击【 】按钮，绘制如图 3-5-22 所示的草图。单击退出工作台【 】按钮，退出草图绘制。

3）单击【确定】，完成旋转体的创建。

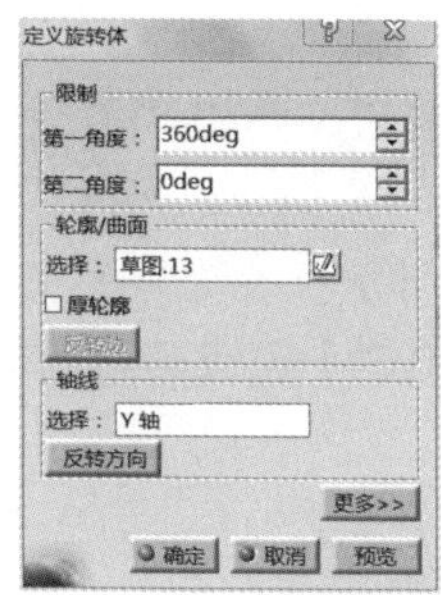

图 3-5-21　“定义旋转体”对话框

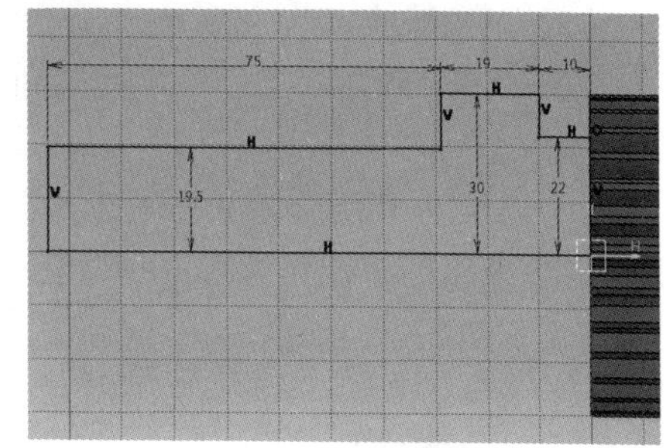

图 3-5-22　旋转草绘

（3）旋转槽特征

1）单击“基于草图的特征”工具条中的旋转槽【 】按钮，弹出“定义旋转槽”对话框，如图 3-5-23 所示，设置“第一角度”为 360deg。

2）在“定义旋转槽”对话框中单击草图绘制【 】按钮，绘制如图 3-5-24 所示的草图。单击退出工作台【 】按钮，退出草图绘制。

3）单击【确定】，完成旋转槽的创建，如图 3-5-24 所示。

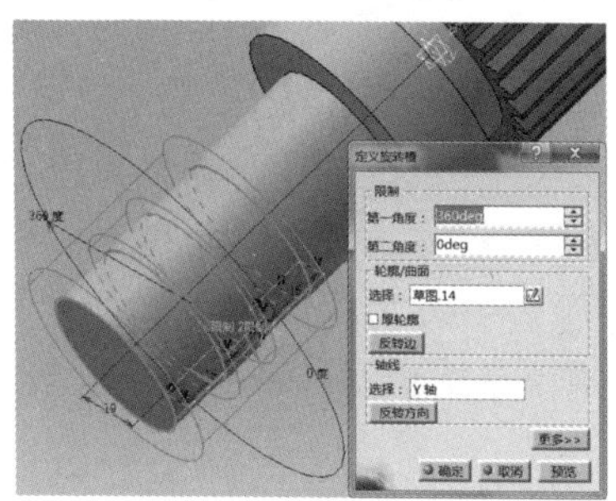

图 3-5-23　“定义旋转槽”对话框

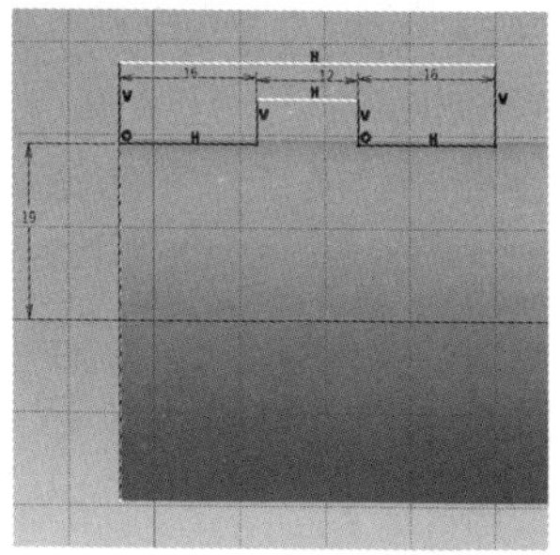

图 3-5-24　旋转草绘

（4）孔特征

1）选择模型的 zy 平面，单击“基于草图的特征”工具条中的孔【 】按钮，弹出“定义孔”对话框，选择“直到最后”，设置如图 3-5-25 所示的参数。

2）单击定位草图，设置孔的圆心位置，如图 3-5-26 所示，完成通孔的创建。

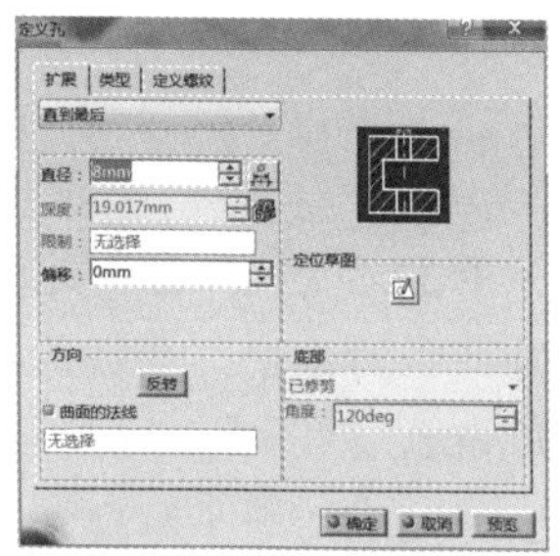

图 3-5-25　定义孔对话框

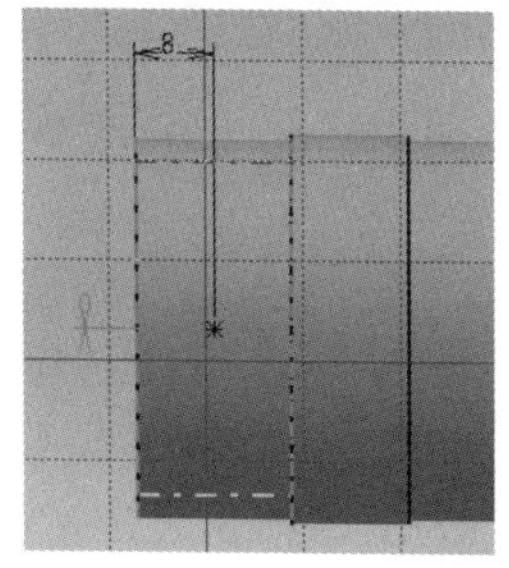

图 3-5-26　孔的圆心位置草图

（5）圆角特征

1）单击“修饰”工具条中的圆角【 】按钮，弹出“倒圆角定义”对话框。

2）设置“半径”为 0.5mm，如图 3-5-27 所示。在绘图区中选择如图 3-5-28 所示的边线作为圆角的对象，单击【确定】完成圆角的创建。

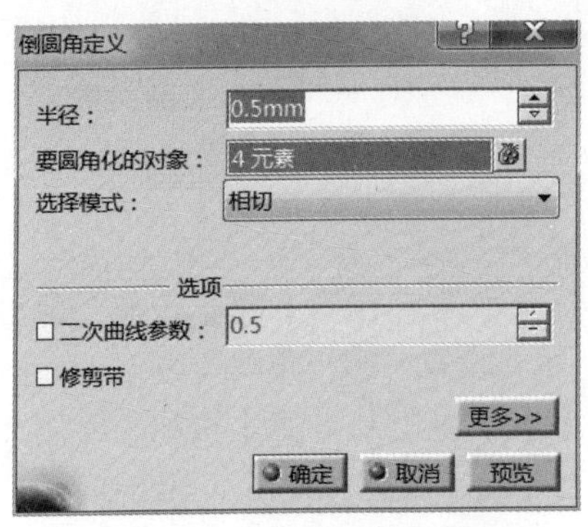

图 3-5-27　定义圆角对话框

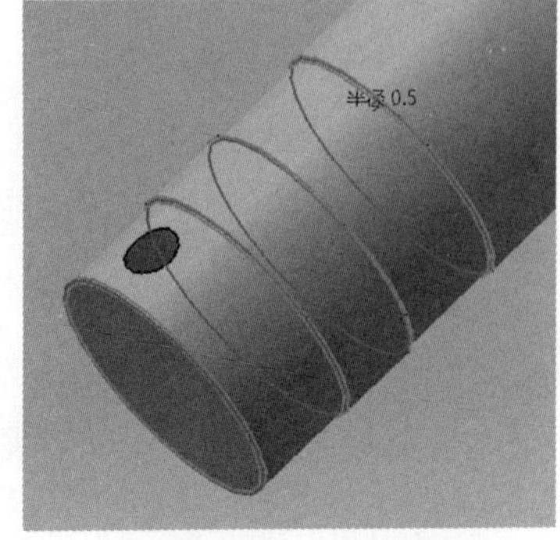

图 3-5-28　圆角实体

（6）凹槽特征

1）单击“基于草图的特征”工具条中的凹槽【 】按钮，弹出“定义凹槽”对话框，设置“类型”为“直到平面”，单击【 】按钮，绘制如图 3-5-29 所示的草图，设置夹角为 f（x）=Beta（Beta=38deg）。

2）单击退出工作台【 】按钮，退出草图绘制。单击【确定】，完成旋转槽的创建，如图 3-5-30 所示。

齿轮轴左端（2）

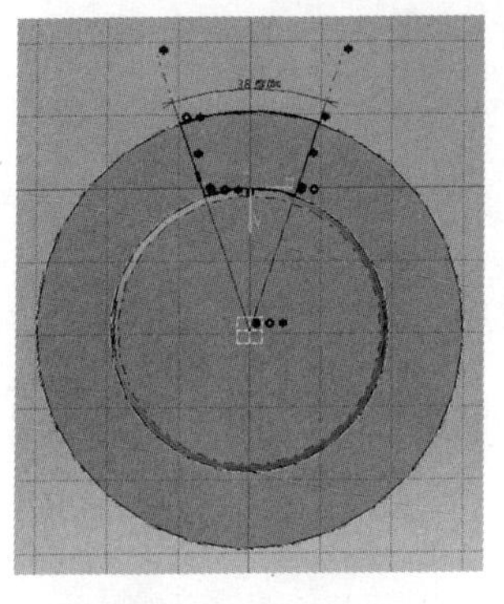

图 3-5-29　凹槽草绘

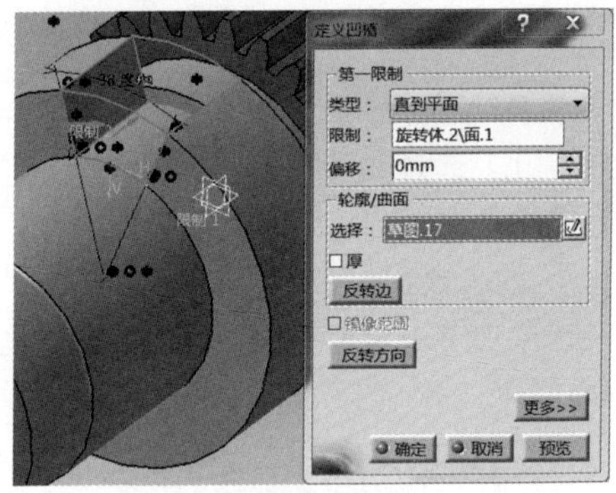

图 3-5-30　“定义凹槽”对话框

（7）阵列特征　定义工作对象为凹槽，单击“变换特征”工具条中的圆形阵列【 】按钮，弹出“定义圆形阵列”对话框，参数选择“实例和角度间距”，实例输入 4，角度间距为 90 deg，如图 3-5-31 所示。“参考元素”为基准轴，选择 Y 轴，单击【确定】。完成如图 3-5-32 所示实体创建。

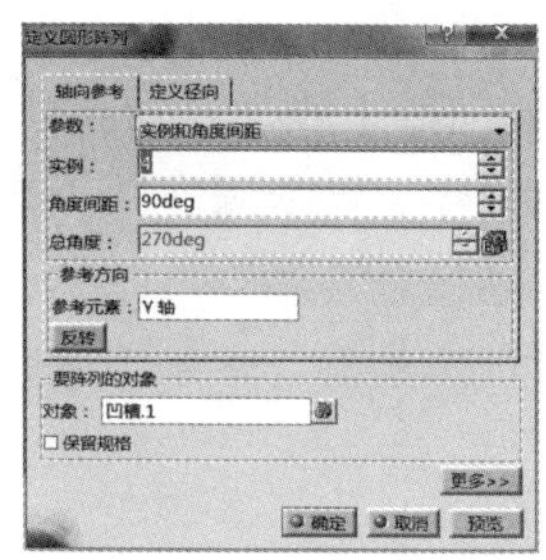
图 3-5-31 定义圆形阵列

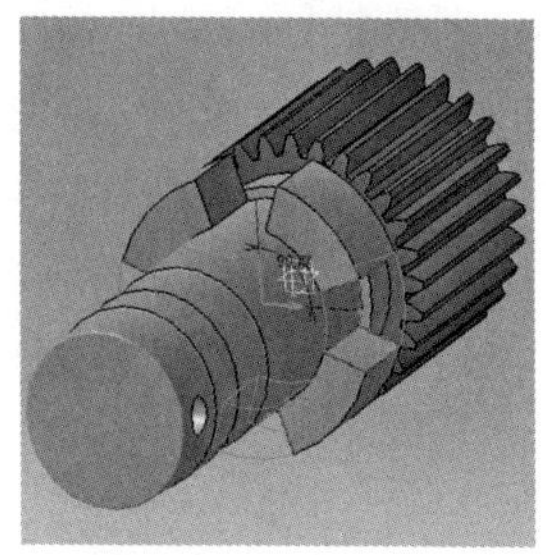
图 3-5-32 阵列实体

3. 右端轴

（1）插入几何体

1）单击下拉菜单区中的【插入】，在下拉菜单中选择几何体【 】按钮。

2）右键单击几何体 3，在弹出的快捷菜单中选择“定义工作对象”按钮，激活几何体 3，如图 3-5-33 所示，选择“属性”。

3）修改“属性”对话框中的特征名称为“Right shaft/zhou”，如图 3-5-34 所示。

齿轮轴右端（1）

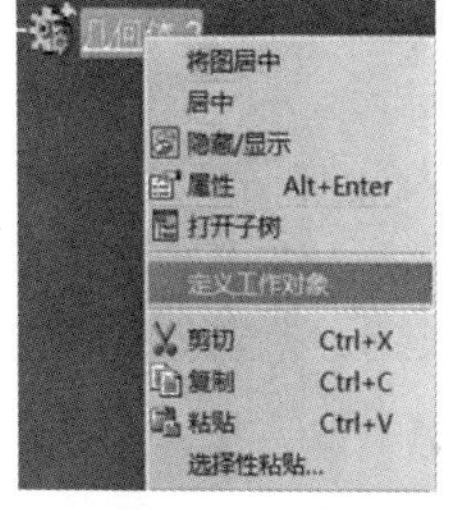

图 3-5-33 右键快捷菜单

图 3-5-34 “属性”对话框

（2）旋转特征

1）单击“基于草图的特征”工具条中的旋转【 】按钮，弹出“定义旋转体”对话框，如图 3-5-35 所示，设置“第一角度”为 360deg。

2）在“定义旋转体”对话框中单击草图绘制【 】按钮，绘制如图 3-5-36 所示的草图。单击退出工作台【 】按钮，退出草图绘制。

3）单击【确定】，完成旋转体的创建。

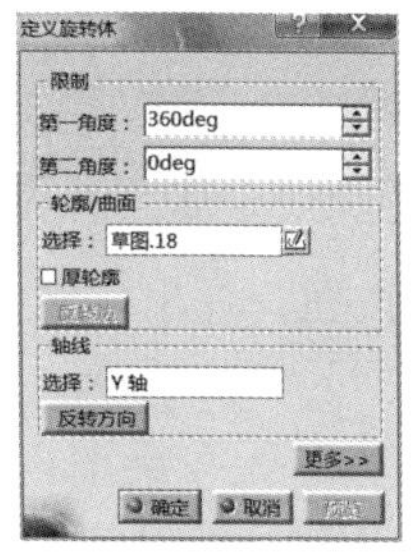

图 3-5-35 “定义旋转体”对话框

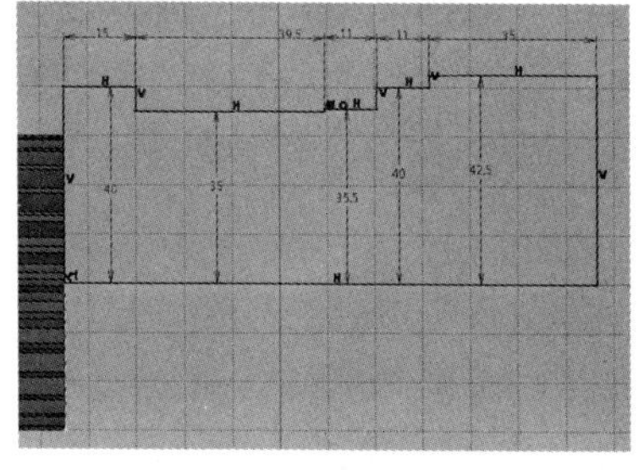
图 3-5-36 旋转草绘

（3）凹槽特征

1）单击“基于草图的特征”工具条中的凹槽【】按钮，弹出“定义凹槽”对话框，如图 3-5-37 所示，设置“第一限制深度”为 5.5mm。单击草图绘制【】按钮，绘制如图 3-5-38 所示的草图。

2）单击退出工作台【】按钮，退出草图绘制。单击【确定】，完成旋转槽的创建，如图 3-5-37 所示。

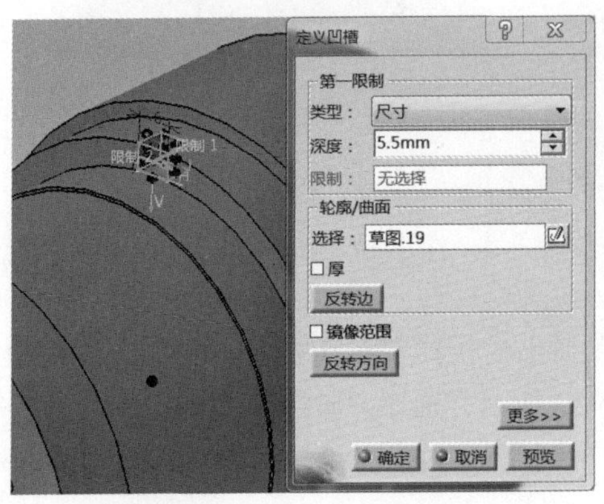

图 3-5-37 “定义凹槽”对话框

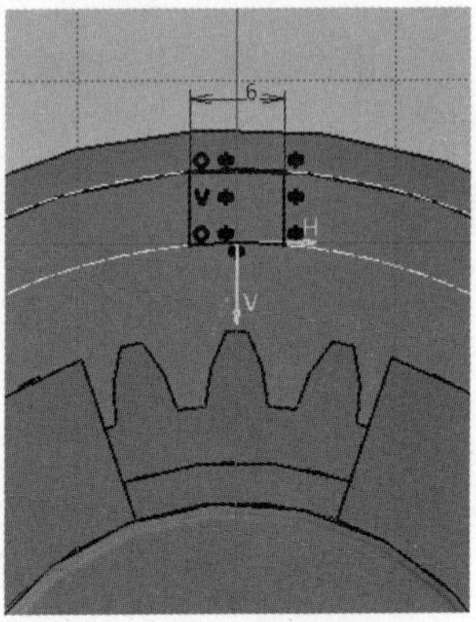

图 3-5-38 凹槽草绘

（4）阵列特征　定义工作对象为凹槽，单击“变换特征”工具条中的圆形阵列【】按钮，弹出“定义圆形阵列”对话框，如图 3-5-39 所示，参数选择“实例和角度间距”，实例输入 16，角度间距为 22.5 deg，“参考元素”为基准轴，选择 Y 轴。单击【确定】，完成实体创建。

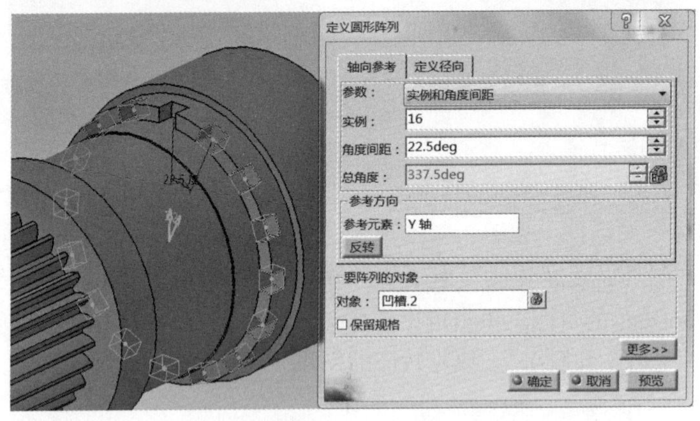

图 3-5-39 阵列实体

（5）圆角特征

1）单击“修饰”工具条中的圆角【】按钮，弹出“倒圆角定义”对话框。

2）设置“半径”为 0.5mm，如图 3-5-40 所示。在绘图区中选择如图 3-5-41 所示的边线作为圆角的对象，单击【确定】，完成圆角的创建。

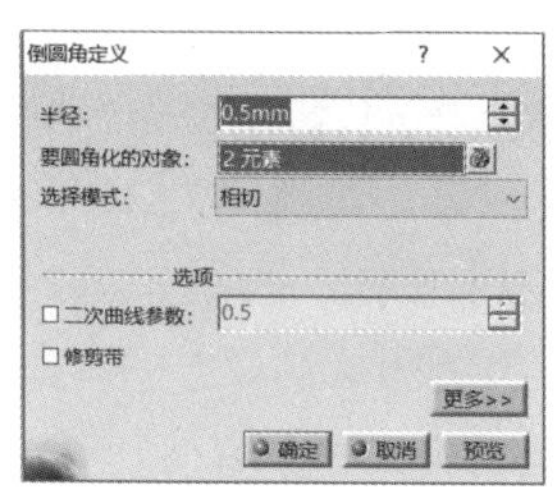

图 3-5-40　“倒圆角定义”对话框

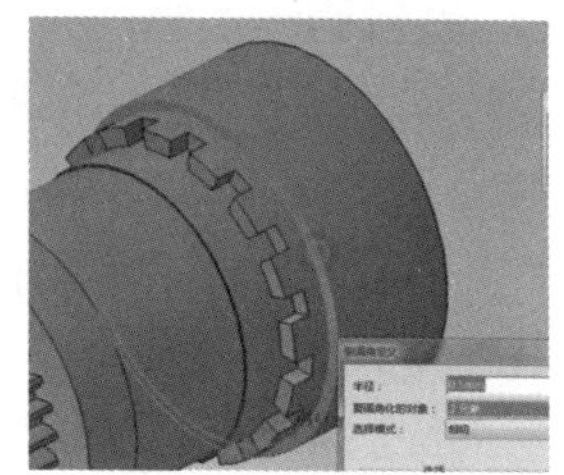

图 3-5-41　选择边线

（6）旋转槽特征

1）单击“基于草图的特征”工具条中的旋转槽【 】按钮，弹出“定义旋转槽”对话框，如图 3-5-42 所示，设置“第一角度”为 360deg。

2）在“定义旋转槽”对话框中单击草图绘制【 】按钮，绘制如图 3-5-43 所示的草图。单击“退出工作台”【 】按钮，退出草图绘制。

3）单击【确定】，完成旋转槽的创建，如图 3-5-42 所示。

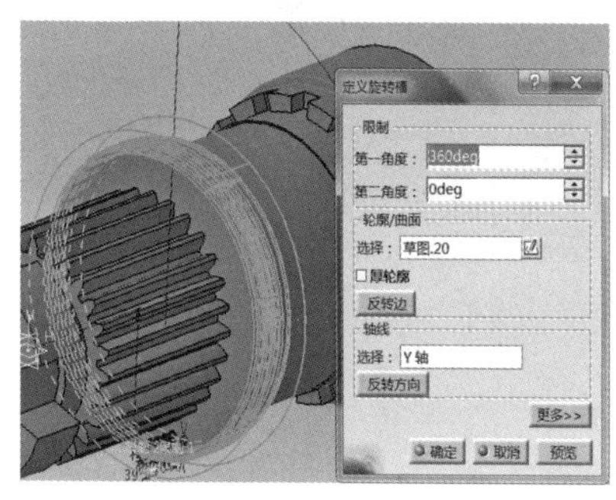

图 3-5-42　“定义旋转槽”对话框

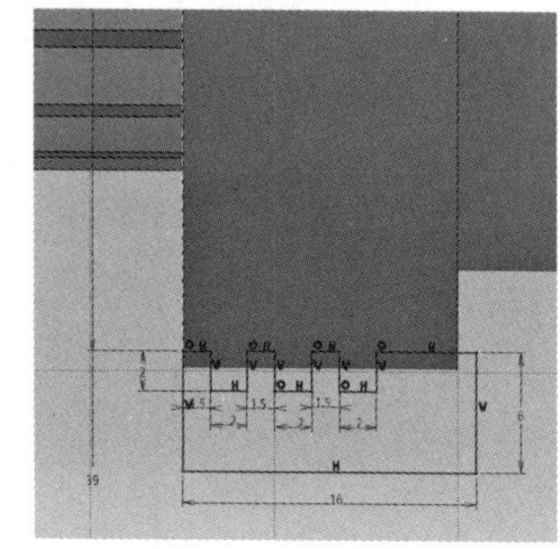

图 3-5-43　旋转草绘

（7）圆角特征

1）单击“修饰”工具条中的圆角【 】按钮，弹出“倒圆角定义”对话框。

2）设置“半径”为 0.5mm，如图 3-5-44 所示。在绘图区中选择如图 3-5-45 所示的边线作为圆角的对象，单击【确定】，完成圆角的创建。

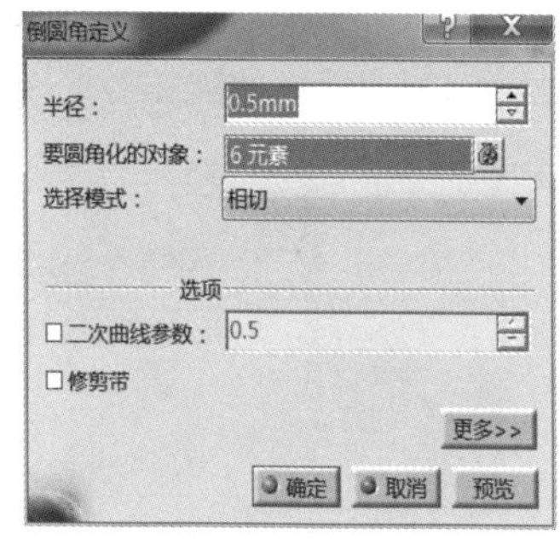

图 3-5-44　“倒圆角定义”对话框

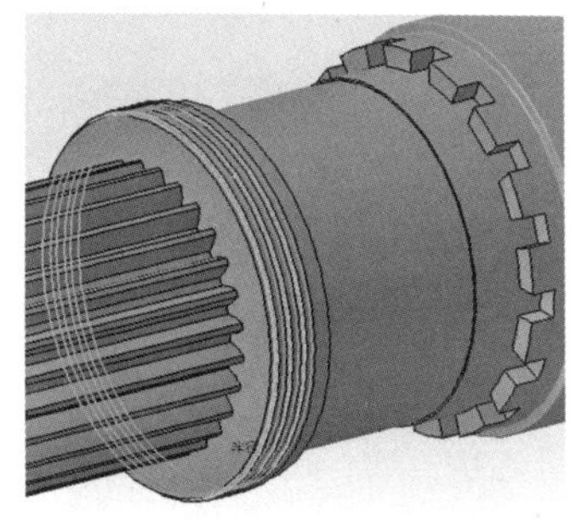

图 3-5-45　圆角实体

齿轮轴右端（2）

（8）旋转特征

1）单击“基于草图的特征”工具条中的旋转【 】按钮，弹出“定义旋转体”对话框，如图 3-5-46 所示，设置“第一角度”为 360deg。

2）在“定义旋转体”对话框中单击【 】按钮，绘制如图 3-5-47 所示的草图。单击退出工作台【 】按钮，退出草图绘制。

3）单击【确定】，完成旋转体的创建，如图 3-5-46 所示。

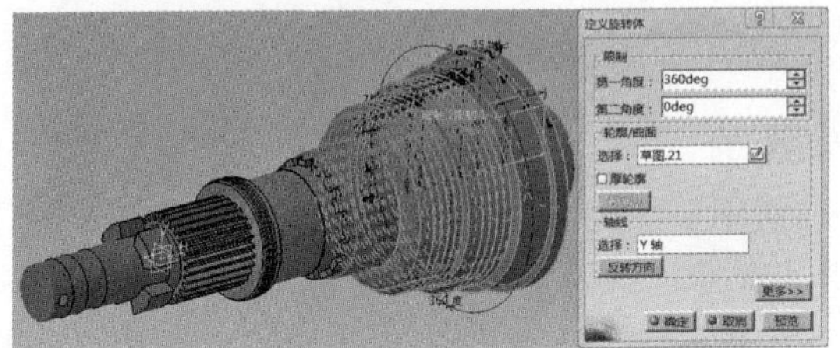

图 3-5-46 “定义旋转体”对话框

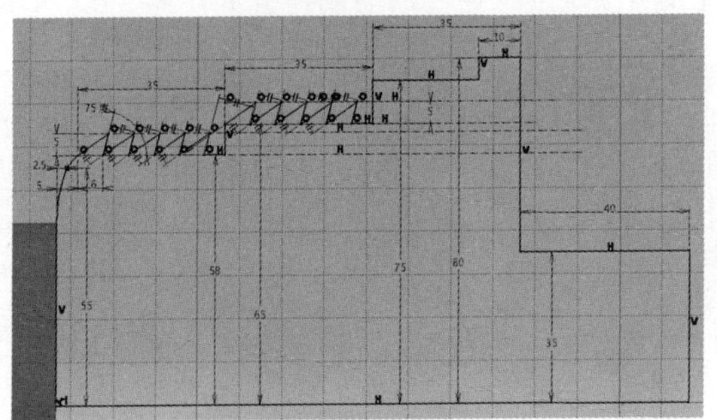

图 3-5-47 旋转草绘

（9）布尔运算

1）单击“Left shaft”，单击下拉菜单区中的【插入】，在下拉菜单中单击“布尔操作”命令，选择添加【 】按钮，左轴模型就和“gear”合并了，如图 3-5-48 所示。

2）单击“Right shaft”，单击下拉菜单区中的【插入】，在下拉菜单中单击“布尔操作”按钮，选择添加【 】按钮，将右轴模型和“gear”合并，如图 3-5-49 所示。

参数齿轮

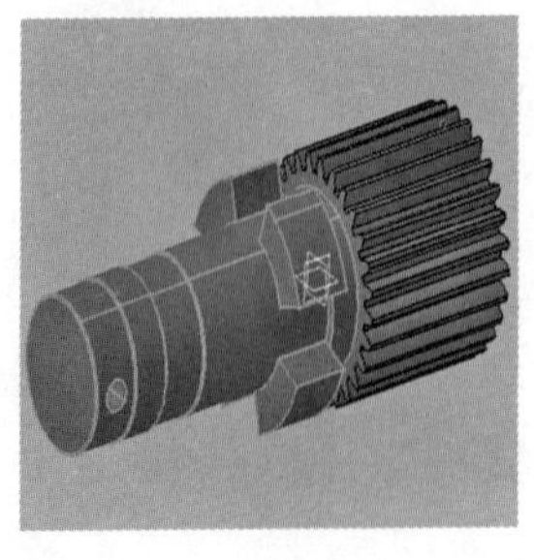

图 3-5-48 布尔合并效果 1

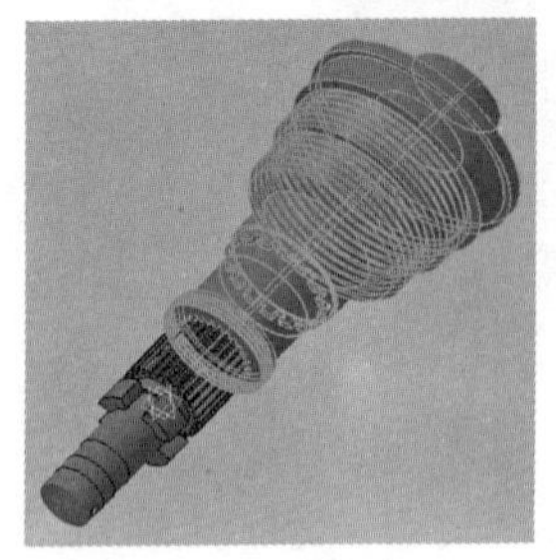

图 3-5-49 布尔合并效果 2

知识测试与能力训练

单选题

（1）曲面壳体类零件生成实体的命令是（　　　　）。

A. 　　B. 　　C. 　　D.

（2）以下哪项是螺旋线的创建工具？（　　　　）

A. 　　B. 　　C. 　　D.

（3）工具可以实现的操作是（　　　　）。

A. 连接两条曲线　　B. 创建抛物线

C. 延长曲线　　D. 连接两个点

（4）创建投影线的工具是（　　　　）。

A. 　　B. 　　C. 　　D.

（5）用于"填充曲面"的工具是（　　　　）。

A. 　　B. 　　C. 　　D.

（6）用于曲面形成的工具是（　　　　）。

A. 　　B. 　　C. 　　D.

（7）用于线框构建的工具是（　　　　）。

A. 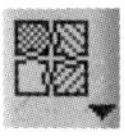　　B. 　　C. 　　D.

（8）关于"外插延伸"，以下描述正确的是（　　　　）。

A. 沿着选定边界的切向延伸

B. 沿着选定边界的法向延伸

C. 沿着选定边界的 45° 方向延伸

D. 沿着用户指定方向延伸

（9）以下不可以生成圆柱曲面的工具是（　　　　）。

A.　　B. 　　C. 　　D.

（10）工具要求选取的是（　　　　）。

A. 两条相交的曲线　　B. 两个相交的曲面

C. 相交的 1 个曲面和 1 条曲线　　D. 都可以

项目 4

压气机装配与仿真

压气机（图 4-0-1）采用的是九级轴流式结构，气流的流动方向是沿轴向的，一排转子叶片加上随后的定子叶片称为压气机的单级。压气机的工作原理是利用扩散增压，流通通道中叶片由大变小，气流在收敛型通道中流通。

图 4-0-1　压气机模型

压气机三维动画

案例导学

知识目标

1）熟练掌握装配约束的使用特点。

2）掌握阵列上实例化特征的思路。

3）培养独立设计的思维意识。

技能目标

1）掌握相合、距离、固定等常见装配约束，完成毂筒和叶轮的装配。

2）掌握在阵列上实例化特征，完成叶轮和叶片的装配。

3）掌握 DMU 运动机构的仿真方法。

素养目标

1）培养严谨细致的工作品质。

2）养成精密测量、规范记录的工作态度。

行业拓展园地

20 世纪 60 年代初，为打破国际上对我国的技术封锁，独立自主地发展航空动力核心技术，我国在沈阳成立了中国航发沈阳发动机设计研究所，大批航空人才汇聚沈阳，开始我国航空发动机技术自主研发之路的艰苦跋涉。

代号涡扇 -10 的“太行”发动机，经过 18 年的艰苦研发，于 2006 年 3 月 24 日正式设计定型，实现了我国军用航空发动机从第二代向第三代的跨越，这也是我国第一台自行研制、具有自主知识产权的大推力加力式涡轮风扇发动机。“太行”发动机推重比达到 8 级，最大加力推力达到125kN，完全达到世界第三代涡扇发动机的技术水平。涡扇-10经历多年研发，先后推出了基本型涡扇-10、实际装机型号涡扇-10A和“高可靠性”改进型涡扇-10B。在2018年珠海航展上，在涡扇-10B基础上改进来的矢量推力型发动机首次亮相。这标志着我国军用航空发动机摆脱了受制于人的被动局面。

案例模型导图如图4-0-2所示。

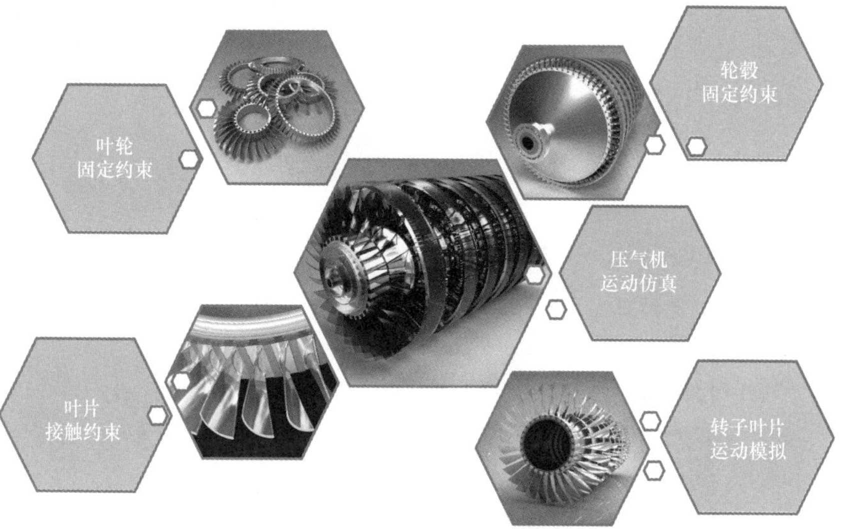

图4-0-2 案例模型导图

脉动式生产线

飞机装配是缩短飞机制造周期、降低制造成本、保障制造质量的关键环节。传统的飞机装配，主要依赖工人的肉眼观察和纯手工操作，自动化水平低，质量难以控制，问题不可溯源，装配效率低，严重影响了飞机的性能和使用寿命。飞机脉动式生产线作为航空制造领域的新理念，具有许多突出优点，例如缩短装配时间、改善现场环境、易于保证飞机质量以及实现协同生产等。

浙江大学飞机装配创新团队攻克了飞机装配领域的一系列技术难题，开创了我国飞机自动化装配新局面。该团队研发的飞机自动化装配系统已经为运-20、歼-20、新舟700等9个重点型号飞机的成功研制和批量生产作出了巨大贡献，特别是飞机多站位式总装工艺流程构建项目，即“脉动式生产线”，有望大幅提高我国飞机制造效率并降低相关制造成本。脉动式生产线的建立和相关经验的积累为我国航空装备的快速发展提供了有力的保障。

任务 1　一级叶轮叶片基本装配

 任务目标

1）掌握零件装配约束的基本操作。

2）学会使用在阵列上实例化特征进行装配，掌握其操作步骤。

3）了解叶轮叶片的结构特点和装配方法。

 资源环境

1）CATIA V5R21。

2）云课堂。

 功能介绍

1）调整气流。

2）保护发动机元件。

转子叶片案例导图如图 4-1-0 所示。

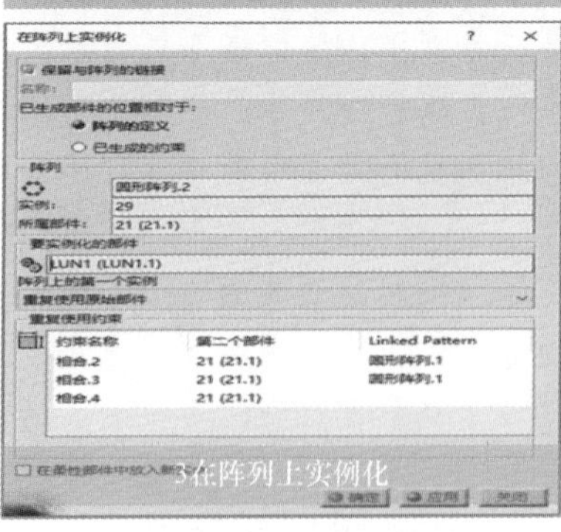

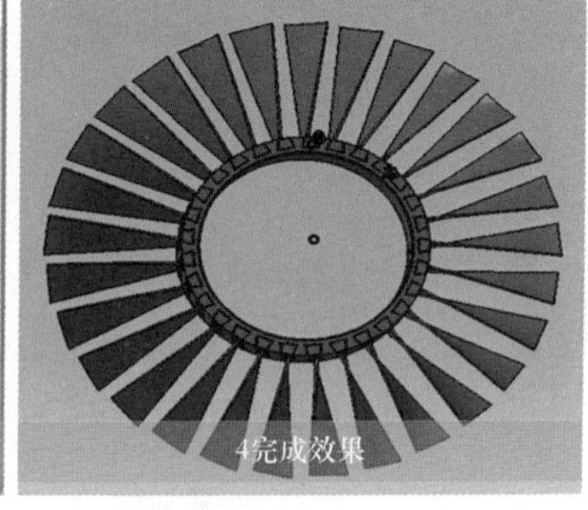

图 4-1-0　转子叶片案例导图

叶轮装配

（1）叶轮装配

1）单击“开始”菜单，选择“机械设计”模组里的“装配设计”模块，进入系统自动创建的“Product”文件，右键单击特征树中的装配体

名称 Product1，在右键快捷菜单中单击“属性”，系统弹出“属性”对话框，在“零件编号”栏填写装配体的名称“压气机”，单击【确定】，如图 4-1-1 所示。

2）单击特征树中的装配体名称“压气机”，使当前装配体处于激活状态（由蓝色变为橙色），单击“产品结构工具”工具条中的现有部件【 】按钮，弹出“选择文件”对话框，选择叶轮零件模型文件“YE1.CATPart”，单击【打开】按钮。

3）单击“约束”工具条中的固定【 】按钮，然后单击叶轮模型，模型上会显示出完成固定约束“ ”图标，如图 4-1-2 所示。

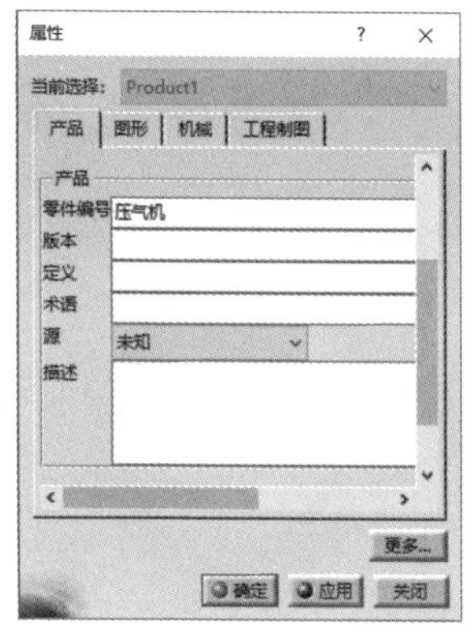

图 4-1-1 “属性”对话框

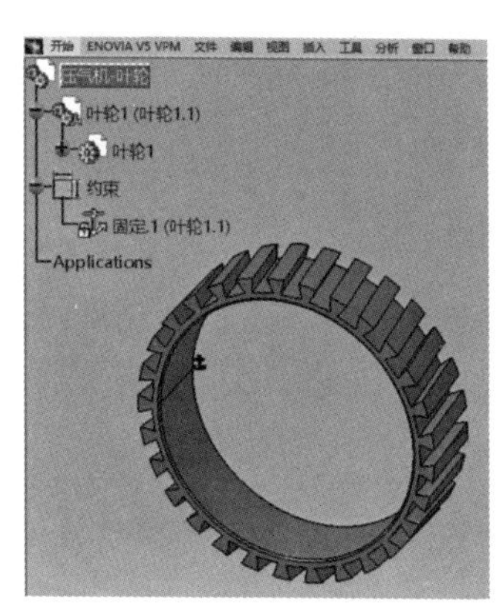

图 4-1-2 叶轮模型完成固定约束

（2）叶轮、叶片引入

1）单击特征树中的总组件名称“压气机”，再单击“产品结构工具”工具条中的现有部件【 】按钮，弹出“选择文件”对话框，选择叶片零件模型文件“LUN1.CATPart”，单击【打开】按钮。

2）单击“移动”工具条中的操作【 】按钮，系统弹出“操作”对话框，如图 4-1-3 所示，选择合适的移动方式，再用鼠标拖拽叶片模型，将叶片模型放置在适当位置后单击【确定】，如图 4-1-4 所示。

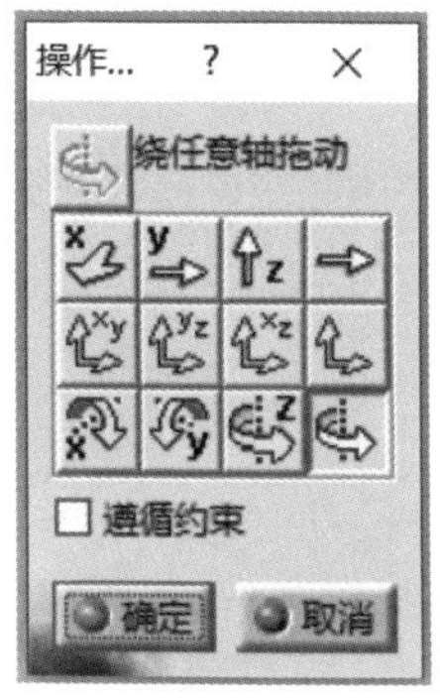

图 4-1-3 “操作”对话框

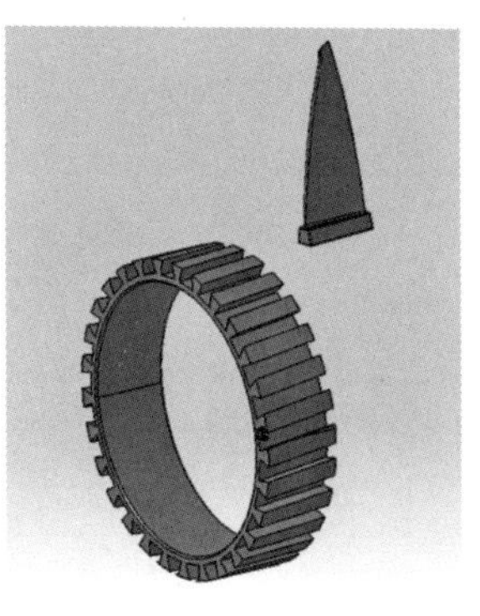

图 4-1-4 引入叶片模型

（3）叶轮、叶片装配

1）在右侧工具栏中，单击“约束”工具条中的相合【】按钮，分别选择叶片基座的底面和叶轮的凹槽底面，如图 4-1-5 所示，在“约束属性”对话框中单击【确定】，完成两个面接触约束后，会出现约束符号“”。

2）单击“约束”工具条中的相合【】按钮，分别选择叶片基座的侧面和叶轮的凹槽侧面，在“约束属性”对话框中单击【确定】。

3）再次单击“约束”工具条中的相合【】按钮，分别选择叶片基座的端面和叶轮的端面，在“约束属性”对话框中单击【确定】。

4）单击“编辑”菜单，单击更新【】按钮，完成叶片的完全约束，如图 4-1-6 所示。

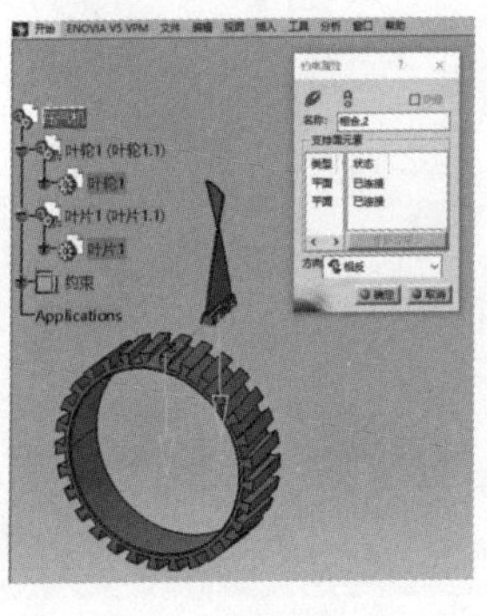

图 4-1-5　叶片底面约束

图 4-1-6　叶片完全约束

（4）叶片装配阵列

1）单击“插入”菜单或选择“约束”工具条中的重复使用阵列【】按钮，系统弹出“在阵列上实例化”对话框，如图 4-1-7 所示。

2）选取阵列复制的基准。单击对话框中“阵列”的空格，将叶轮模型的特征树 叶轮1 (叶轮1.1) 展开，选取 圆形阵列.2 作为阵列复制的基准。

3）确定阵列的源部件。单击对话框中“要实例化的部件”的空格，在特征树中选择叶片模型 叶片1 (叶片1.1) 作为源部件，单击【确定】，完成叶片装配阵列，如图 4-1-8 所示。

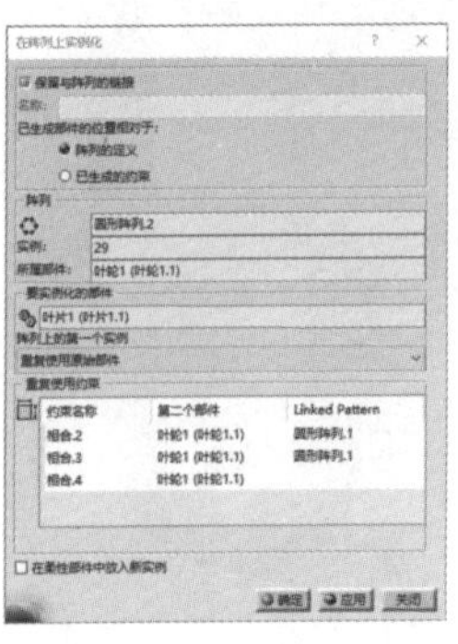

图 4-1-7　“在阵列上实例化”对话框

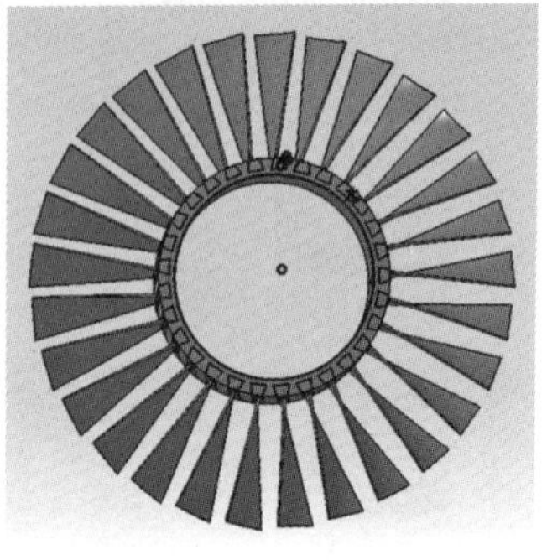

图 4-1-8　叶片完成装配

任务2 叶轮与毂筒的装配

任务目标

1）熟练掌握零件装配约束的基本操作。

2）了解叶轮毂筒的结构特点和装配方法。

资源环境

1）CATIA V5R21。

2）云课堂。

叶轮与毂筒装配案例导图如图4-2-0所示。

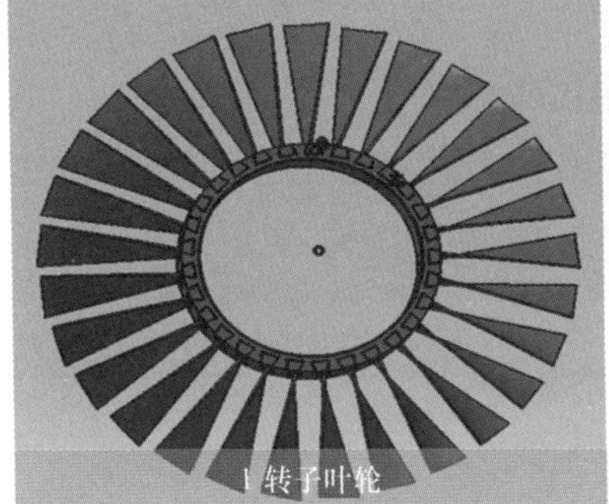

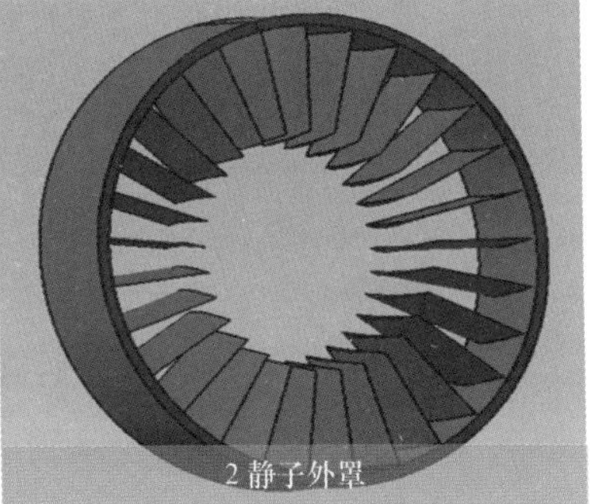

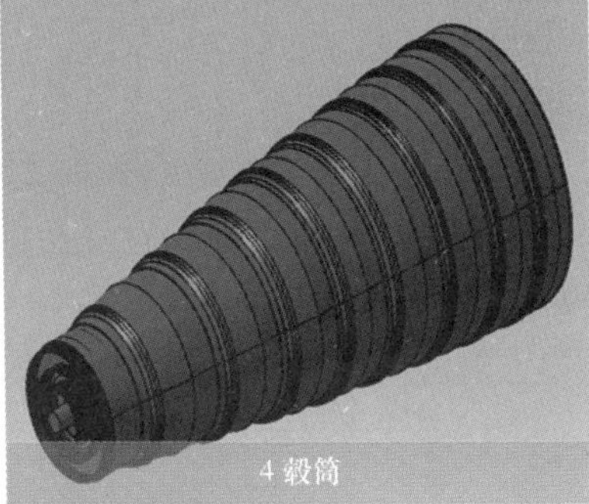

图4-2-0 叶轮与毂筒装配案例导图

1. 转子叶轮与毂筒的装配

（1）毂筒的引入

1）单击特征树中的总组件名称“压气机”，单击“产品结构工具”工具条中的现有部件【 】按钮，弹出“选择文件”对话框，选择叶轮毂筒模型文件“GUTONG.CATPart”，单击【打开】按钮。

2）单击“移动”工具条中的操作【 】按钮，系统弹出“操作”对话框，选择合适的移动方式，再用鼠标拖拽毂筒模型，将其放置在适当位置后单击【确定】，如图 4-2-1 所示。

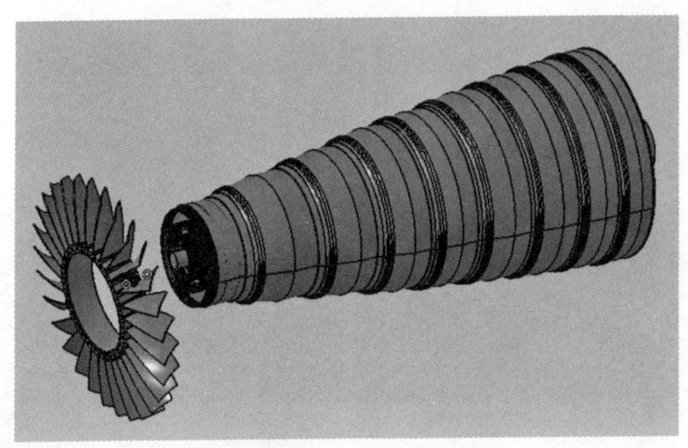

图 4-2-1　引入毂筒模型

（2）转子叶轮与毂筒的装配

1）在右侧工具栏中，选择“约束”工具条中的相合【 】按钮，分别选择叶轮的轴线和毂筒的轴线，完成两个零件轴线的重合约束后，会出现约束符号“ ”。

2）再次选择“约束”工具条中的相合【 】按钮，分别选择叶轮的端面和毂轮的端面，在“约束属性”对话框中单击【确定】，如图 4-2-2 所示。

3）单击“编辑”菜单，单击更新【 】按钮，完成叶轮与毂筒的装配，如图 4-2-3 所示。

图 4-2-2　定义毂筒和叶轮相合面

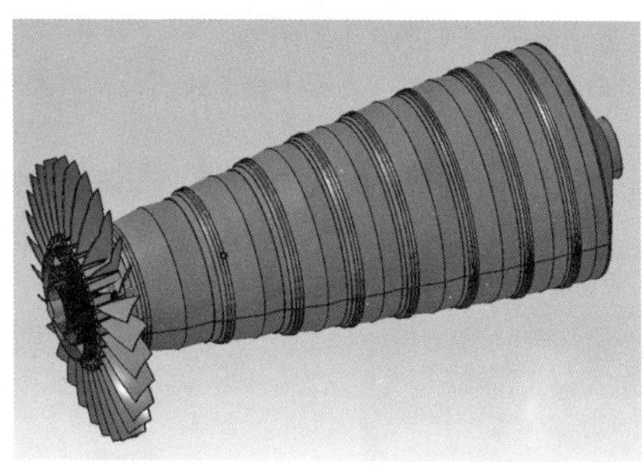

图 4-2-3 转子叶轮与毂筒完成装配

2. 静子内圈与毂筒的装配

（1）静子内圈的引入

1）单击特征树中的总组件名称“压气机”，单击“产品结构工具”工具条中的现有部件【】按钮，弹出“选择文件”对话框，选择静子内圈模型文件“JINGGU.CATPart”，单击【打开】按钮。

2）单击“移动”工具条中的操作【】按钮，系统弹出“操作”对话框，选择合适的移动方式，再用鼠标拖拽静子内圈模型，将其放置在适当位置后单击【确定】，如图 4-2-4 所示。

3）由于静子内圈的端面不是平面，为了便于装配，需要在内圈创建与内圈小端相切的辅助平面。

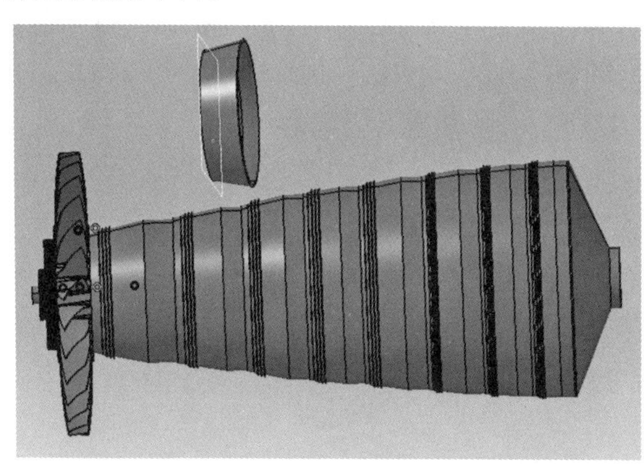

图 4-2-4 引入毂筒模型

（2）静子内圈的装配

1）在右侧工具栏中，单击“约束”工具条中的相合【】按钮，分别选择叶轮的轴线和毂筒的轴线，完成两个零件轴线的重合约束后，会出现约束符号“”。

2）单击“约束”工具条中的偏移【】按钮，分别选择内圈的辅助平面和转子叶轮的端面，在“约束属性”对话框中设置“偏移”

为 −30mm，单击【确定】，如图 4-2-5 所示。

3）单击“编辑”菜单，单击更新【 】按钮，完成静子内圈与毂筒的装配，如图 4-2-6 所示。

4）装配完成后，可以将静子内圈的辅助平面和偏移约束隐藏。

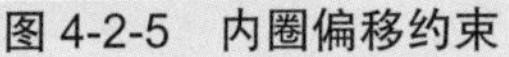
图 4-2-5　内圈偏移约束

图 4-2-6　内圈完成装配

3. 静子外罩与毂筒的装配

（1）静子外罩的引入

1）单击特征树中的总组件名称“压气机”，单击“产品结构工具”工具条中的现有部件【 】按钮，弹出“选择文件”对话框，选择静子外罩模型文件“JINGYE1.CATPart”，单击【打开】按钮。

2）单击“移动”工具条中的操作【 】按钮，系统弹出“操作”对话框，选择合适的移动方式，再用鼠标拖拽静子外罩模型，将其放置在适当位置后单击【确定】，如图 4-2-7 所示。

图 4-2-7　引入静子外罩模型

（2）静子外罩的装配

1）在右侧工具栏中，单击“约束”工具条中的相合【 】按钮，分别选择静子外罩的轴线和毂筒的轴线，完成两个零件轴线的重合约束后，会出现约束符号“”。

2）单击“约束”工具条中的偏移【】按钮，分别选择外罩的端平面和转子叶轮的端面，在“约束属性”对话框中设置“偏移”为 30mm，单击【确定】，如图 4-2-8 所示。

3）单击“编辑”菜单，单击更新【】按钮，完成静子外罩与毂筒的装配，如图 4-2-9 所示。

4）装配完成后，可以将静子外罩的偏移约束隐藏。完成压气机第 1 级转子和静子装配，另外 7 级方法类似，这里不再赘述。

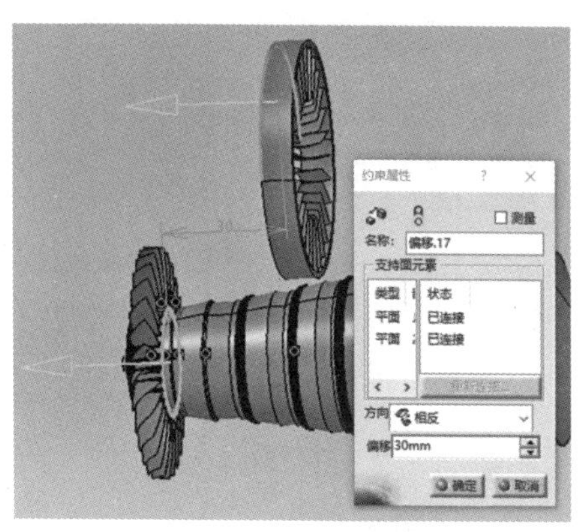

图 4-2-8　静子外罩偏移约束

图 4-2-9　静子外罩完成装配

任务 3　压气机运动仿真

任务目标

1）熟练掌握模型的装配方法。

2）学会使用 Product 模块，完成模型分组操作。

3）了解 DMU 模块的特点和工作原理。

运动仿真概述

资源环境

1）CATIA V5R21。

2）云课堂。

功能介绍

1）压缩空气。

2）提供发动机动力。

整合目录树

压气机运动仿真如图 4-3-0 所示。

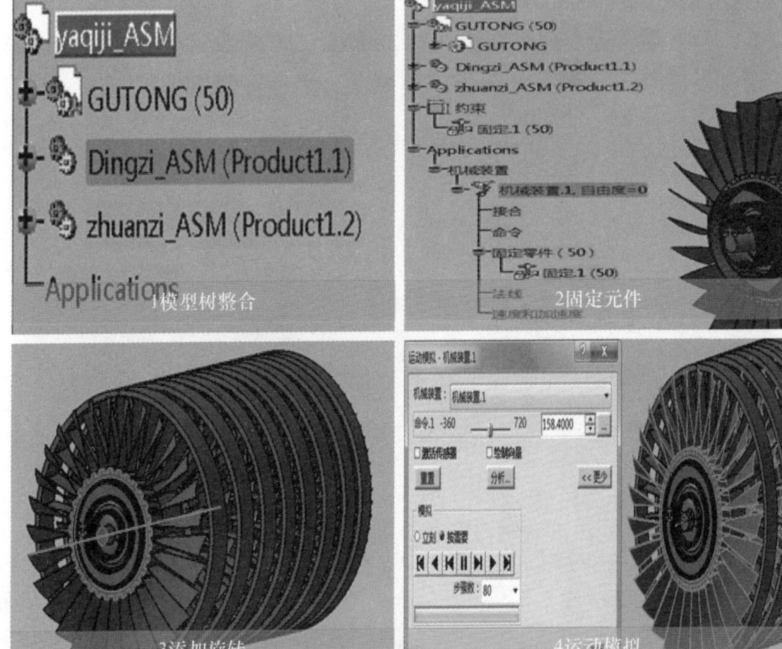

图 4-3-0　压气机运动仿真

1. 调整装配模型关系树

（1）导入模型

1）单击“文件”下拉菜单的【打开】按钮，弹出图 4-3-1 所示对话框，点选“yaqiji .CATProduct”，单击【打开】按钮。

2）若模型未在绘图区中心显示，可单击全部适应【⊡】按钮。

图 4-3-1 “选择文件”对话框

（2）创建 Product

1）单击特征树中的总组件名称“yaqiji_ASM”，单击“产品结构工具”工具条中的部件【 】按钮，创建部件 1，单击右键打开快捷菜单，单击“属性”选项，如图 4-3-2 所示。

2）在弹出的“属性”对话框中，修改名称为“zhuanzi_ASM”，如图 4-3-3 所示。

3）使用同样的方式创建 Dingzi_ASM。

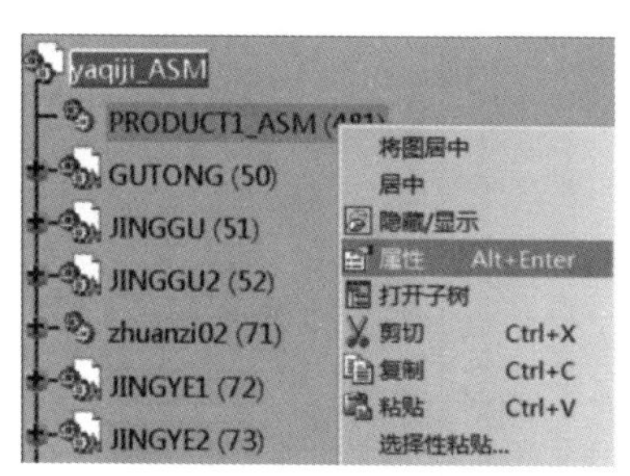

图 4-3-2 右键快捷菜单

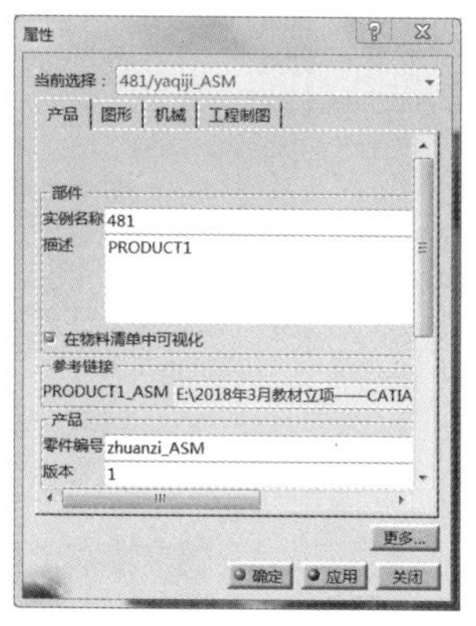

图 4-3-3 “属性”对话框

压气机运动仿真

（3）整合模型树

1）按住【Ctrl】键连续点选 zhuanzi01 ～ zhuanzi09，使用快捷键【Ctrl+X】剪切，单击 zhuanzi_ASM 部件，使用快捷键【Ctrl+V】粘贴，得到如图 4-3-4 所示的结果。

2）使用同样的方式，点选 JINGGU01 ～ JINGGU0109 和 JINGYE01 ～ JINGYE09，粘贴到 Dingzi_ASM 部件中，模型树整合为如图 4-3-5 所示的状态，保证后期转子叶轮旋转，而定子叶轮不动。

zhuanzi_ASM (Product1.2)
zhuanzi01 (480)
zhuanzi09 (449)
zhuanzi08 (382)
zhuanzi07 (311)
zhuanzi06 (254)
zhuanzi05 (198)
zhuanzi04 (143)
zhuanzi03 (103)
zhuanzi02 (71)

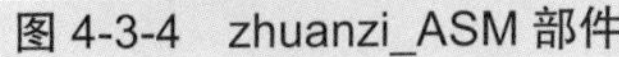
图 4-3-4　zhuanzi_ASM 部件

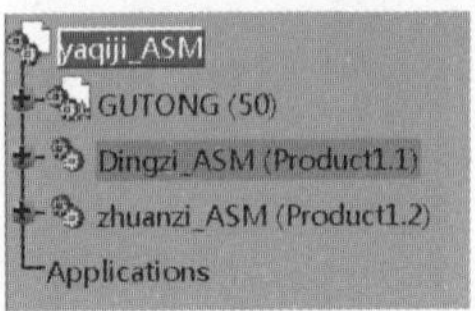

图 4-3-5　模型树

2. 添加运动副

（1）添加固定件

1）单击“开始”下拉菜单，选择“数字化装配”模块下的“DMU 运动机构”，如图 4-3-6 所示，进入运动仿真模式。

2）单击“插入”下拉菜单，选择“新机械装置”，如图 4-3-7 所示。再次单击右侧工具栏中的固定零件【 】按钮，单击选择 GUTONG 零件，得到如图 4-3-8 所示机械装置及图标。

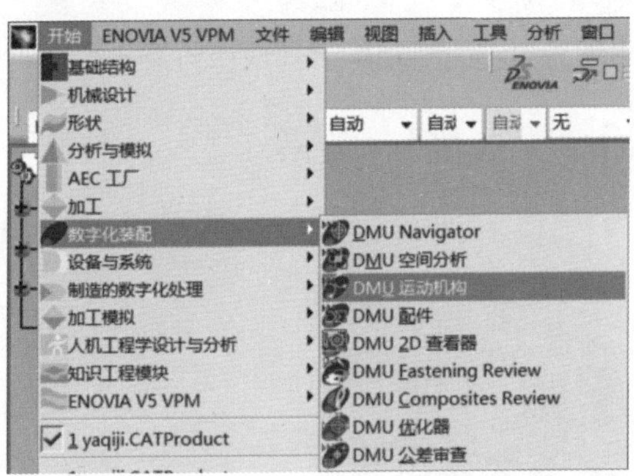

图 4-3-6　DMU 运动机构

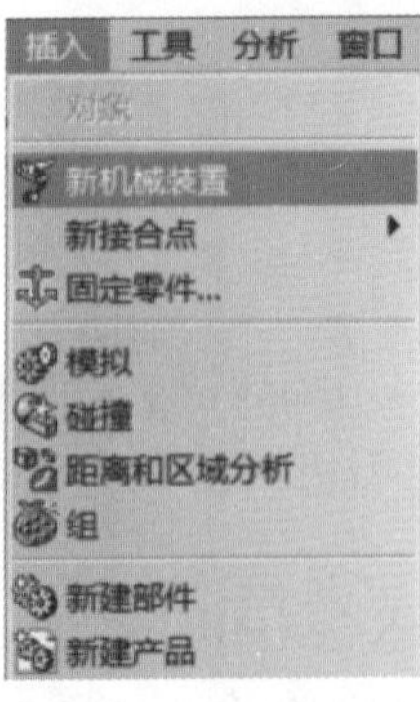

图 4-3-7　新机械装置

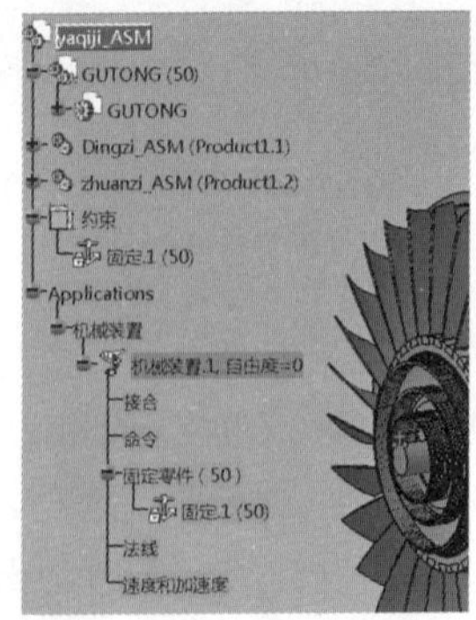

图 4-3-8　固定零件

（2）旋转接合

1）单击右侧“DMU 运动机构”工具栏中的旋转接合【 】按钮，在弹出的菜单中选择如图 4-3-9 所示的“GUTONG”和“zhuanzi01”的轴和端面。

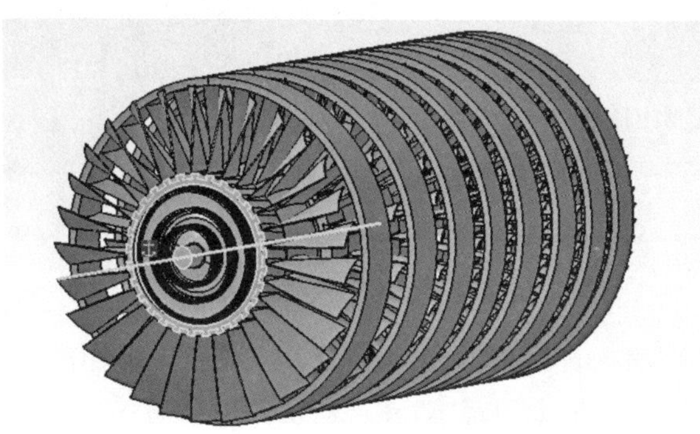

图 4-3-9　接合参照

2）设置“偏移”为 −55mm，勾选【驱动角度】，如图 4-3-10 所示，完成后单击【确定】。弹出如图 4-3-11 所示的信息，表示完成模拟机械装置。

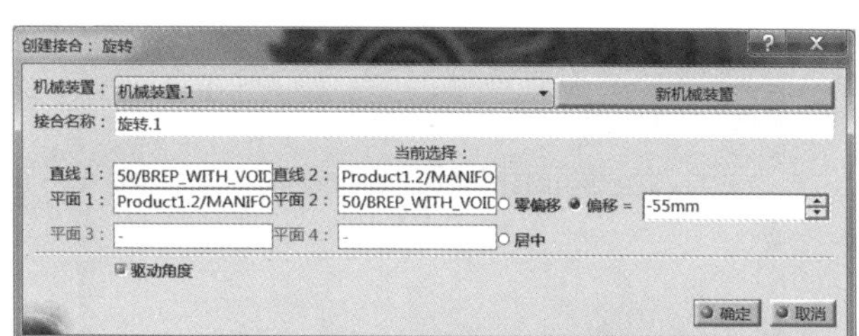

图 4-3-10　创建旋转接合菜单

图 4-3-11　完成模拟机械装置

（3）运动模拟

1）单击右侧工具栏中的模拟【 】按钮，弹出如图 4-3-12 所示对话框。

2）单击【…】按钮，设置旋转角度为 −360° ~ 720°。单击【按需要】，设置“步骤数”为 80。单击向前播放【▶】按钮，观看模拟效果。

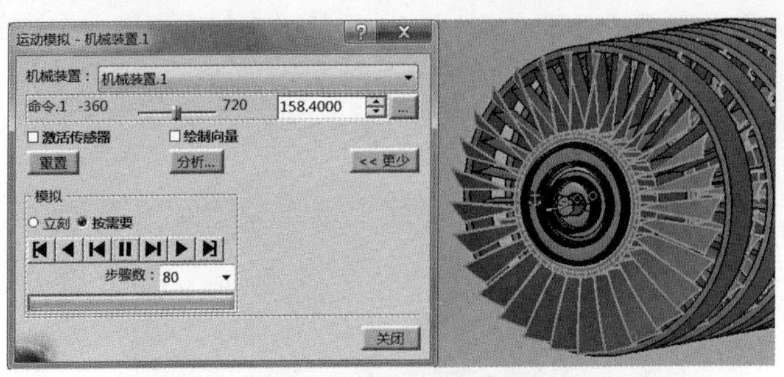

图 4-3-12　机构模拟器

3）单击右侧工具栏中的模拟【】按钮，弹出如图 4-3-13 所示的“选择”对话框，单击【确定】。在“运动模拟”对话框中，设置旋转角度为 0°，在编辑模拟中单击【插入】按钮，设置关键帧 0，如图 4-3-14 所示；设置旋转角度为 180°，在编辑模拟中单击【插入】按钮，设置关键帧 1；设置旋转角度为 720°，在编辑模拟中单击【插入】按钮，设置关键帧 2，如图 4-3-15 所示。设置内插步长为 0.02，单击向前播放【▶】按钮，观看模拟效果。

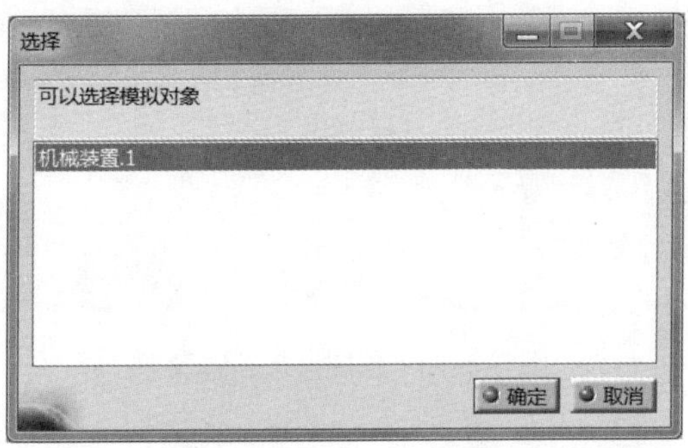

图 4-3-13　选择菜单

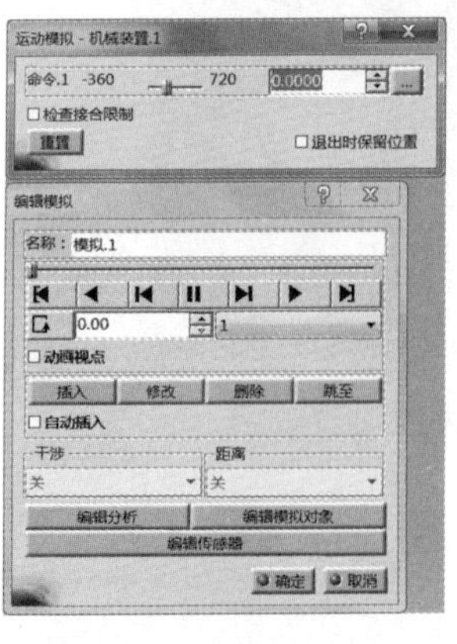

图 4-3-14　关键帧 0 参数表

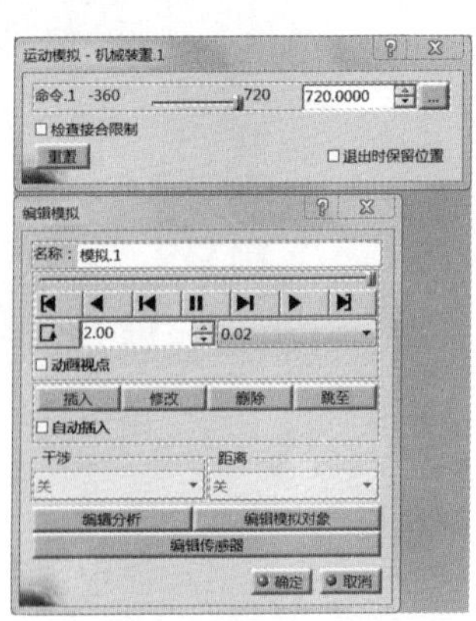

图 4-3-15　关键帧 2 参数表

知识测试与能力训练

1. 单选题

（1）在装配设计中，下列哪个按钮用于插入已有组件？（ ）

A.  B.  C.  D.

（2）下列哪个命令可以用来固定装配体中插入的零件？（ ）

A.  B.  C.  D.

（3）在装配图中用来实现“移动或旋转组件”的命令是哪个？（ ）

A.  B.  C.  D.

（4）在零件装配工作台创建的装配体，以哪种扩展名文件形式存储？（ ）

A.*.CATPart B.*.CATProduct C.*.Drawing D.*.Process

（5）命令 在装配中的功能是（ ）。

A. 角度约束 B. 相合约束 C. 偏移约束 D. 接触约束

（6）下列图标哪个是“分解”命令？（ ）

A.  B.  C. 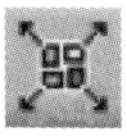 D.

（7）装配设计的基本方式包括（ ）。

A. 自顶向下装配 B. 自底向上装配

C. 混合装配 D. 以上都是

（8） 命令的功能是（ ）。

A. 复制一个选定部件 B. 沿直线复制选定部件

C. 沿环形阵列选定部件 D. 复制一个零件中的阵列

（9）下列属于多实例化特征参数类型的是（ ）。

A. 实例和间距 B. 实例和长度

C. 间距和长度 D. 以上都是

（10）在零件设计工作台创建的零件，以哪种扩展名文件形式存储？（ ）

A.*.CATPart B.*.CATProduct

C.*.Drawing D.*.Process

2. 装配题

创建如图 4-4-1 所示的元件装配。

（1）打开“exercise01”中的零件，创建一个装配体文件。

（2）插入“ban01”零件，添加图 4-4-2 所示的固定约束。

（3）插入“ban02”零件，添加图 4-4-3 所示的相合约束 1、图 4-4-4 所示相合约束 2 和图 4-4-5 所示相合约束 3。

（4）插入“blot”零件，添加图 4-4-6 所示的相合约束 4 和图 4-4-7 所示相合约束 5。

（5）插入“nut”零件，添加图 4-4-8 所示的相合约束 6 和图 4-4-9 所示相合约束 7。

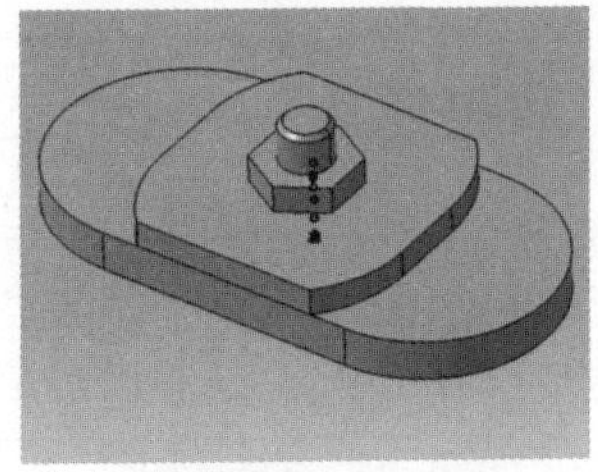

图 4-4-1　元件装配

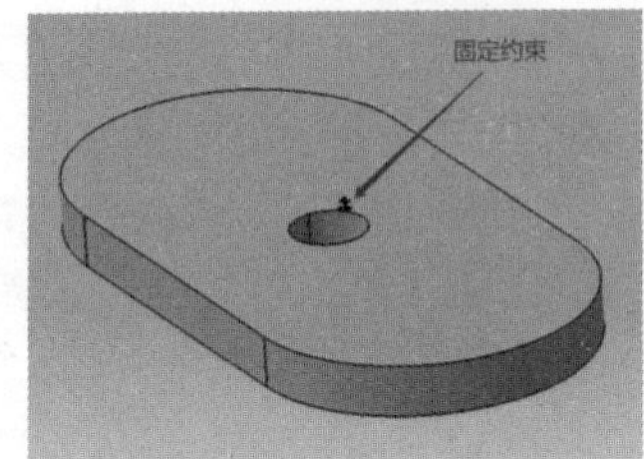

图 4-4-2　固定约束

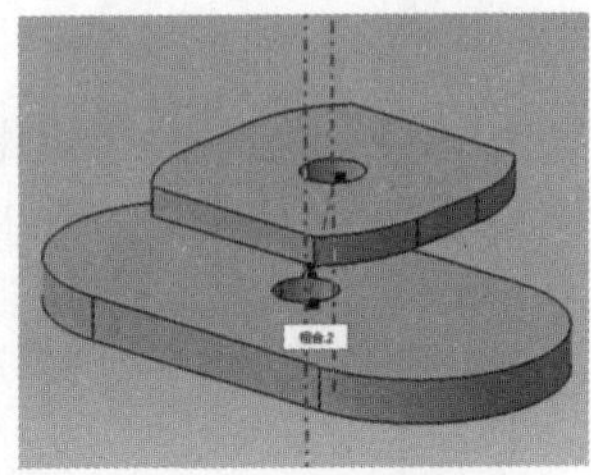

图 4-4-3　相合约束 1

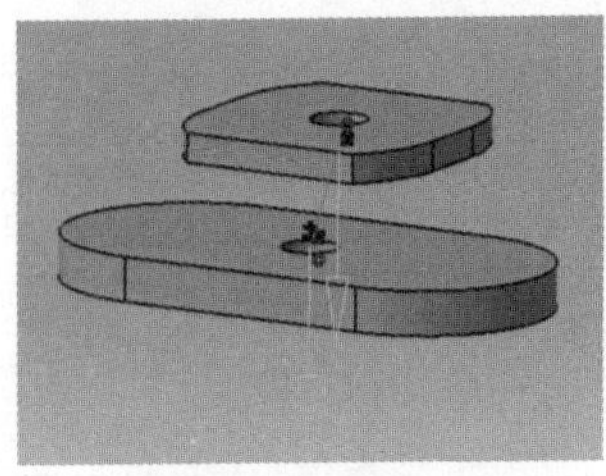

图 4-4-4　相合约束 2

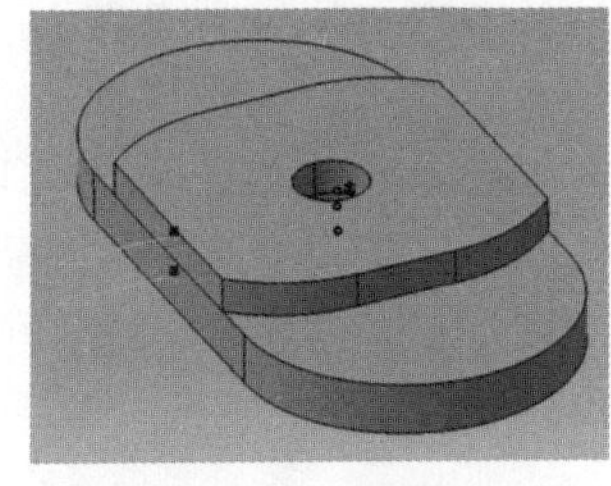

图 4-4-5　相合约束 3

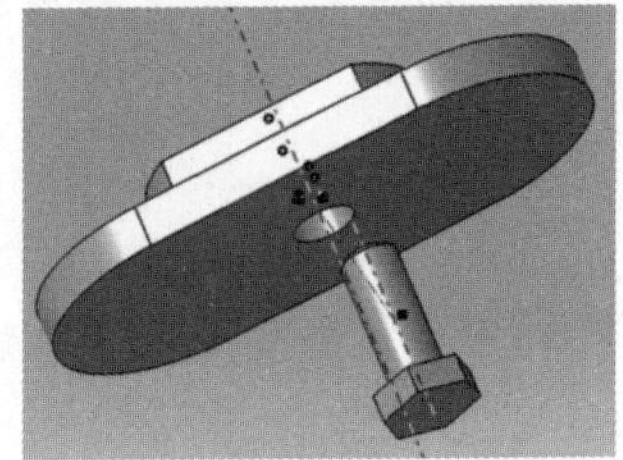

图 4-4-6　相合约束 4

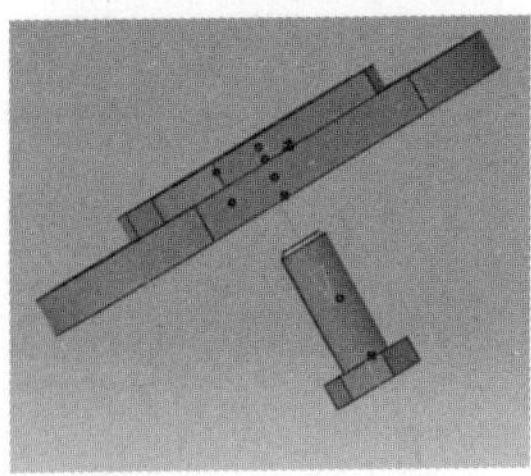

图 4-4-7　相合约束 5

图 4-4-8　相合约束 6

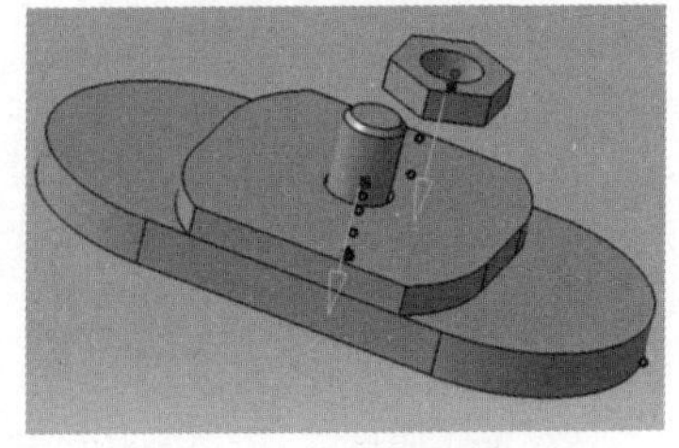

图 4-4-9　相合约束 7

项目5

飞机背鳍数控仿真加工

图 5-0-1　歼-20 战斗机

飞机背鳍是飞机机身上从凸起的座舱罩后面一直向后延伸到垂直尾翼根部的凸出部分。背鳍可以改善座舱罩后部的流线型，减小飞机阻力，还可增加机身后部侧向投影面积，使侧力中心后移，从而改善飞机的航向稳定性。图 5-0-1 所示为歼-20 战斗机的背鳍。

知识目标

1）了解飞机背鳍的结构及功能。
2）掌握数控仿真加工的基本方法。
3）熟练掌握加工几何参数的设置。

技能目标

1）熟练掌握数控加工的一般流程。
2）熟练掌握飞机背鳍模型数控加工编程方法。
3）熟练掌握数控仿真加工几何参数的设置。

素养目标

1）养成严谨细致的工作作风。
2）培养航空报国、航空强国意识。

行业拓展园地

数控加工作为现代制造业中的重要技术和方法，在定制化生产、新材料加工、智能制造、医疗器械制造、航空航天等领域有着广阔的应用前景。航空航天领域对高精度、高可靠性零部件的需求十分巨大，数控加工可以满足这一领域的需求，推动航空航天行业进一步发展。

数控加工作为一种灵活、高效、高精度的加工技术，在各个领域都有着广阔的拓展空间，通过创新和技术进步，数控加工在各行业的应用范围将不断深化和扩大。

任务1　CATIA 数控仿真加工基础

数控仿真加工基础

任务目标

1）了解数控加工的一般流程。

2）掌握数控加工的操作方法。

3）掌握各种几何参数的设置。

资源环境

1）CATIA V5R21。

2）云课堂。

完整的数控编程流程主要包括：零件分析、工艺分析、轨迹规划、加工程序单、程序仿真、试切。

1. CATIA 数控加工流程

CATIA 中数控加工的一般流程（图 5-1-1）如下：

1）创建零件模型（包括目标加工零件以及毛坯零件）。

2）加工工艺分析及规划。

3）零件操作定义（包括选择加工机床、设置夹具、创建加工坐标系和定义零件等）。

4）设置加工参数（包括几何参数、刀具参数、进给率以及刀具路径参数等）。

5）生成数控刀路。

6）检验数控刀路。

7）利用后处理器生成数控程序。

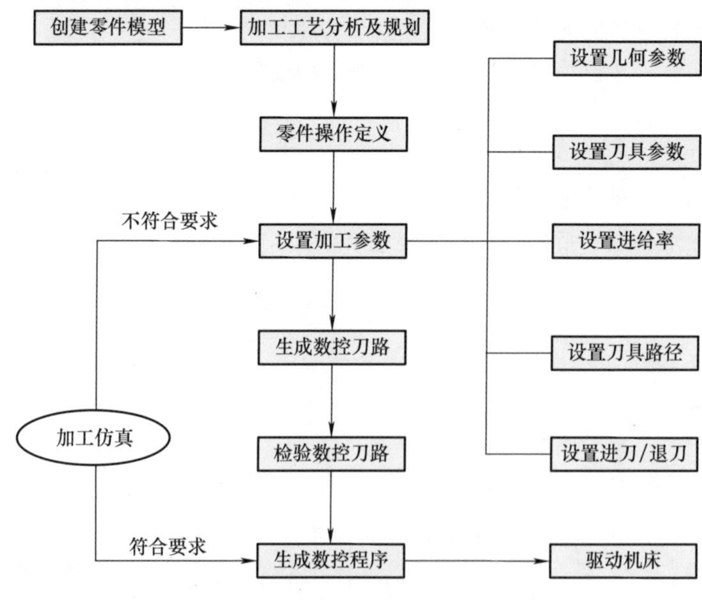

图 5-1-1　CATIA 数控加工流程图

2. 进入加工模块

CATIA 软件进入加工的方法如下：

（1）打开模型文件　在“文件”下拉菜单中单击【打开】，系统弹出“选择文件”对话框，选中模型文件，单击【打开】按钮打开模型。

（2）进入加工模块　单击“开始”菜单，选择“加工”模组里的“Surface Machining”模块，如图 5-1-2 所示，系统进入曲面铣削加工工作台。

在此以一个简单的型腔铣削为例介绍 CATIA 数控仿真加工的一般过程。型腔铣削是 2.5 轴铣削加工，这里进入“Surface Machining（曲面铣削加工）”工作台是为了创建毛坯零件模型。

3. 毛坯的建立

CATIA 中的毛坯可以通过创建或装配的方法引入，下面介绍手动创建毛坯的一般操作步骤。

1）选择命令。在图 5-1-3 所示的“Geometry Management”工具栏中单击 Creates rough stock【 】按钮，系统弹出“Rough Stock”对话框，如图 5-1-4 所示。

零件分析是开始数控编程的主要步骤之一，主要分析零件的材料、精度、热处理要求和毛坯形状等。通过对零件的分析，可以了解需要准备多大尺寸的毛坯、选择怎样的数控机床进行加工，以及怎样安排加工工艺，从而确定整体的数控编程方案。同时，通过零件分析可以了解在数控编程中需要哪些刀具、夹具以及切削参数的选择，以便有效发挥数控机床的作用。

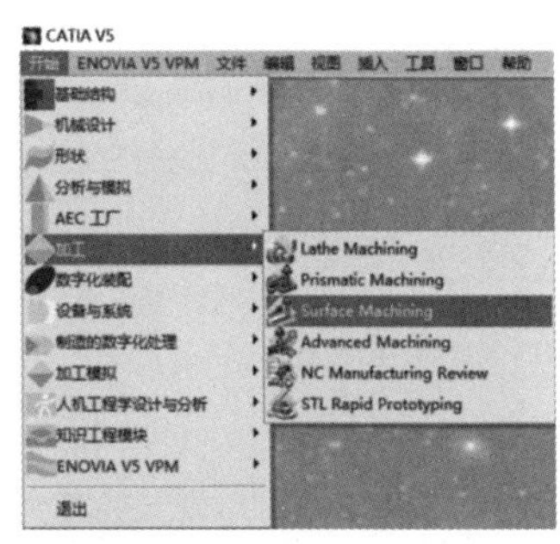

图 5-1-2　进入加工模块选择顺序图

图 5-1-3　“Geometry Management”工具栏

2）选取毛坯参照零件。在图形区选取图 5-1-5 所示的目标加工零件作为参照，系统自动创建一个毛坯零件，且在“Rough Stock”对话框中显示毛坯工件的尺寸参数，如图 5-1-6 所示。

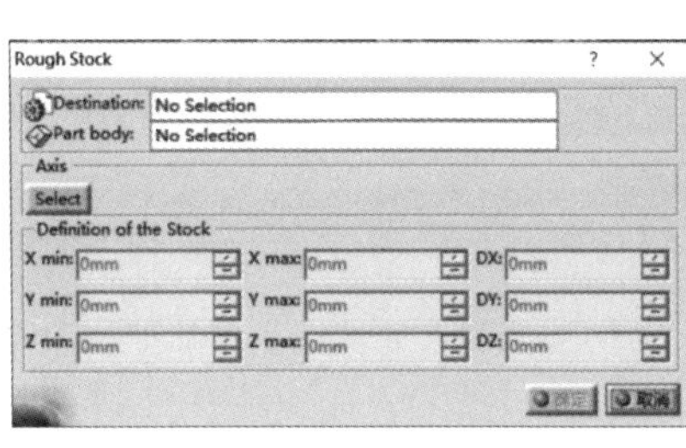

图 5-1-4　“Rough Stock”对话框

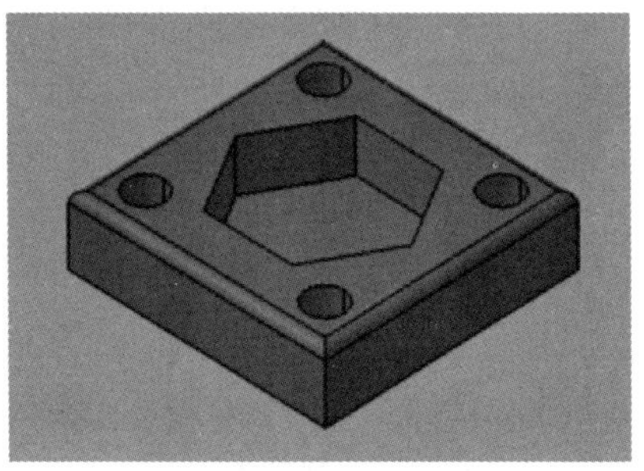

图 5-1-5　毛坯参照零件

3）单击【确定】，完成毛坯零件的创建，如图 5-1-7 所示。

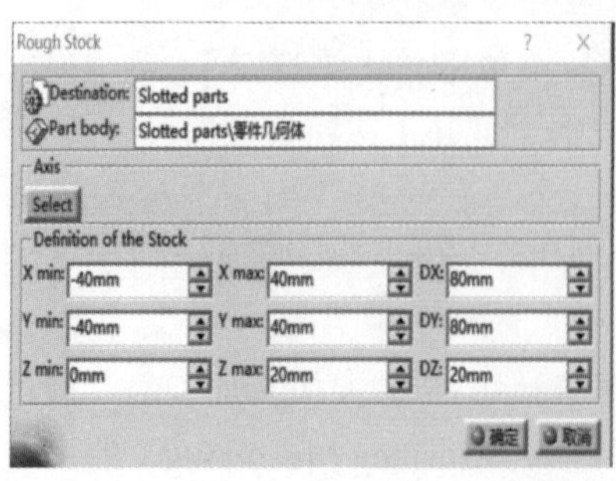

图 5-1-6 “Rough Stock”对话框

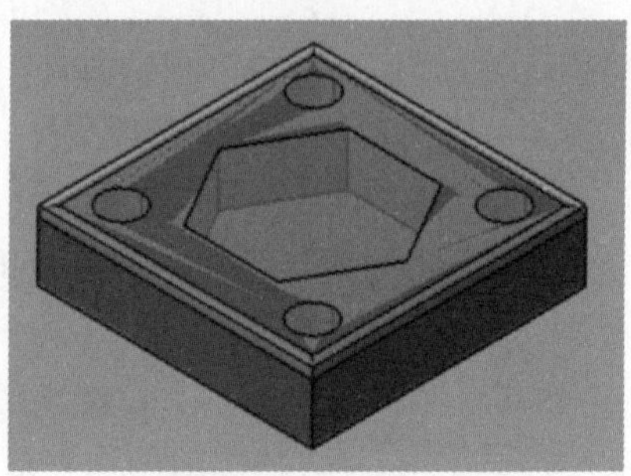

图 5-1-7 毛坯零件

4. 机床设置

1）在 P.P.R. 特征树中，双击图 5-1-8 所示的“Part Operation.1”节点，系统弹出“Part Operation”对话框，如图 5-1-9 所示。

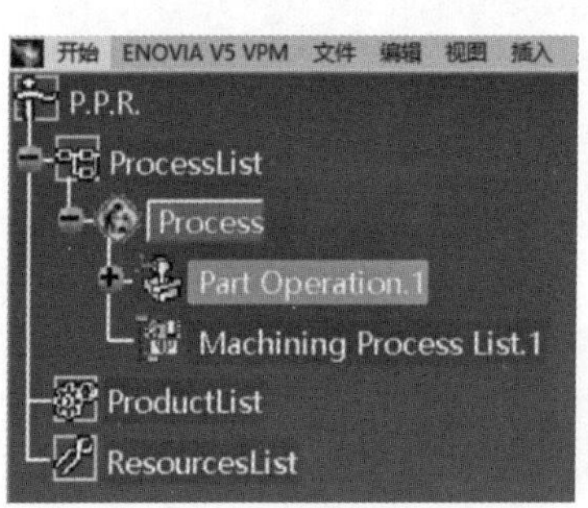

图 5-1-8 特征树

图 5-1-9 “Part Operation”对话框

2）单击“Part Operation”对话框中的【 】按钮，系统弹出图 5-1-10 所示的“Machine Editor”对话框，单击其中的“3-axis Machine.1”按钮，然后单击【确定】，完成机床的选择。

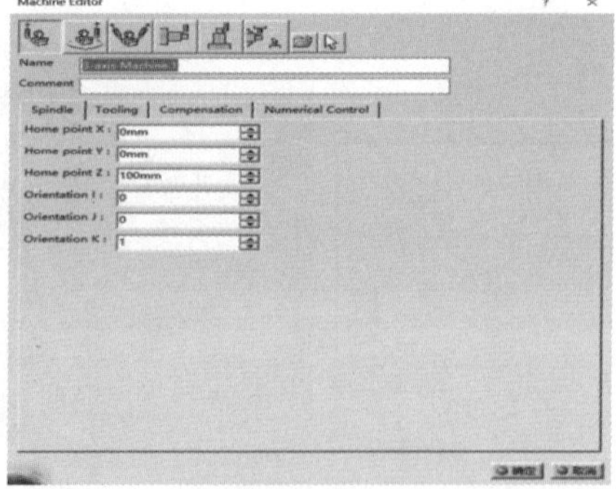

图 5-1-10 “Machine Editor”对话框

5. 加工坐标系设置

1）单击“Part Operation”对话框中的【 】按钮，系统弹出图 5-1-11 所示的“Default reference machining axis for Part Operation.1”对话框。

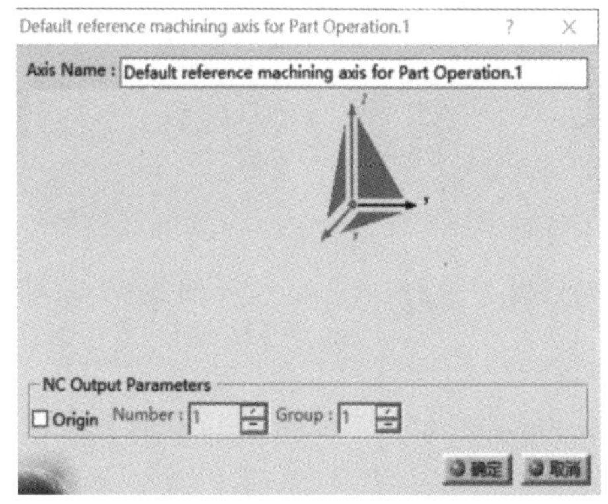

图 5-1-11 “Default reference machining axis for Part Operation.1”对话框

2）单击“Default reference machining axis for Part Operation.1”对话框中的加工坐标系原点感应区，然后在图形区选取图 5-1-12 所示的点作为加工坐标系的原点，选取后对话框中的基准平面、基准轴和原点均由红色变为绿色，表明已定义加工坐标系，系统创建图 5-1-13 所示的加工坐标系。

3）单击【确定】，完成加工坐标系的设置。

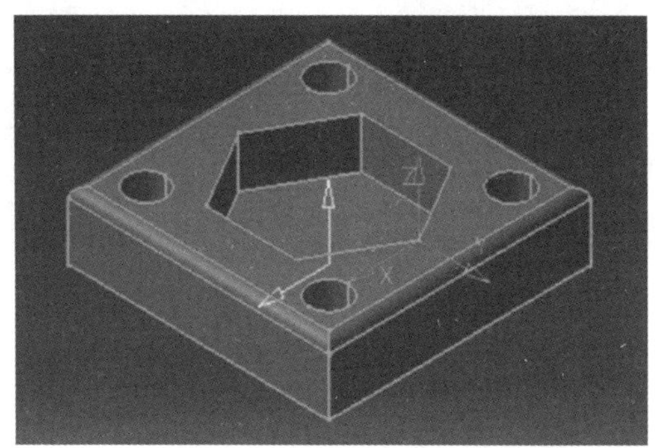

图 5-1-12 创建加工坐标系

6. 选择目标加工零件

单击“Part Operation”对话框中的【 】按钮，在图 5-1-13 所示的特征树中选取“零件几何体”作为目标加工零件（也可以在图形区中选取）。在图形区的空白位置双击鼠标左键，系统回到“Part Operation”对话框。

7. 选择毛坯零件

单击“Part Operation”对话框中的【 】按钮，在图 5-1-14 所示的特征树中选取“Rough Stock1”作为毛坯零件（也可以在图形区中选取）。

工艺分析是保证零件质量的重要手段之一，加工同一个零件采用不同的工艺方案，其最终加工出来的表面质量是不同的。如通过一次装夹加工出来产品和多次装夹出来的产品其质量是不同的，多次装夹易引入定位误差，可能导致产品达不到加工要求。工艺分析主要包括加工顺序安排、装夹方式选择、刀具选取、切削参数设置、对刀点的选择等内容。数控加工工艺分析是数控编程的前提和依据，数控编程是将数控加工工艺内容程序化。

在图形区的空白位置双击鼠标左键，系统回到“Part Operation”对话框。

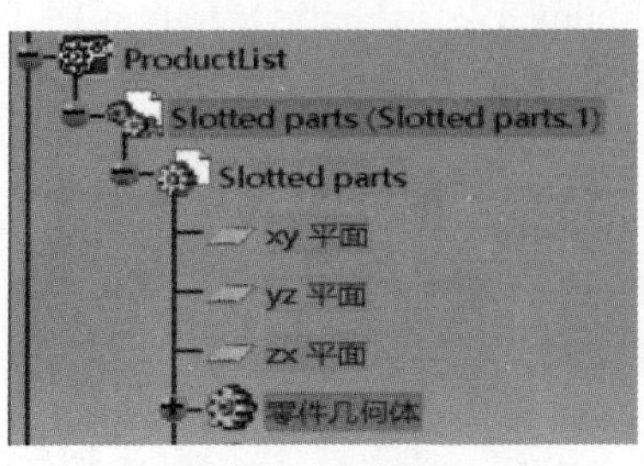

图 5-1-13　特征树（一）

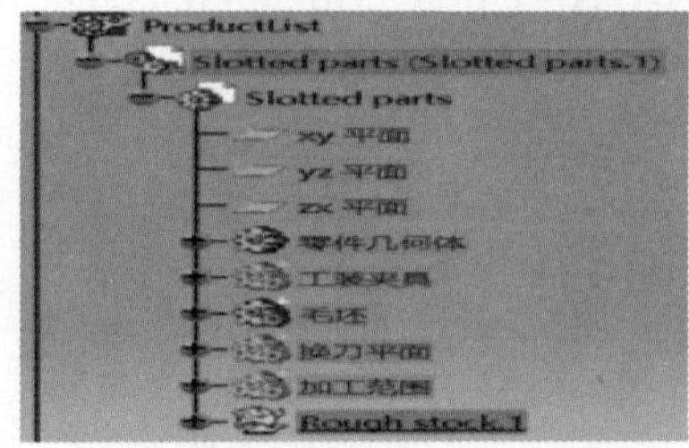

图 5-1-14　特征树（二）

8. 设置安全平面

1）单击“Part Operation”对话框中的【▱】按钮，在图形区选取图 5-1-15 所示的面（毛坯零件的上表面）为安全平面参照，系统创建图 5-1-16 所示的安全平面。

2）在安全平面单击右键，弹出图 5-1-17 所示的快捷菜单，选择其中的【Offset...】命令，弹出图 5-1-18 所示的“Edit Parameter”对话框，设置“Thickness”为 5mm。

3）单击【确定】。

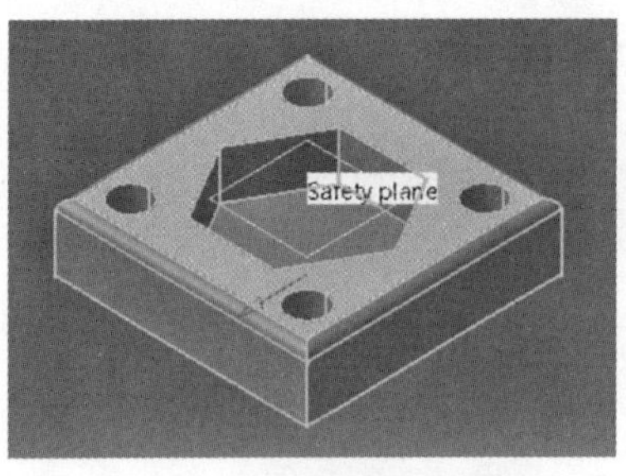

图 5-1-15　选取参照平面

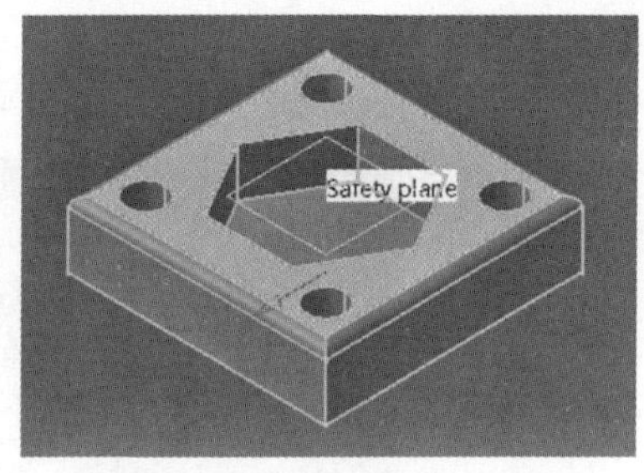

图 5-1-16　创建安全平面

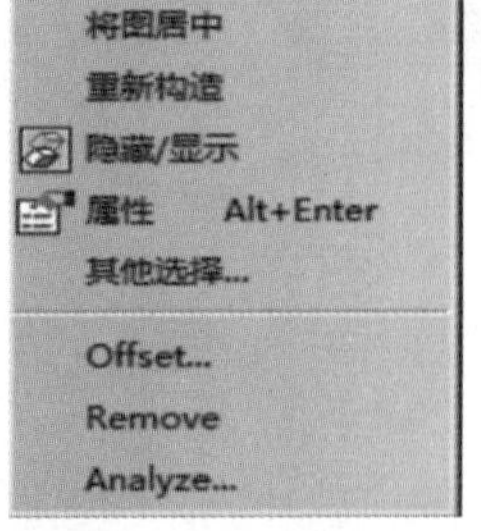

图 5-1-17　快捷菜单

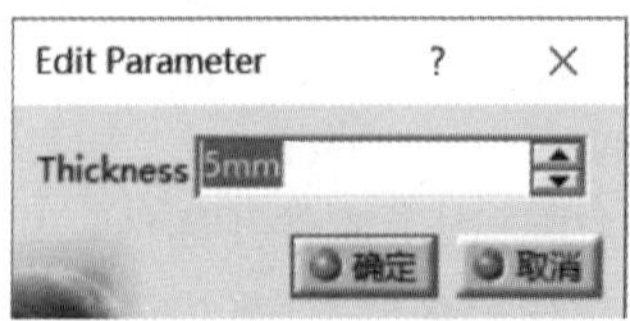

图 5-1-18　设置参数

9. 设置换刀点

在“Part Operation”对话框中单击【Position】选项卡，然后在 Tool

Change Point 区域中的 X、Y 和 Z 文本框中分别输入值 0mm、0mm 和 100mm，如图 5-1-19 所示，单击【确定】完成设置。

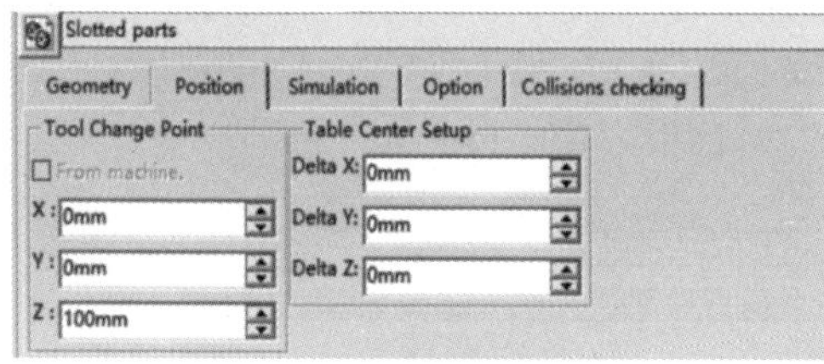

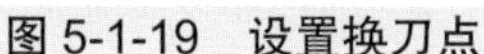
图 5-1-19　设置换刀点

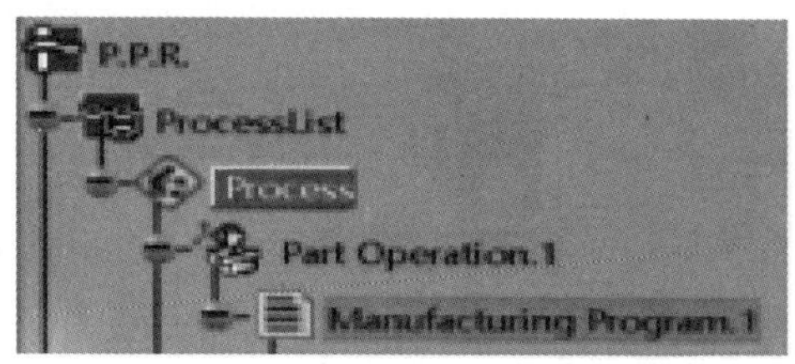

图 5-1-20　特征树

10. 定义几何参数

定义几何参数是通过“Pocketing”对话框中的【几何参数】选项卡设置需要加工的区域及相关参数。

设置几何参数的一般操作步骤如下：

1）在特征树中选中图 5-1-20 所示的“Manufacturing Program1”节点，选择下拉菜单“插入”→“Machining Operations”→“Pocketing”，系统弹出图 5-1-21 所示的“Pocketing.1”对话框。

2）单击“Pocketing.1”对话框中的【 】选项卡，然后单击“Open Pocket”字样，此时“Pocketing.1”对话框如图 5-1-22 所示。

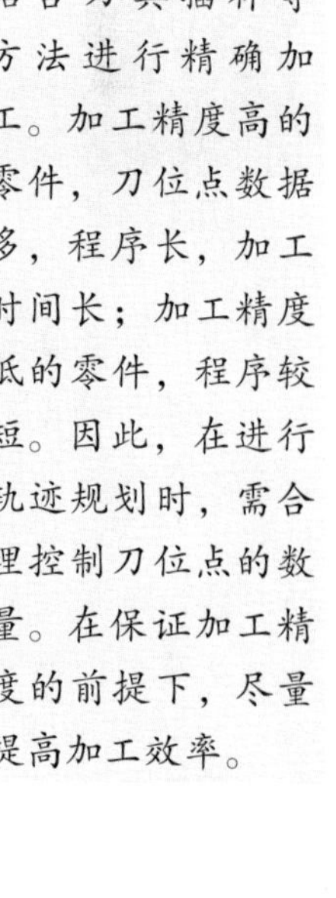
刀具轨迹是指刀具沿刀位点进行切削的路径。根据零件三维图形，设定对刀坐标系后，经计算机数值计算得出刀位数据，并结合刀具插补等方法进行精确加工。加工精度高的零件，刀位点数据多，程序长，加工时间长；加工精度低的零件，程序较短。因此，在进行轨迹规划时，需合理控制刀位点的数量。在保证加工精度的前提下，尽量提高加工效率。

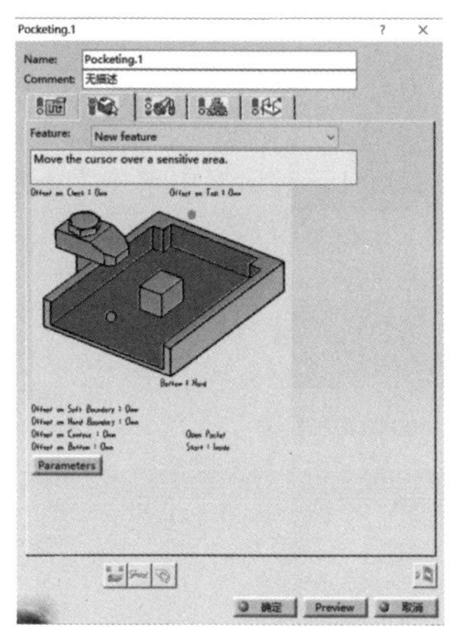

图 5-1-21　“Pocketing.1”对话框（一）

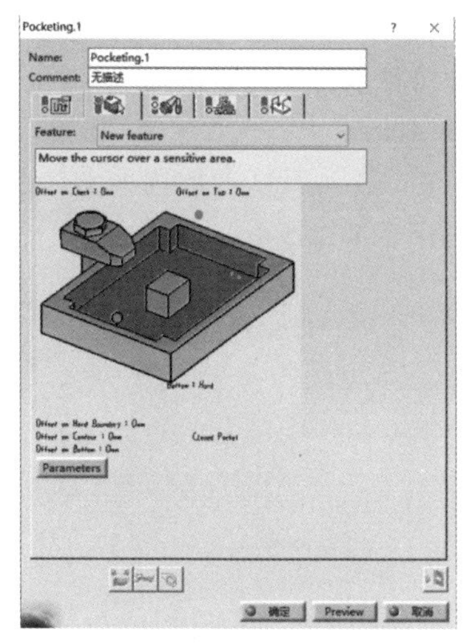

图 5-1-22　“Pocketing.1”对话框（二）

3）定义加工底面。

① 移动光标到“Pocketing1”对话框中的底面感应区上，该区域的颜色从深红色变为橙黄色，单击该区域，对话框消失，系统要求用户选取一个平面作为型腔加工的区域。

② 在图形区选取图 5-1-23 所示的零件底平面，系统返回到“Pocket-

定义几何参数

ing1”对话框，此时图 5-1-23 所示的“Pocketing1”对话框中底面感应区和轮廓感应区的颜色改变为深绿色，表明已定义了底面和轮廓。

4）定义加工顶面。单击“Pocketing1”对话框中的顶面感应区，然后在图形区选取零件上表面，系统返回到“Pocketing1”对话框，图 5-1-23 所示为“Pocketing1”对话框中顶面感应区颜色的改变。

加工程序单是用于指导现场工人进行加工的明细单，包括程序名、数控刀具、加工工序等内容。

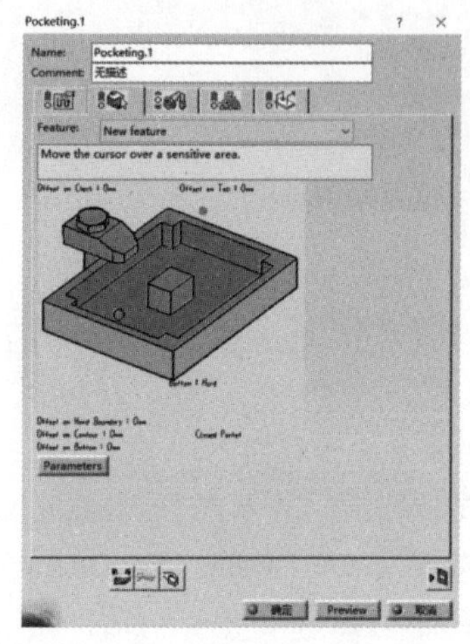

图 5-1-23 “Pocketing1”颜色改变

刀具几何参数

11. 定义刀具参数

定义刀具的参数在整个加工过程中起着非常重要的作用，需要根据加工方法及加工区域来确定刀具的参数。刀具参数的设置是通过“Pocketing”对话框中的选项卡来完成的。定义刀具参数的一般操作步骤如下：

1）进入刀具参数选项卡，在“Pocketing1”对话框中单击【 】选项卡，如图 5-1-24 所示。

程序仿真是数控加工的一种虚拟模式。在数控编程过程中，一些细节的问题同学们可能没有注意到，如切入切出连接设置、刀轴角度设置等不当时，可通过程序仿真，检验每一个刀路在加工中是否存在问题。这样不仅节省了实际加工的成本，同时也提高了加工效率。

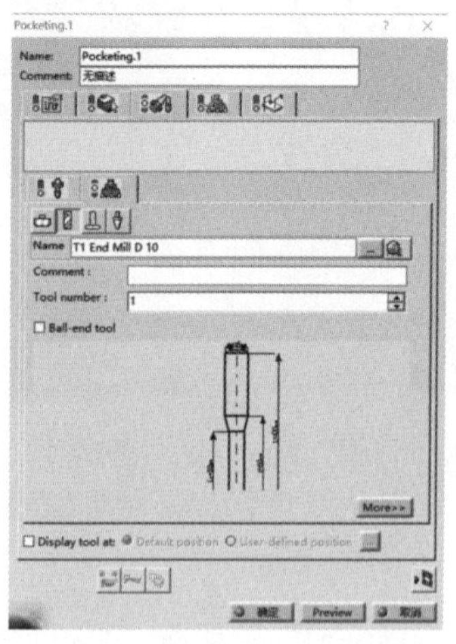

图 5-1-24 “刀具参数”选项卡

2）选择刀具类型。在“Pocketing1”对话框中单击【 】按钮，选择立铣刀为加工刀具。

3）刀具命名。在“Pocketing.1”对话框中的 Name 文本框中输入“T1 End Mill D6”。

4）设置刀具参数。

① 在“Pocketing.1”对话框中单击【More>>】按钮，单击【Geometry】选项卡，然后按照图 5-1-25 所示设置刀具参数。

② 其他选项卡中的参数均采用默认设置。

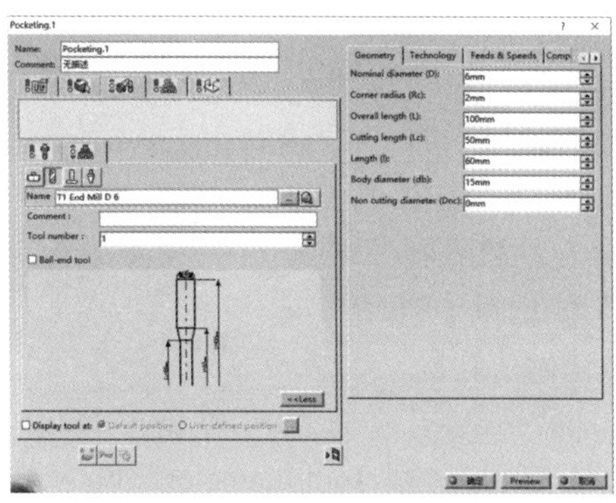

图 5-1-25 设置刀具参数图

12. 定义进给率

进给率是在“Pocketing1”对话框的【 】选项卡进行定义的，包括进给速度、切削速度、退刀速度和主轴转速等参数。定义进给率的一般操作步骤如下：

1）进入进给率设置选项卡。在“Pocketing1”对话框中单击【 】选项卡（图 5-1-26）。

2）设置进给率。在“Pocketing1”对话框的【 】选项卡中按照图 5-1-26 所示设置参数。

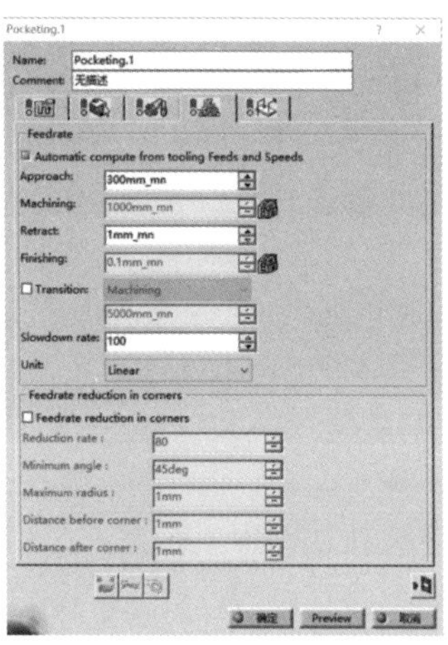

图 5-1-26 “进给率”选项卡

13. 定义刀具路径参数

刀具路径参数用来规定刀具在加工过程中所走的轨迹。选择不同的

加工方法，刀具的路径参数也有所不同。定义刀具路径参数的一般操作步骤如下：

1）进入刀具路径参数选项卡。在“Pocketing.1”对话框中单击【 】选项卡（图 5-1-27）。

2）定义刀具路径类型。在“Pocketing1”对话框的“Tool path style”下拉列表中选择【Outward helical】选项。

3）定义“Machining（加工）”参数。在“Pocketing.1”对话框中单击【Machining】选项卡，然后在“Direction of cut”下拉列表选择【Climb】选项，其选项采用系统默认设置。

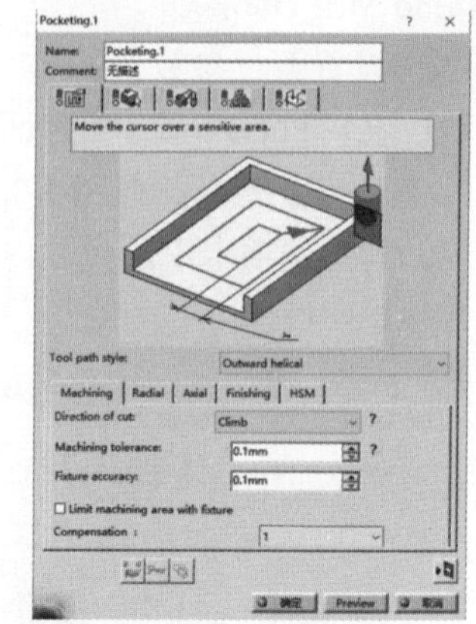

图 5-1-27 “刀具路径参数”选项卡

4）定义“Radial（径向）”参数。单击【Radial】选项卡，然后在“Mode”下拉列表中选择【Tool diameter ratio】选项，在“Percentage of tool diameter”文本框中输入值 50，其他选项采用系统默认设置（图 5-1-28）。

5）定义“Axial（轴向）”参数。单击【Axial】选项卡，然后在“Mode”下拉列表中选择【Number of level】选项，在“Number of level”文本框中输入值 4，其他选项采用系统默认设置（图 5-1-29）。

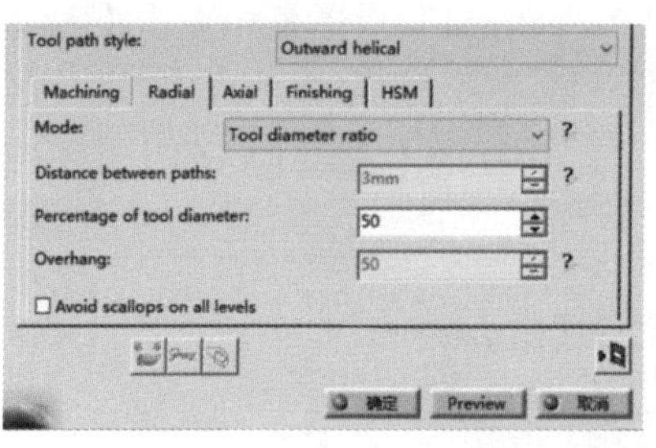

图 5-1-28 定义“径向”参数

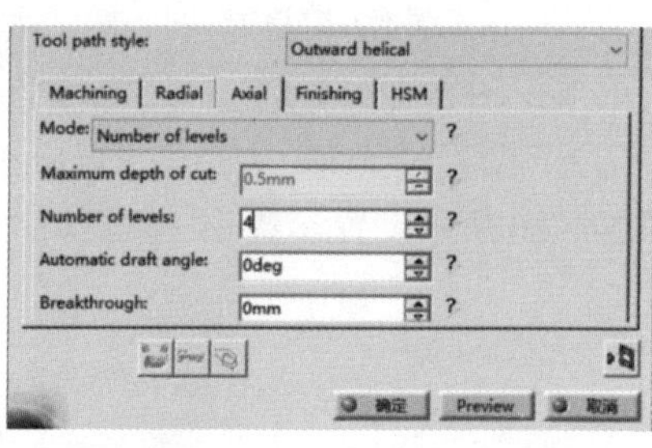

图 5-1-29 定义“轴向”参数

试切是数控机床在加工首件时的调试过程。通过首件的试切，一是检验程序和工装是否准确；二是检验在加工中刀具和对刀长度是否正确。首件产品试切完成后就可以批量生产。

6）定义“Finishing（精加工）”参数。单击【Finishing】选项卡，然后在“Mode”下拉列表中选择【No finish pass】选项（图 5-1-30）。

14. 定义进刀 / 退刀路径

进刀 / 退刀路径的定义在加工中是非常重要的。进刀 / 退刀路径设置得正确与否，对刀具的使用寿命以及所加工零件的质量都有着极大的影响。定义进刀 / 退刀路径的一般操作步骤如下：

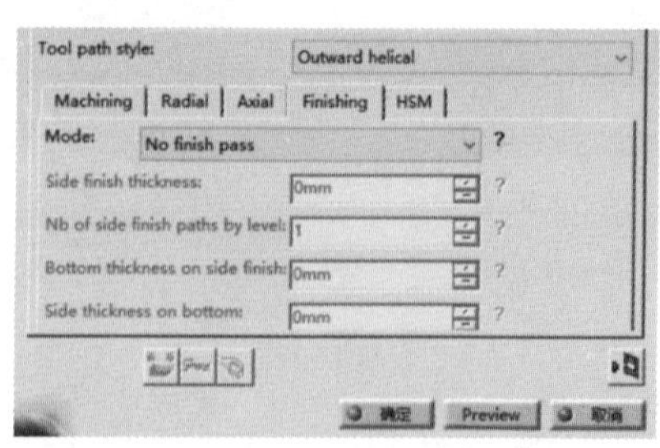

图 5-1-30 定义“精加工”参数

1）进入进刀/退刀路径选项卡。在“Pocketing.1”对话框中单击【 】选项卡（图 5-1-31）。

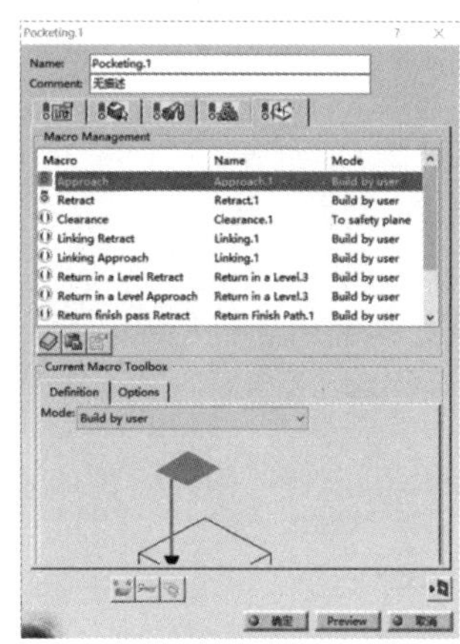

图 5-1-31 “Pocketing.1”对话框

2）定义进刀路径。

① 激活进刀。在“Macro Management”区域中的列表框中选择【Approach】选项，右击，从弹出的快捷菜单中选择【Activate 命令】（系统默认激活）。

② 在“Macro Management”区域中的列表框中选择【Approach】选项，然后在“Mode”下拉列表中选择【Ramping】选项，选择螺旋进刀类型。

3）定义退刀路径。

① 激活退刀。在“Macro Management”区域中的列表框中选择【Retract】选项，右击，从弹出的快捷菜单中选择 Activate 命令（系统默认激活）。

② 在“Macro Management”区域中的列表框中选择【Retract】选项，然后在“Mode”下拉列表中选择【Build by user】（用户自定义）选项。

③ 在“Pocketing1”对话框中依次单击【remove all motions】按钮和【Add Axial motion up to a plane】按钮，设置一个到安全平面的直线退刀运动。

15. 刀路仿真

刀路仿真可以让用户直观地观察刀具的运动过程，以检验各种参数定义的合理性。刀路仿真的一般操作步骤如下：

1）在“Pocketing.1”对话框中单击【Tool Path Replay】按钮，系统在图形区显示刀路轨迹。

2）在“Pocketing.1”对话框中单击【 】按钮，然后单击【 】按钮，观察刀具切割毛坯工件的运行情况。

16. 余量/过切检测

余量和过切探测用于分析加工后零件是否剩余材料，是否多切材料，然后修改加工参数，以达到所需的加工要求。模拟结束后，单击【】按钮，弹出如图 5-1-32、图 5-1-33 所示对话框，分别进行余量检测和过切检测。

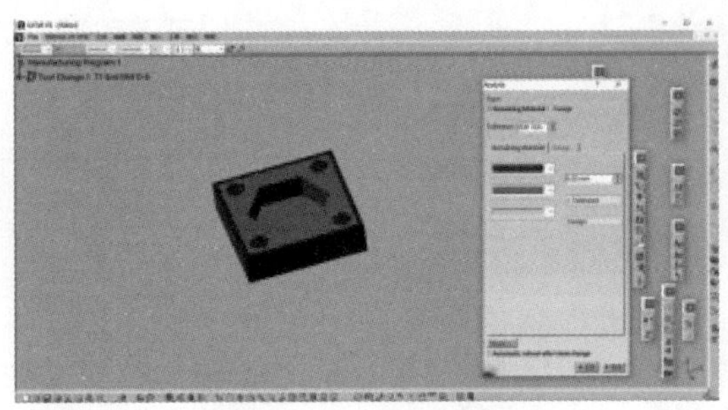

图 5-1-32　余量检测

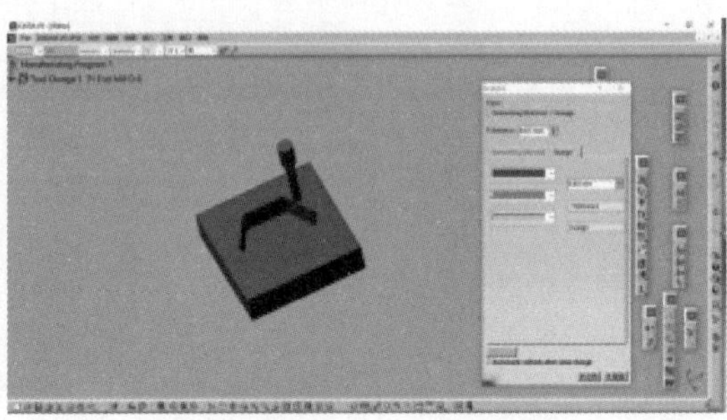

图 5-1-33　过切检测

17. 后处理

最后输出数控 NC 代码以便后处理，用于机床加工。具体操作为“工具”→“选项”→“加工”，设置如图 5-1-34 所示，生成代码截图如图 5-1-35 所示，然后单击【确定】，生成的代码如图 5-1-36 所示。

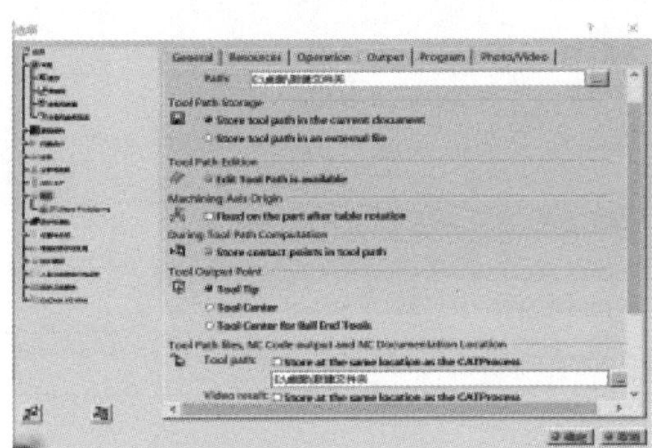

图 5-1-34　NC 代码程序设定

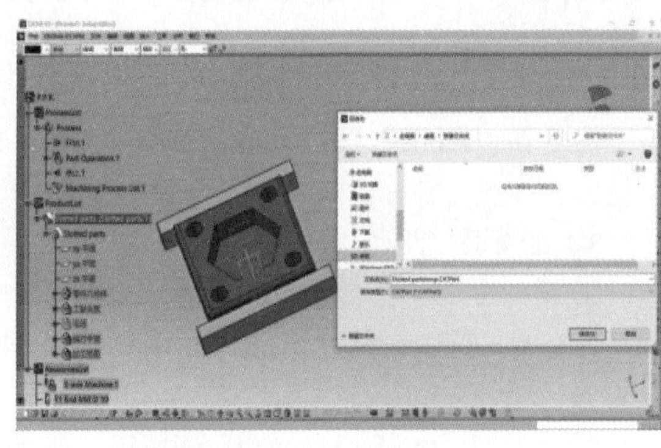

图 5-1-35　保存加工程序

```
$$      CATIA APT VERSION 1.0
$$ ------------------------------------------------------------
$$ 制造程式.1
$$  加工设定.1
$$*CATIA0
$$ 制造程式.1
$$      1.00000     0.00000     0.00000     0.00000
$$      0.00000     1.00000     0.00000     0.00000
$$      0.00000     0.00000     1.00000    16.00000
PARTNO 加工设定.1
$$ OPERATION NAME : 换刀.3
$$  开始产生 : 换刀.3
TLAXIS/ 0.000000, 0.000000, 1.000000
$$ TOOLCHANGEBEGINNING
CUTTER/  6.000000,  0.000000,  3.000000,  0.000000,  0.000000,$
         0.000000, 30.000000
TOOLNO/2,MILL,2,0,     6.000000,    50.000000,$
   50.000000,    50.000000,,   35.000000,,    30.000000,$
 1500.000000,MMPM,    70.000000,RPM,CLW,$
ON,,NOTE
TPRINT/T1 端铣刀 D6,T1 端铣刀 D6,T1 端铣刀 D6
LOADTL/2,2,2
$$ TOOLCHANGEEND
$$  结束产生  : 换刀.3
$$ OPERATION NAME : 槽铣.3
$$  开始产生 : 槽铣.3
LOADTL/2,1
FEDRAT/  300.0000,MMPM
SPINDL/   70.0000,RPM,CLW
GOTO  /   -0.19524,     1.91858,     6.50000
GOTO  /   -1.08533,     1.91858,     6.17603
GOTO  /   -2.21539,     0.00000,     5.36156
GOTO  /   -1.10770,    -1.91858,     4.55522
GOTO  /    1.10770,    -1.91858,     3.74888
GOTO  /    2.21539,     0.00000,     2.94255
GOTO  /    1.10770,     1.91858,     2.13621
GOTO  /   -1.08533,     1.91858,     1.33802
GOTO  /   -2.21539,     0.00000,     0.52354
```

```
( ************************************************************ )
( *    INTELLIGENT MANUFACTORY SOFTWARE WWW.IMS-SOFTWARE.COM   * )
( *    IMSPOST VERSION : 7.4R                                  * )
( *    USER VERSION : 1                                        * )
( ************************************************************ )
N1 G49 G54 G80 G40 G90 G23 G94 G17 G98
( TOOL DATA : T1 端铣刀 D6,T1 端铣刀 D6,T1 端铣刀 D6 )
N2 T2 M6
N3 G0 X-.195 Y1.919 S70 M3
N4 G43 Z6.5 H2
N5 G1 X-1.085 Z6.176 F300.
N6 X-2.215 Y0 Z5.362
N7 X-1.108 Y-1.919 Z4.555
N8 X1.108 Z3.749
N9 X2.215 Y0 Z2.943
N10 X1.108 Y1.919 Z2.136
N11 X-1.085 Z1.338
N12 X-2.215 Y0 Z.524
N13 X-1.108 Y-1.919 Z-.283
N14 X1.108 Z-1.089
N15 X2.215 Y0 Z-1.895
N16 X1.108 Y1.919 Z-2.702
N17 X-1.085 Z-3.5
N18 X-2.215 Y0 F1500.
N19 X-1.108 Y-1.919
N20 X1.108
N21 X2.215 Y0
N22 X1.108 Y1.919
N23 X-1.085
N24 Y3.419
N25 Y4.919
N26 X-2.84
N27 X-5.679 Y0
N28 X-2.84 Y-4.919
N29 X2.84
N30 X5.679 Y0
N31 X2.84 Y4.919
```

图 5-1-36　数控 NC 代码

任务2 飞机背鳍模型创建

任务目标

1）了解飞机背鳍的结构。
2）掌握布尔运算的运用。
3）掌握基准平面的创建。

资源环境

1）CATIA V5R21。
2）云课堂。

背鳍基本体

（1）二维草图

1）单击 yz 平面后，单击工具栏中的草绘【 】按钮，进入草绘器。

2）单击草绘器中的【轮廓】按钮，按照图 5-2-1 所示进行草图图形的绘制。

3）单击“工作台”工具栏中的退出工作台【 】按钮，退出草图绘制。

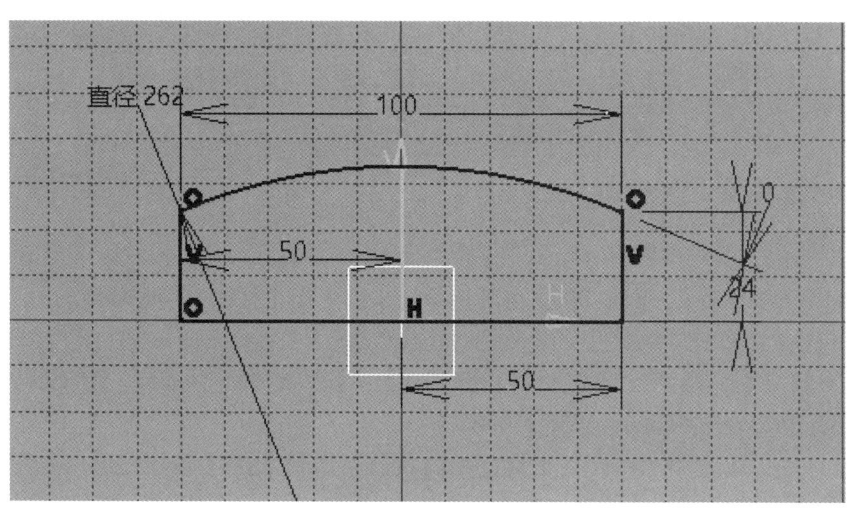

图 5-2-1 草绘图形

（2）凸台特征

1）单击工具栏中的凸台（拉伸）【 】按钮，弹出“定义凸台”对话框，如图 5-2-2 所示。

2）指定凸台尺寸。

3）单击【确定】，完成凸台特征的创建，如图 5-2-3 所示。

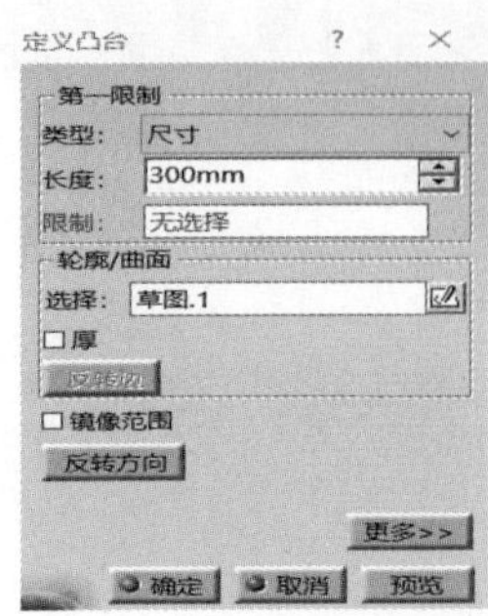

图 5-2-2 “定义凸台”对话框

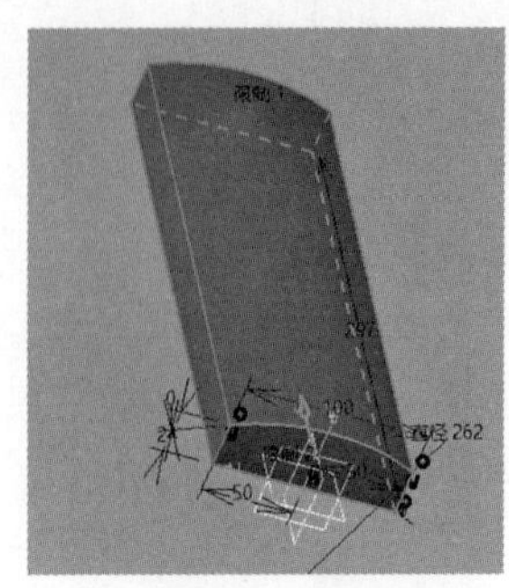

图 5-2-3 凸台

（3）圆角特征

1）单击工具栏中的圆角【 】按钮，弹出“倒圆角定义”对话框，如图 5-2-4 所示。

2）在对话框中设置“半径”为 10mm，在绘图区中选择边线作为圆角的对象。单击【确定】，完成圆角的创建，如图 5-2-5 所示。

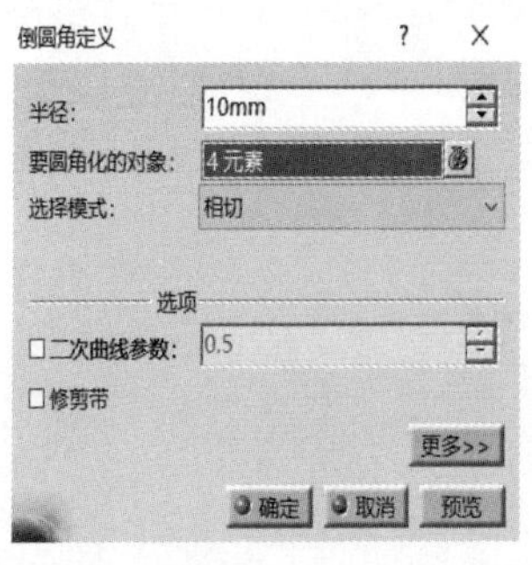

图 5-2-4 “倒圆角定义”对话框

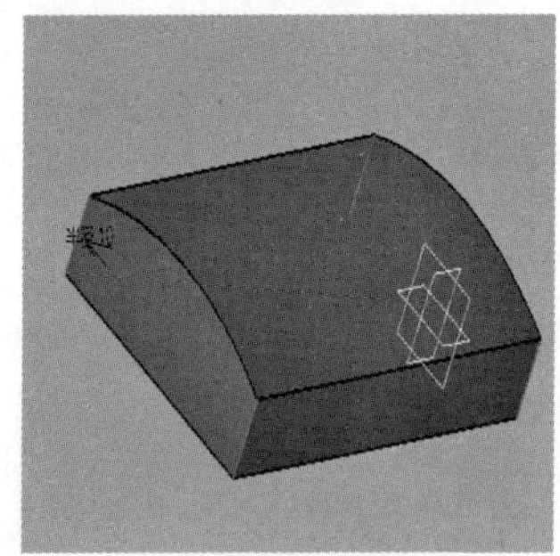

图 5-2-5 圆角

（4）二维草图

1）单击 xy 平面，单击工具栏中的草绘【 】按钮，进入草绘器。

2）单击草绘器中的【轮廓】按钮，按照图 5-2-6 所示进行草图图形的绘制，距离左基准平面 13mm，距离上基准平面 10mm，矩形长边 80mm，短边 55mm，间隔 17mm。

3）单击“工作台”工具栏中的退出工作台【 】按钮，退出草图绘制。

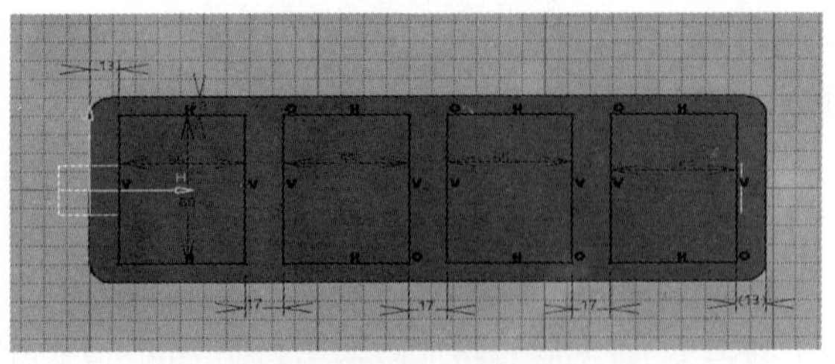

图 5-2-6 草绘图形

（5）凹槽特征

1）单击工具栏中的凹槽【】按钮，弹出“定义凹槽”对话框，设置“第一限制深度”为 -14mm，如图 5-2-7 所示。

2）单击【确定】，完成凹槽的创建，如图 5-2-8 所示。

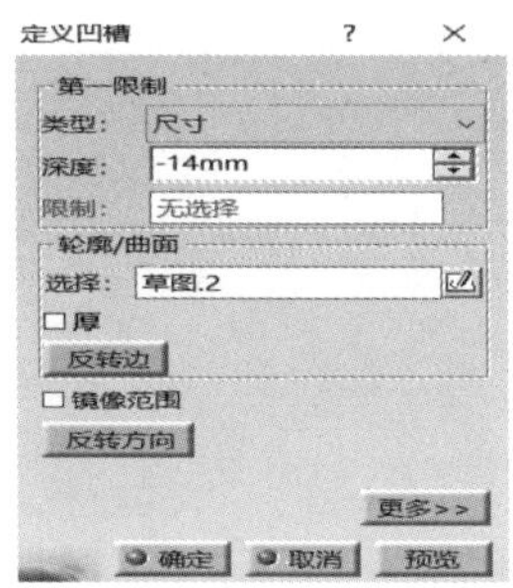

图 5-2-7　“定义凹槽”对话框

图 5-2-8　凹槽

（6）圆角特征

1）单击工具栏中的圆角【】按钮，弹出“倒圆角定义”对话框，如图 5-2-9 所示。

2）设置“半径”为 6mm，以边线作为圆角对象，单击【确定】，完成圆角的创建，如图 5-2-10 所示。

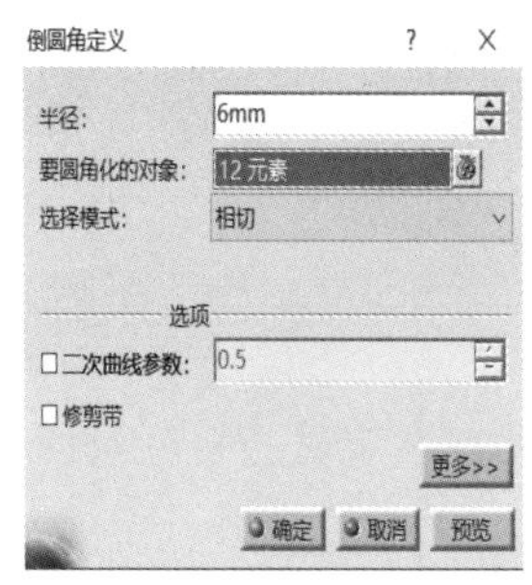

图 5-2-9　“倒圆角定义”对话框

图 5-2-10　圆角

（7）基准平面

1）单击工具栏中的基准平面【】按钮，弹出“平面定义”对话框，如图 5-2-11 所示。

2）选择左边基准平面，设置“偏移”为 -11mm，单击【确定】，完成基准平面创建，如图 5-2-12 所示。

创建背鳍结构

（8）二维草图

1）单击新建的基准平面，单击工具栏中的草绘【】按钮，进入草绘器。

2）单击草绘器中的【轮廓】按钮，在【轮廓 / 曲面】选项卡中单击【】按钮，其中内轮廓使用【】投影 3D 元素获得。按照图 5-2-13 所示进行草图图形的绘制。

3）单击“工作台”工具栏中的退出工作台【】按钮，退出草图绘制。

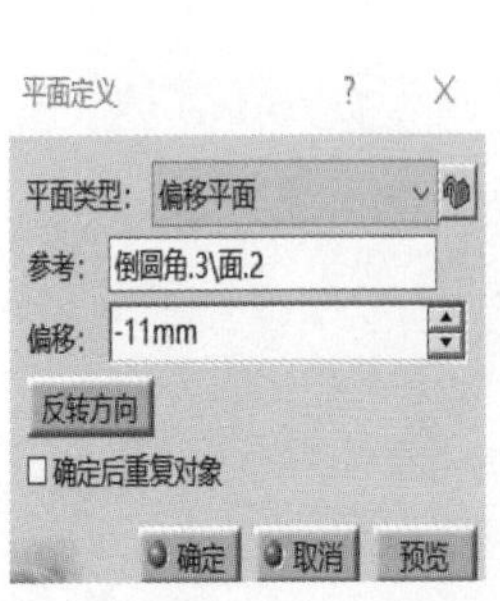

图 5-2-11 “平面定义”对话框

图 5-2-12 基准平面

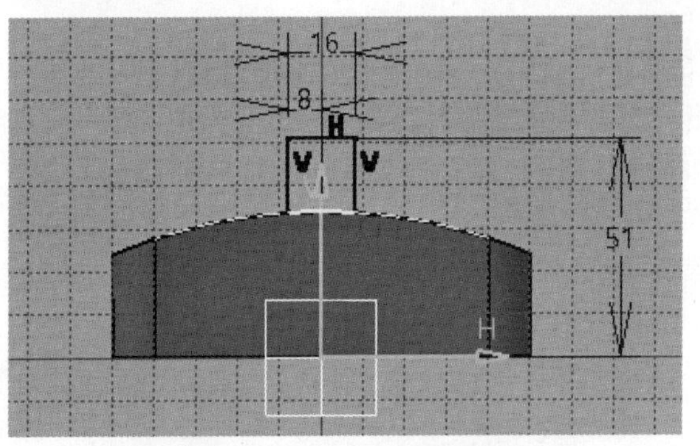

图 5-2-13 草绘图形

（9）凸台特征

1）单击工具栏中的凸台【】按钮，弹出“定义凸台”对话框，如图 5-2-14 所示。

2）设置“第一限制长度”为 20mm。

3）单击【确定】，完成拉伸体的创建，如图 5-2-15 所示。

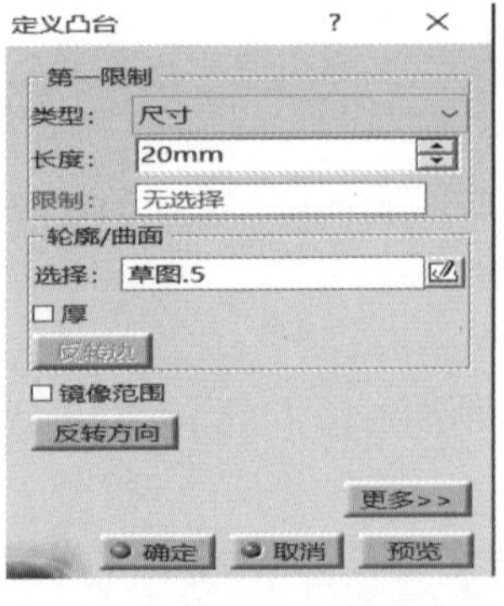

图 5-2-14 “定义凸台”对话框

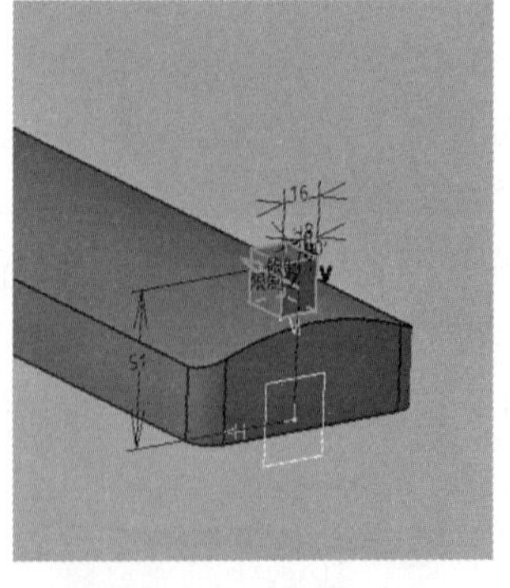

图 5-2-15 凸台

（10）添加几何体

1）右键单击主体模型，弹出快捷菜单，选择“定义工作对象”，如图 5-2-16 所示。

2）单击顶部工具栏的“插入”，在下拉菜单中单击几何体【 】按钮，如图 5-2-17 所示。

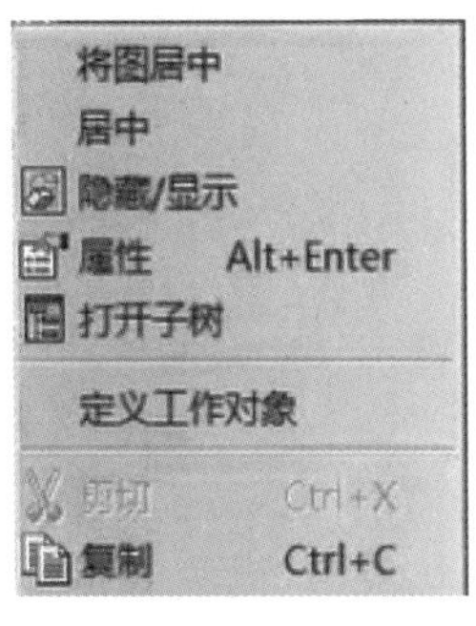

图 5-2-16 快捷菜单

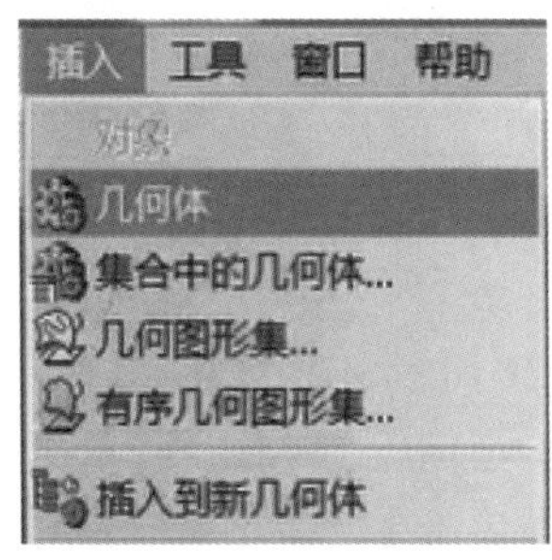

图 5-2-17 插入下拉菜单

（11）二维草图（绘制肋轮廓草图）

1）单击选择基准平面，如图 5-2-18 所示后，单击工具栏中的草绘【 】按钮，进入草绘器。

2）单击草绘器中的【轮廓】按钮，按照图 5-2-19 所示进行草图图形的绘制。

3）单击“工作台”工具栏中的退出工作台【 】按钮，退出草图绘制。

肋

图 5-2-18 基准平面的选择

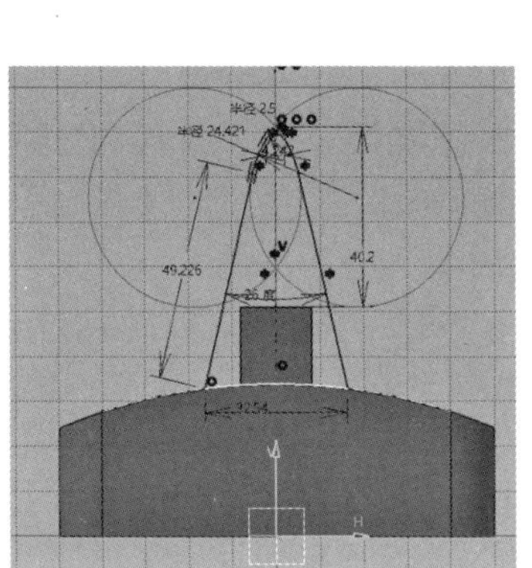

图 5-2-19 草绘图形

（12）二维草图（绘制肋中心曲线）

1）选择 zx 平面，单击工具栏中的草绘【 】按钮，进入草绘器。

2）单击草绘器中的【轮廓】按钮，按照图 5-2-20 所示进行草图图形的绘制。

3）单击“工作台”工具栏中的退出工作台【 】按钮，退出草图绘制。

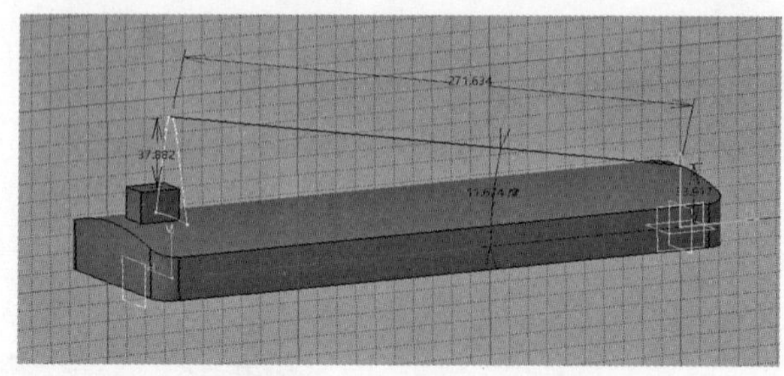

图 5-2-20　草绘图形

（13）构建背鳍

1）单击工具栏中的定义肋【 】按钮，弹出“定义肋”对话框，如图 5-2-21 所示。

2）指定轮廓草图（图 5-2-19）、中心曲线（图 5-2-20）。

3）单击【确定】，完成肋的创建，如图 5-2-22 所示。

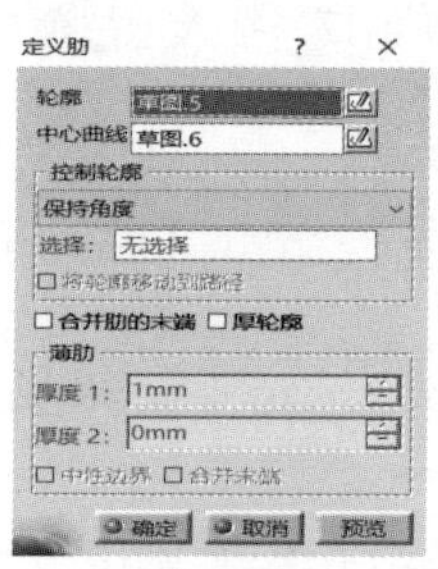
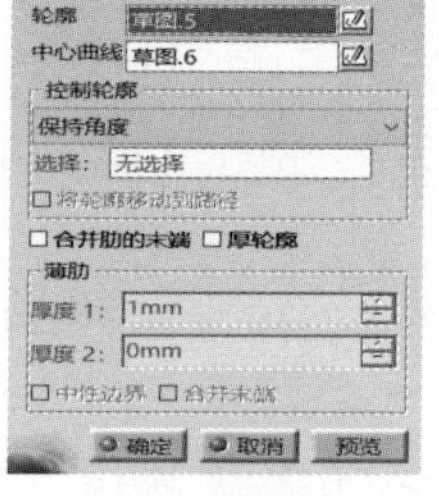

图 5-2-21　“定义肋”对话框

图 5-2-22　肋

（14）二维草图

1）选择 zx 平面，单击工具栏中的草绘【 】按钮，进入草绘器。

2）单击草绘器中的【轮廓】按钮，按照图 5-2-23 所示进行草图图形的绘制。

3）单击“工作台”工具栏中的退出工作台【 】按钮，退出草图绘制。

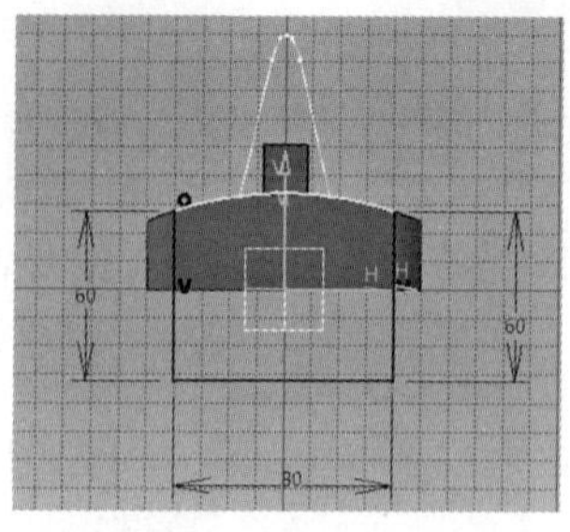

图 5-2-23　草绘图形

（15）凸台特征

1）单击工具栏中的凸台【 】按钮，弹出“定义凸台”对话框，如

图 5-2-24 所示。

2）设置“第一限制长度”为 300mm。

3）单击【确定】，完成凸台的创建，如图 5-2-25 所示。

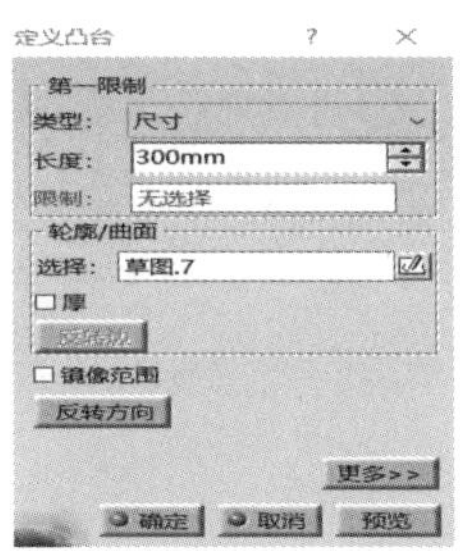

图 5-2-24 “定义凸台”对话框

图 5-2-25 凸台

（16）布尔运算（减去肋多的部分） 选中凸台，单击顶部工具栏的“插入”，在下拉菜单中单击“布尔操作”，选择移除【】按钮，如图 5-2-26 所示。凸台模型就从主体模型中切除掉了，如图 5-2-27 所示。

布尔运算

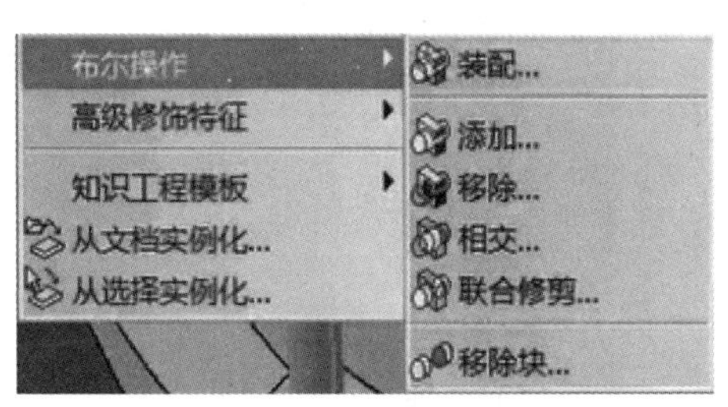

图 5-2-26 布尔操作下拉菜单

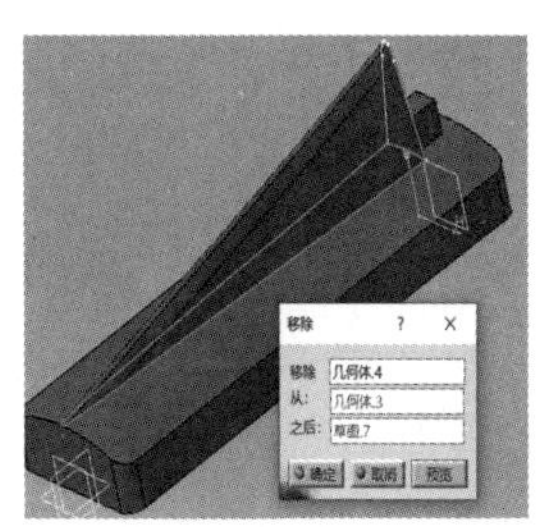

图 5-2-27 布尔运算后的实体模型

（17）基准平面

1）单击工具栏中的基准平面【】按钮，弹出“平面定义”对话框，设置“偏移”为 17mm，如图 5-2-28 所示。

2）选择绘图区的台阶表面，如图 5-2-29 所示，完成创建。

背鳍定位孔

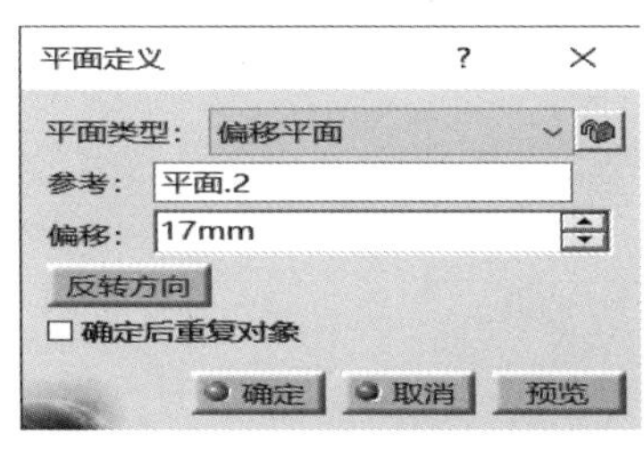

图 5-2-28 “平面定义”对话框

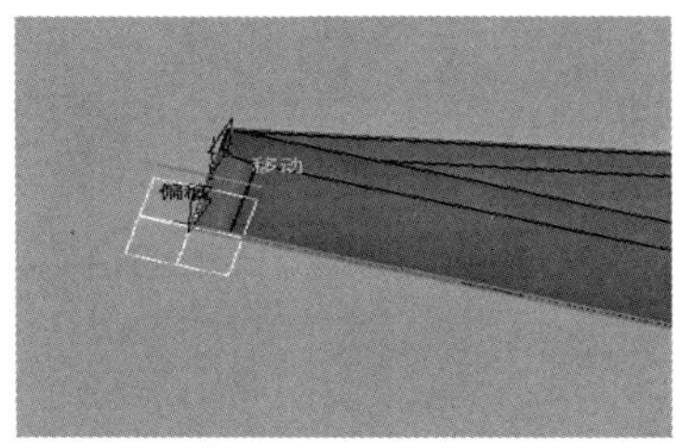

图 5-2-29 基准平面

（18）二维草图

1）单击选择新建基准平面后，单击工具栏中的草绘【】按钮，进入草绘器。

2）单击草绘器中的【圆轮廓】按钮，按照图 5-2-30 所示进行草图图形的绘制。圆直径 12mm，左边基准 28mm，上边基准 17mm，圆心之间间隔 42.5mm。可以绘制一个之后再复制多个，也可画完一排后镜像出另一排。

3）单击“工作台”工具栏中的退出工作台【】按钮，退出草图绘制。

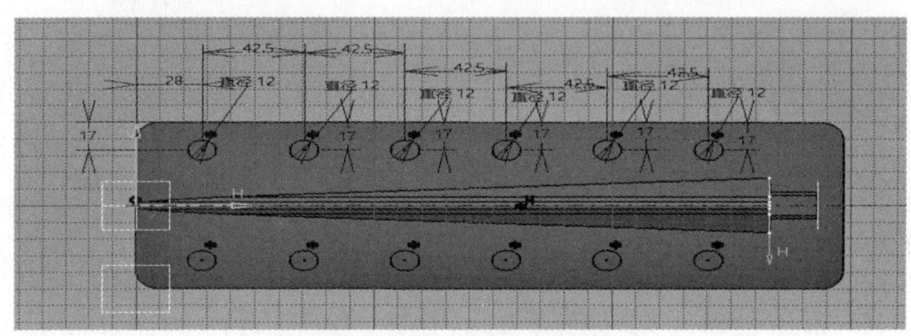

图 5-2-30　草绘图形

（19）凹槽特征

1）单击工具栏中的凹槽【】按钮，弹出“定义凹槽”对话框，设置“第一限制深度”为 20mm，如图 5-2-31 所示。

2）选择图 5-2-30 所示的草图。

3）单击【确定】，完成凹槽的创建，如图 5-2-32 所示。

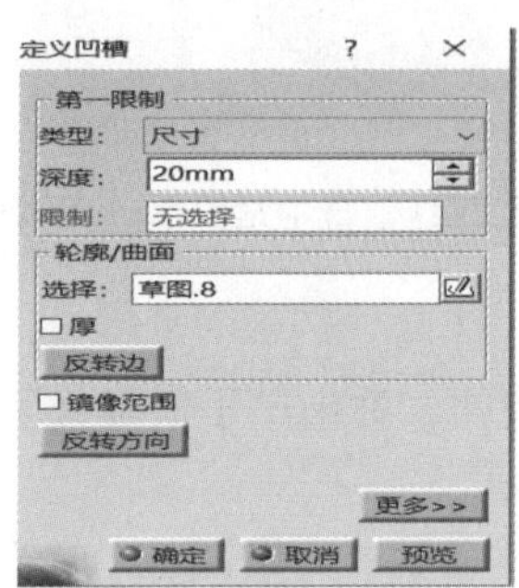

图 5-2-31　“定义凹槽”对话框

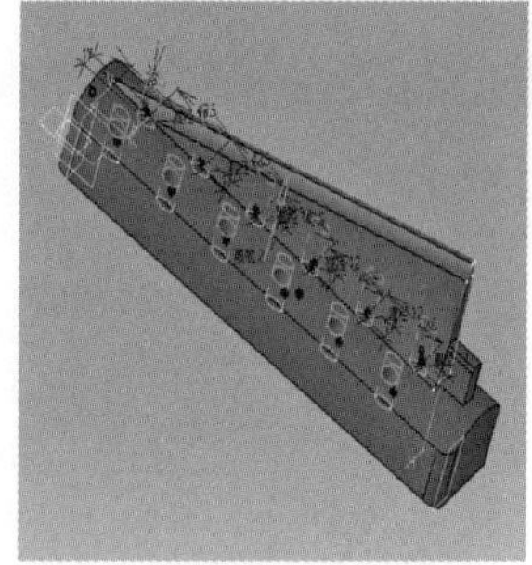

图 5-2-32　凹槽

叶轮

叶片

叶轮毂筒装配

（20）布尔运算　布尔运算完成后的效果如图 5-2-33 所示。

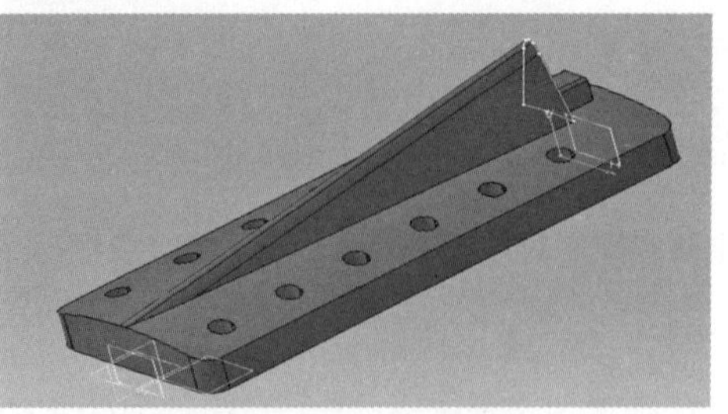

图 5-2-33　完成效果

任务3　飞机背鳍数控加工

任务目标

1）掌握 CATIA 加工的基础界面。
2）掌握 CATIA 等高粗加工的基本命令。
3）掌握 CATIA 加工机床、刀具、切深等参数的设定。

资源环境

1）CATIA V5R21。
2）云课堂。

功能介绍

1）改善座舱盖尾部的流线型，减小阻力。
2）增加机身后部侧向投影面积，后移侧力中心。
3）加强机体结构强度。

1. 背鳍零件的剖析

背鳍零件特征树包括背鳍、外部参考、围绕盒、毛料、工艺头、线框和限制面，如图 5-3-1 所示。

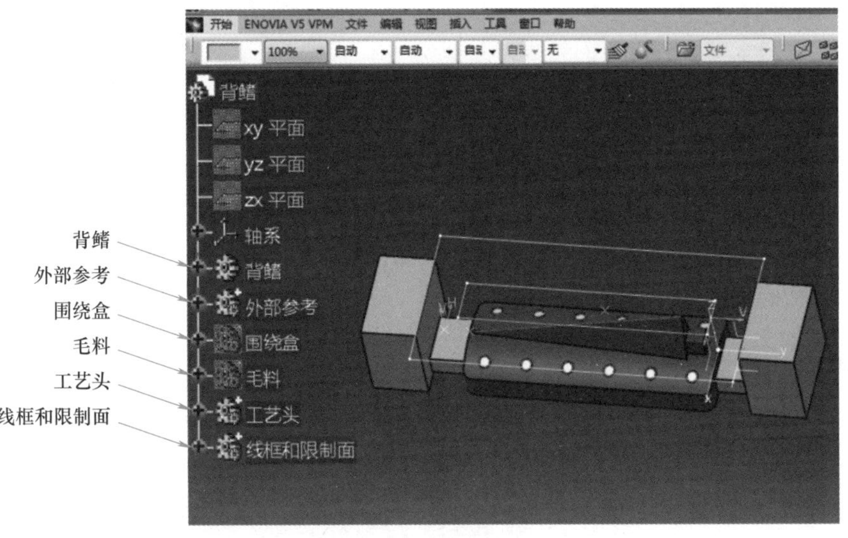

图 5-3-1　加工前准备

2. 加工准备

插入几何体，单击【 】按钮，创建命名为“围绕盒”的范围草图，如图 5-3-2 所示。拉伸草图，更改其透明度为 150，如图 5-3-3 所示，最后将凸台 4 隐藏。

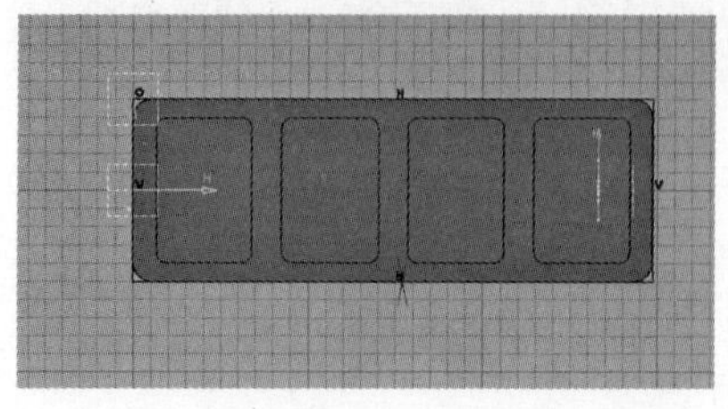
图 5-3-2　创建加工围绕范围草图

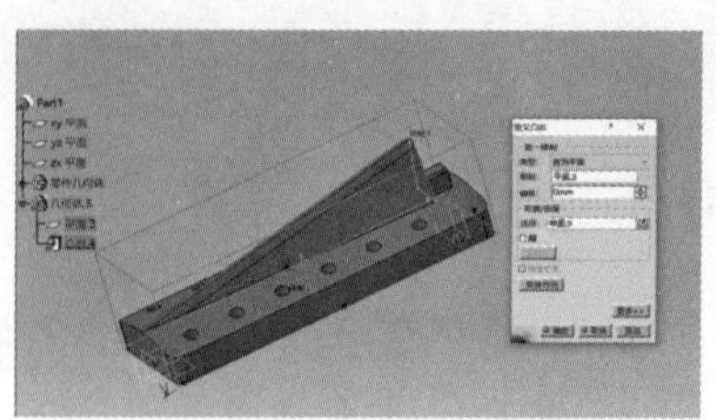
图 5-3-3　创建加工围绕体

为了方便对零件的加工以及易于装夹，需要建立工艺头。工艺头是指零件延长或加厚而多出来的部分零件体，加工完成后需要切除。单击几何体【 】按钮，命名为“工艺头”，如图 5-3-4 所示。

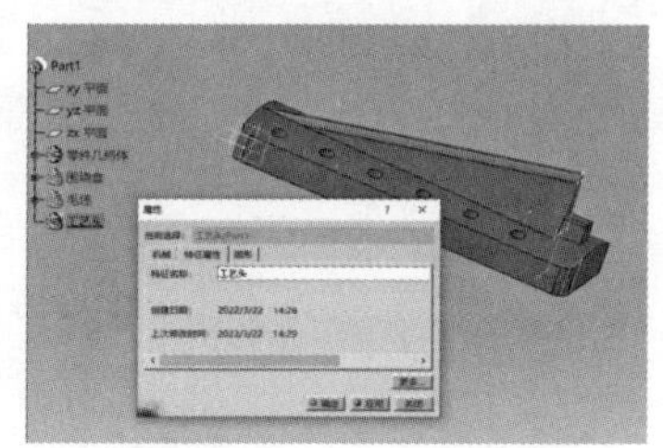
图 5-3-4　建立加工工艺头

定义毛坯

在 xz 平面建立如图 5-3-5 所示草图，使用凸台命令，设置“第一限制长度”为 20mm，如图 5-3-6 所示。

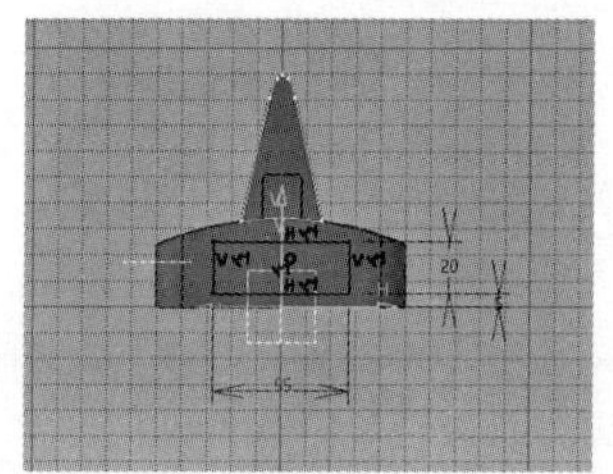
图 5-3-5　加工工艺头草图绘制

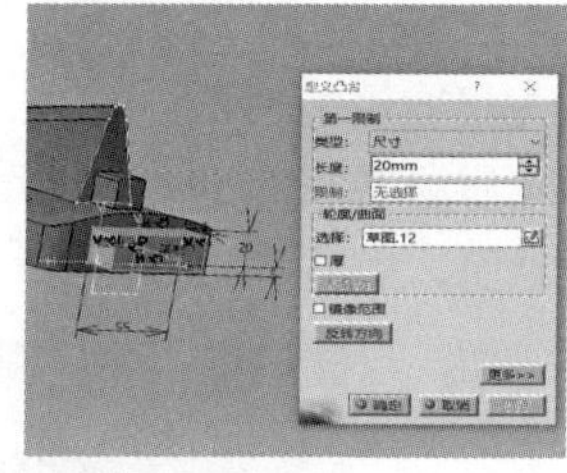
图 5-3-6　生成加工工艺头

之后继续拉伸凸台，如图 5-3-7 所示。

创建基准点，如图 5-3-8 所示。单击偏移平面【 】按钮，可以建立参考面，将其命名为镜像参考面，如图 5-3-9 所示，此步骤可节约后期建模时间。

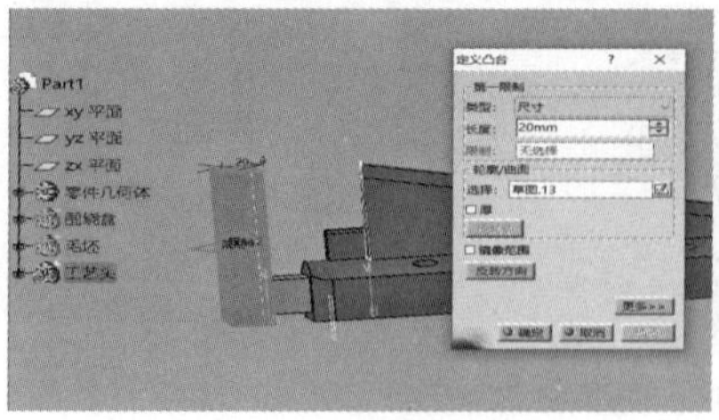
图 5-3-7　加工夹持区域

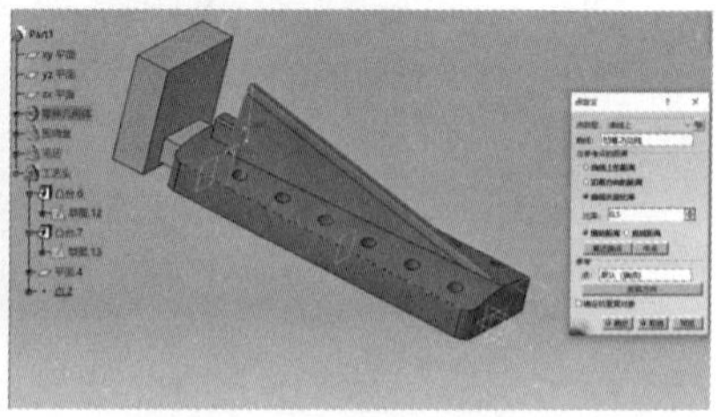
图 5-3-8　另外一侧加工工艺头镜像基准平面建立

定义工艺头

单击实体镜像【 】按钮，一键生成对称面的模型，如图 5-3-10 所示。

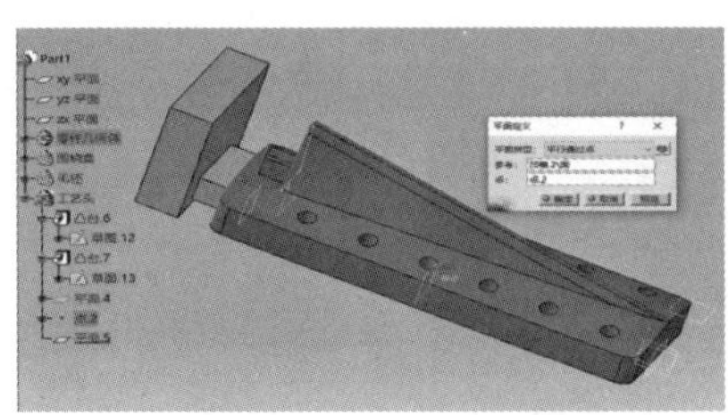
图 5-3-9　另一侧加工工艺头位置确定

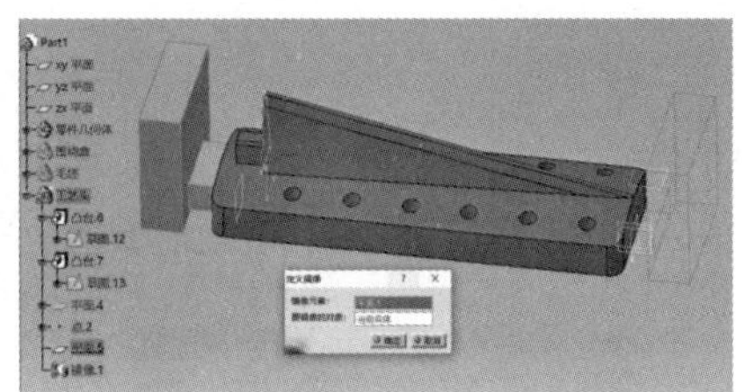
图 5-3-10　加工工艺头镜像

3. 创建加工范围

单击几何体【】按钮，命名为线框和限制面，如图 5-3-11 所示。

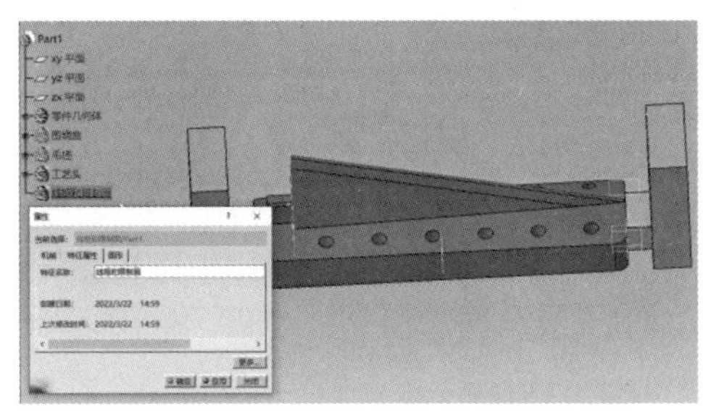
图 5-3-11　建立加工范围基准平面准备

建立两次草图，以工艺头上表面为基准平面建立草图，如图 5-3-12 所示。之后重新建立草图，如图 5-3-13 所示。

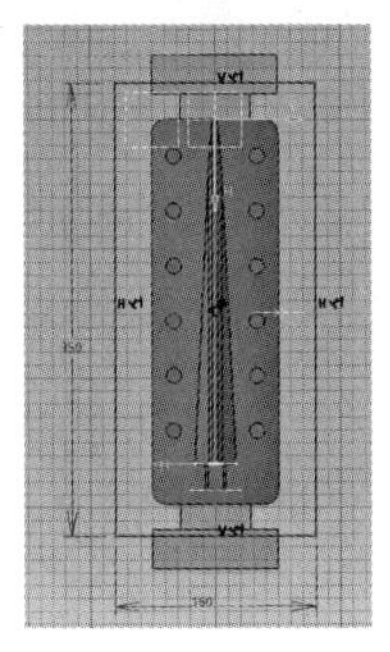
图 5-3-12　绘制加工范围

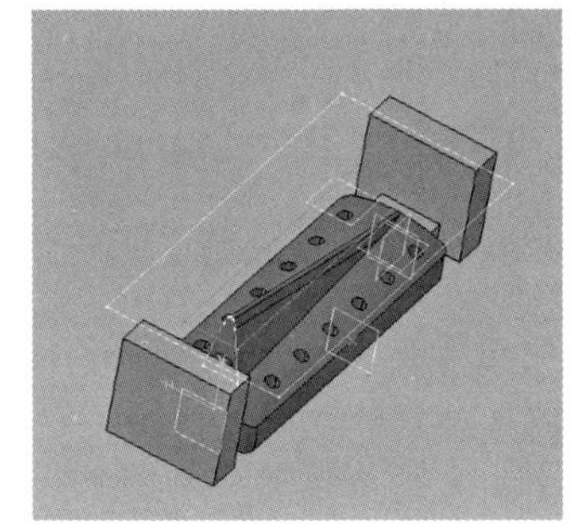
图 5-3-13　建立不同加工区域范围

定义限制面

绘制完成的效果如图 5-3-14 所示。

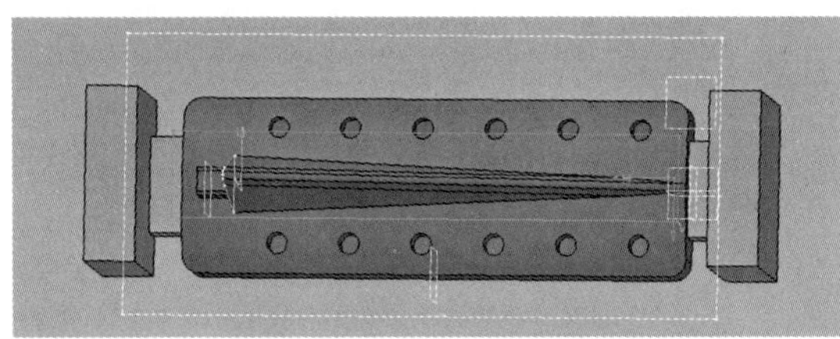
图 5-3-14　完成效果

4. 背鳍零件加工

进入曲面加工模块，双击加工设定，弹出图 5-3-15 所示“零件加工动作”对话框，设定加工基本参数。选择三轴机床，NC 资料形式选择“ISO”，其他参数如图 5-3-16 所示。

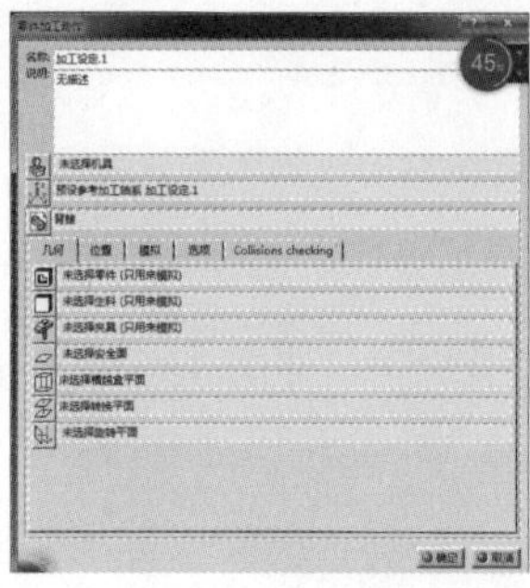

图 5-3-15　设定加工选项

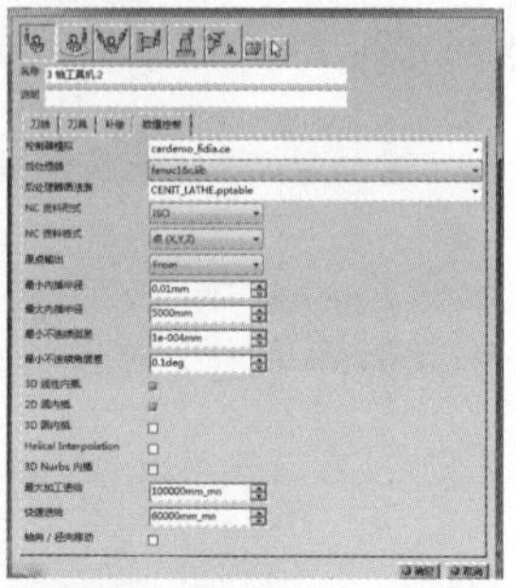

图 5-3-16　设定加工标准

选择加工坐标，建模时已完成的，实际中可根据不同要求在这里重新创建，如图 5-3-17 所示。设定加工的要素，依次选中加工零件、毛坯及安全平面如图 5-3-18 所示。

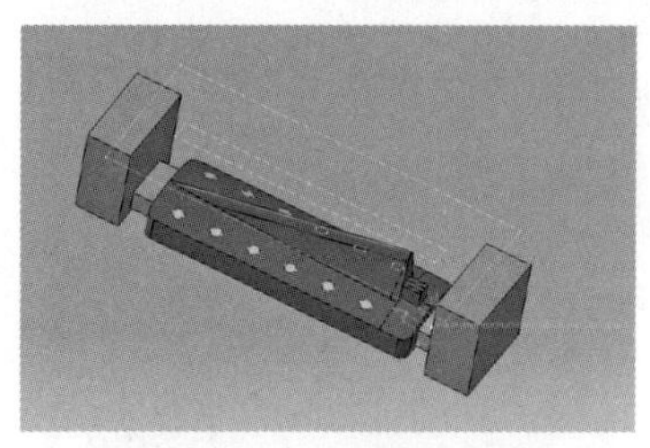

图 5-3-17　选择加工坐标

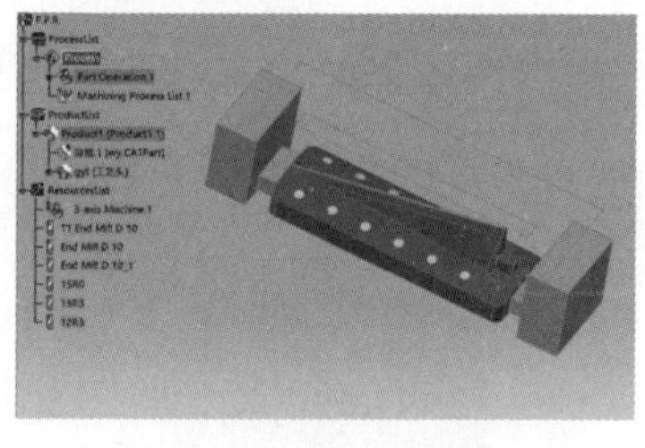

图 5-3-18　选择要素

坐标系定义

选择等高粗加工命令，单击零件弹出对话框，如图 5-3-19 所示。依次选择加工零件、加工边界、安全平面、顶面、底面、不加工区域。完成效果如图 5-3-20 所示。

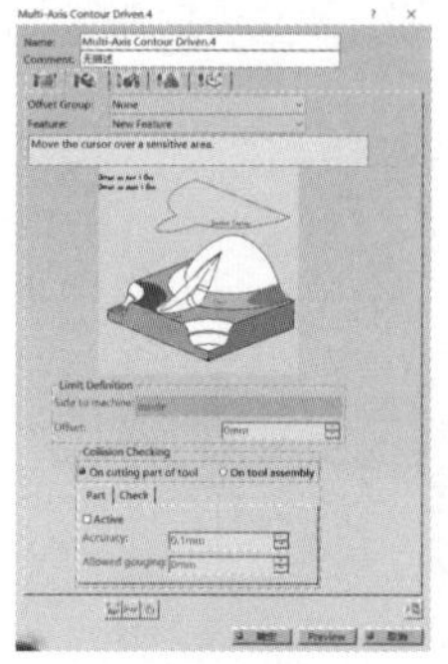

图 5-3-19　选择等高粗加工方式

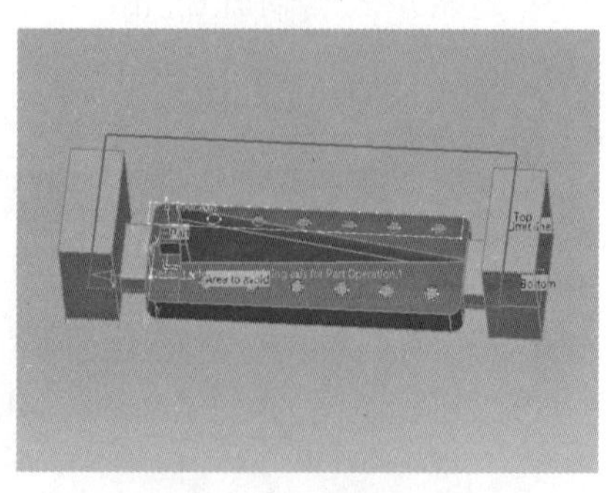

图 5-3-20　完成效果

5. 定义加工参数

定义加工刀具路径，加工精度切深改为 1mm，如图 5-3-21 所示。

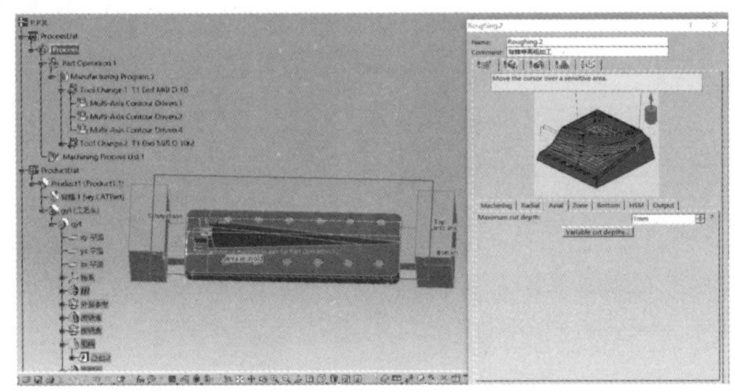

图 5-3-21　确定加工刀路

加工参数设定

选择加工刀具时，应当考虑零件的材质、加工要求等，如图 5-3-22 所示。其余参数默认即可。

加工刀具设定

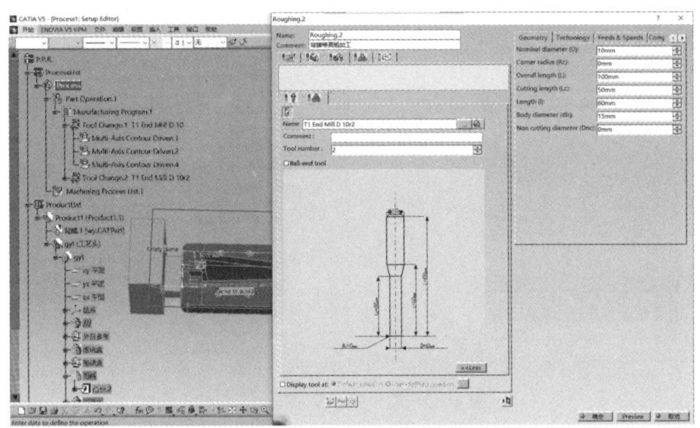

图 5-3-22　选取加工刀具

6. 模拟加工过程

完成加工设定，借助软件模拟加工，验证加工的合理性。模拟计算刀具路径，分别如图 5-3-23~ 图 5-3-25 所示。

仿真加工

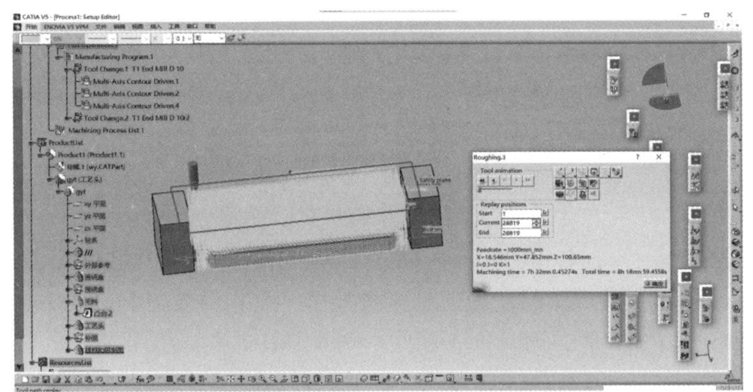

图 5-3-23　刀具轨迹路径

背鳍

背鳍毛坯

背鳍工程文件

工艺头

拓展案例：
等高精加工

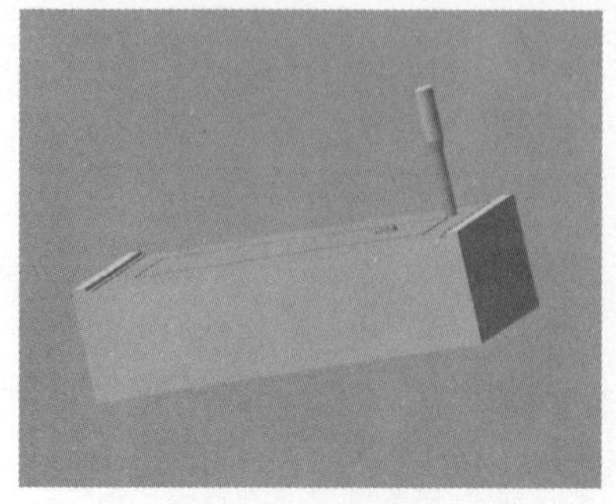
图 5-3-24　刀具模拟开始

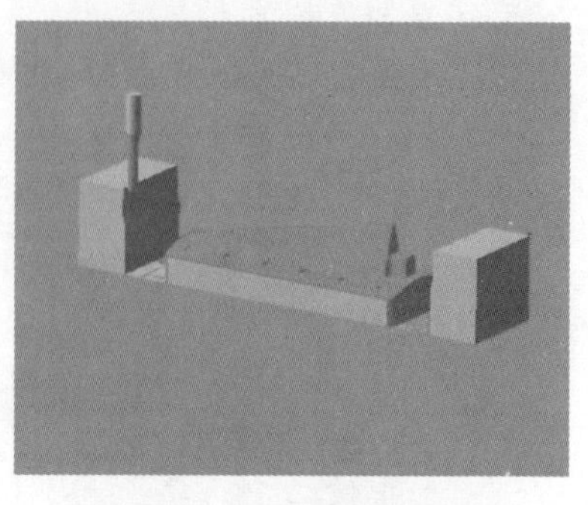
图 5-3-25　刀具模拟结束

最后需要输出数控 NC 代码以便后处理，用于机床加工。具体操作为“工具”→“选项”→“加工”，完成并生成代码截图，如图 5-3-26 所示。

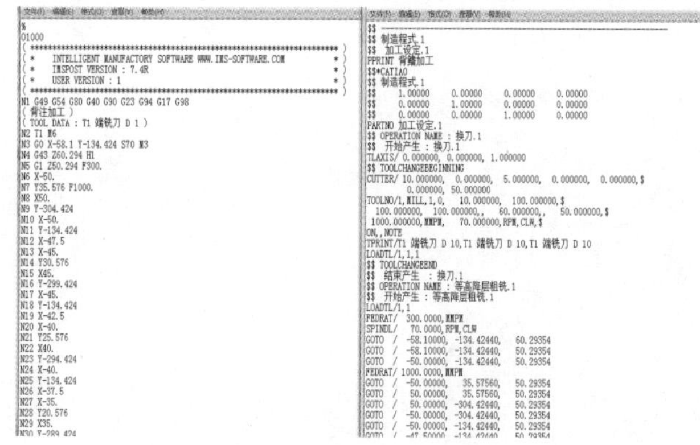

```
%
O1000
( ************************************************************ )
( *    INTELLIGENT MANUFACTORY SOFTWARE WWW.IMS-SOFTWARE.COM   * )
( *    IMSPOST VERSION : 7.4R                                  * )
( *    USER VERSION : 1                                        * )
( ************************************************************ )
N1 G49 G54 G80 G40 G90 G23 G94 G17 G98
( 背注加工 )
( TOOL DATA : T1 端铣刀 D 1 )
N2 T1 M6
N3 G0 X-58.1 Y-134.424 S70 M3
N4 G43 Z60.294 H1
N5 G1 Z50.294 F300.
N6 X-50.
N7 Y35.576 F1000.
N8 X50.
N9 Y-304.424
N10 X-50.
N11 Y-134.424
N12 X-47.5
N13 X-45.
N14 Y30.576
N15 X45.
N16 Y-299.424
N17 X-45.
N18 Y-134.424
N19 X-42.5
N20 X-40.
N21 Y25.576
N22 X40.
N23 Y-294.424
N24 X-40.
N25 Y-134.424
N26 X-37.5
N27 X-35.
N28 Y20.576
N29 X35.
N30 Y-289.424
```

```
$$ ----------------------------------------------------------------
$$ 制造程式.1
$$  加工设定.1
PPRINT 背鳍加工
$$*CATIA0
$$ 制造程式.1
$$      1.00000     0.00000     0.00000     0.00000
$$      0.00000     1.00000     0.00000     0.00000
$$      0.00000     0.00000     1.00000     0.00000
PARTNO 加工设定.1
$$ OPERATION NAME : 换刀.1
$$  开始产生 : 换刀.1
TLAXIS/ 0.000000, 0.000000, 1.000000
$$ TOOLCHANGEBEGINNING
CUTTER/ 10.000000,  0.000000,  5.000000,  0.000000,  0.000000,$
         0.000000, 50.000000
TOOLNO/1,MILL,1,0,   10.000000,  100.000000,$
  100.000000,  100.000000,,   60.000000,,   50.000000,$
 1000.000000,MMPM,   70.000000,RPM,CLW,$
ON,,NOTE
TPRINT/T1 端铣刀 D 10,T1 端铣刀 D 10,T1 端铣刀 D 10
LOADTL/1,1,1
$$ TOOLCHANGEEND
$$  结束产生  : 换刀.1
$$ OPERATION NAME : 等高降层粗铣.1
$$  开始产生 : 等高降层粗铣.1
LOADTL/1,1
FEDRAT/  300.0000,MMPM
SPINDL/   70.0000,RPM,CLW
GOTO  /  -58.10000, -134.42440,   60.29354
GOTO  /  -58.10000, -134.42440,   50.29354
GOTO  /  -50.00000, -134.42440,   50.29354
FEDRAT/ 1000.0000,MMPM
GOTO  /  -50.00000,   35.57560,   50.29354
GOTO  /   50.00000,   35.57560,   50.29354
GOTO  /   50.00000, -304.42440,   50.29354
GOTO  /  -50.00000, -304.42440,   50.29354
GOTO  /  -50.00000, -134.42440,   50.29354
GOTO  /  -47.50000, -134.42440,   50.29354
```

图 5-3-26　数控 NC 代码

知识测试与能力训练

1. 单选题

（1）数控机床 Z 坐标轴规定为（　　　　）。

A. 传递主切削动力的主轴轴线方向　　B. 工装夹面方向

C. 各个主轴任选一个　　D. 平行于主切削方向

（2）数控编程时，应首先设定（　　　　）。

A. 工件坐标系　B. 机床参考点　C. 机床坐标系　D. 机床原点

（3）主程序结束，程序返回至开始状态，其指令为（　　　　）。

A.M00　B.M02　C.M05　D.M30

（4）（　　　　）为左偏刀具半径补偿，是指沿着刀具运动方向向前看（假设工件不动），刀具位于零件左侧的刀具半径补偿。

A.G44　B.G43　C.G42　D.G41

（5）多轴加工中工件定位与机床没有关系的是（　　　　）。

A. 了解主轴与轴承的装配关系

B. 确定工件坐标系原点与旋转轴的位置关系

C. 了解刀尖点或刀心点与旋转轴的位置关系

D. 了解机床各部件之间的位置关系

（6）已加工表面和待加工表面之间的垂直距离称为（　　　　）。

A. 背吃刀量　B. 进给量　　C. 刀具位移量　　D. 切削宽

（7）产生加工硬化的主要原因是由（　　　　）。

A. 工件材料　　　　　　　B. 刀尖圆弧半径大

C. 切削刃不锋利　　　　　D. 前角太大

（8）在切削加工过程中，用于冷却的切削液是（　　　　）。

A. 切削油　　B. 水溶液　　C. 乳化液　　D. 煤油

（9）铣削黄铜工件宜使用（　　　　）。

A. 干式切削　B. 水溶性切削液　C. 硫化矿油　D. 矿物油

（10）区别子程序与主程序的标志是（　　　　）。

A. 程序长度　B. 程序名　　C. 程序结束指令　D. 编程方法

2. 判断题

（1）故障排除的顺序应为先方案后操作、先电气后机械。（　　）

（2）数控机床发生故障时，为防止发生意外，应立即关断电源。（　　）

（3）在数控机床加工时要经常打开数控柜的门，以便降温。（　　）

（4）加工中心特别适宜加工轮廓形状复杂、加工时间长的模具。（　　）

（5）润滑剂的主要作用是降低摩擦阻力。（　　）

（6）金属切削加工时，提高背吃刀量不可以有效降低切削温度。（　　）

（7）切削加工中，一般先加工出基准面，再以它为基准加工其他表面。（　　）

（8）基准不重合和基准位置变动的误差，会造成定位误差。（　　）

（9）在对工件进行定位时，工件被限制的自由度不一定为六个也能满足加工要求。（　　）

（10）计算机辅助编程生成刀具轨迹前不需要指定所使用的数控系统。（　　）

参考文献

[1]北京兆迪科技有限公司 . CATIA V5-6 R2014 快速入门教程［M］. 北京：机械工业出版社，2014.

[2] 鞠成伟，刘春 . CATIA V5-6R2018 完全实战技术手册［M］. 北京：清华大学出版社，2022.

[3] 关雄飞 . 机械 CAD/CAM：CATIA V5R20 零件设计与数控加工技术［M］. 北京：机械工业出版社，2012.

[4] 北京兆迪科技有限公司 .CATIA V5-6 R2014 曲面设计教程［M］. 北京：机械工业出版社，2015.

[5] 北京兆迪科技有限公司 .CATIA V5-6 R2014 数控加工教程［M］. 北京：机械工业出版社，2015.